"十二五"普通高等教育本科国家级规划教材

计算机组成原理
试题解析

（第六版）

白中英　戴志涛　主编

赖晓铮　李小勇　张天乐　王智广　参编

科学出版社

北京

内 容 简 介

本书是《计算机组成原理》(第六版·立体化教材)的配套教材,提供了"计算机组成原理"课程的典型题解800余题,分为选择、填空、计算、证明、分析、设计六种类型,以及硕士研究生入学考试辅导。所选习题少而精,具有概念性、思考性、启发性,并给出参考答案。

本书是计算机科学与技术学科大类本科生、大专生的必读教材,尤其对硕士研究生入学考试、计算机专业成人自学考试、全国计算机等级考试NCRE(四级)复习来说,特别实用有效,有很强的指导性。

图书在版编目(CIP)数据

计算机组成原理试题解析/白中英,戴志涛主编.—6版.—北京:科学出版社,2019.12

("十二五"普通高等教育本科国家级规划教材)

ISBN 978-7-03-064001-7

Ⅰ.①计… Ⅱ.①白…②戴… Ⅲ.①计算机组成原理-高等学校-题解 Ⅳ.①TP301-44

中国版本图书馆CIP数据核字(2019)第293174号

责任编辑:余 江 陆新民/责任校对:王 瑞

责任印制:赵 博/封面设计:迷底书装

科学出版社 出版

北京东黄城根北街16号

邮政编码:100717

http://www.sciencep.com

天津市新科印刷有限公司印刷

科学出版社发行 各地新华书店经销

*

1991年4月第一版 开本:787×1092 1/16

2019年12月第六版 印张:15

2024年7月第44次印刷 字数:356 000

印数:283 301～288 300

定价:49.80元

(如有印装质量问题,我社负责调换)

第六版前言

本书是“十二五”普通高等教育本科国家级规划教材。

“计算机组成原理”是计算机科学与技术学科大类的重要专业基础课程，又是一门实践性很强的课程。实践出真知，实践出人才。实践理念对创新人才培养来说太重要了！

中国古代的教育家孔子说过一句名言：“学而时习之，不亦说乎？”任何理论的学习，只有通过实践环节才能融会贯通。实践环节包括学生完成习题、实验和课程设计。为了配合理论教学，同时为了对硕士研究生入学考试进行辅导，在出版《计算机组成原理》(第六版・立体化教材)的基础上，又出版了这本《计算机组成原理试题解析》(第六版)。本书提供了“计算机组成原理”课程的典型题解 800 余题，分为选择、填空、计算、证明、分析、设计六种类型。所选习题少而精，具有概念性、思考性、启发性，并给出参考答案，鼓励学生一题多解。习题设计有不同的广度和深度，以适用于本科、大专两个层次的教学。学生应在理解的基础上灵活自如地掌握 800 道题解，并能独立做实验和课程设计，这样才能真正学好这门课程。

本书是北京邮电大学计算机学院、华南理工大学计算机科学与工程学院、中国石油大学(北京)信息科学与工程学院、清华大学科教仪器厂多位教师的合作结晶。

参加本书编写和 CAI 课件、自测试题库、习题答案库研制工作的还有覃健诚、杨春武、冯一兵、李楠、张杰、靳秀国、杨秦等老师，以及研究生李贞、张振华、刘俊荣、宗华丽、李姣姣、胡文发、王坤山、崔洪浚、王玮、吴璇、杨孟柯等，限于幅面，封面上未能一一署名。

本书由北京大学信息科学技术学院王克义教授主审。出版过程中得到了科学出版社的大力支持。在此作者一并表示衷心感谢。

白中英　戴志涛

2019 年 9 月

目　　录

第1章　计算机系统概论

1.1　选择题

1. 2013年,在国际超级计算机500强排序中,______研制的______位居第1,浮点运算速度达到33.86千万亿次/秒。

A. 中国、天河二号　　B. 美国、泰坦

C. 美国、红杉　　D. 日本、京

2. 完整的计算机系统应包括______。

A. 运算器、存储器、控制器　　B. 外部设备和主机

C. 主机和实用程序　　D. 配套的硬件设备和软件系统

3. 1946年研制成功的第一台电子数字计算机称为______,1949年研制成功的第一台程序内存的计算机称为______。

A. EDVAC,MARKI　　B. ENIAC,EDSAC

C. ENIAC,MARKI　　D. ENIAC,UNIVACI

4. 计算机的发展大致经历了五代变化,其中第四代是______年的______计算机为代表。

A. 1946～1957,电子管　　B. 1958～1964,晶体管

C. 1965～1971,中小规模集成电路　　D. 1972～1990,大规模和超大规模集成电路

5. 计算机从第三代起,与IC电路集成度技术的发展密切相关。描述这种关系的是______定律。

A. 摩根　　B. 摩尔

C. 图灵　　D. 冯·诺依曼

6. 1970年,______公司第一个发明了半导体存储器,从而开始取代磁芯存储器,使计算机的发展走向了一个新的里程碑。

A. 摩托罗拉　　B. 索尼

C. 仙童　　D. 英特尔

7. 1971年,英特尔公司开发出世界上第一片4位微处理器______,首次将CPU的所有元件都放入同一块芯片之内。

A. Intel 4004　　B. Intel 8008

C. Intel 8080　　D. Intel 8086

8. 1974年,英特尔公司开发的______是世界上第1片通用8位微处理器。

A. Intel 8008　　B. Intel 8080

C. Intel 8086　　D. Intel 8088

9. 1978年,英特尔公司开发的______是世界上第1片通用16位微处理器,可寻址存储器容量是______。

A. Intel 8088,16KB　　B. Intel 8086,1MB

C. Intel 80286,16MB　　D. Intel 80386,16MB

10. 1985 年,英特尔公司推出了 32 位微处理器______,其可寻址存储器容量为______。

A. Intel 80286,16MB　　B. Intel 80486,4GB

C. Intel 80386,4GB　　D. Pentia,4GB

11. ______对计算机的产生有重要影响。

A. 牛顿、维纳、图灵　　B. 莱布尼兹、布尔、图灵

C. 巴贝奇、维纳、麦克斯韦　　D. 莱布尼兹、布尔、克雷

12. 至今为止,计算机中的所有信息仍以二进制方式表示的理由是______。

A. 节约元件　　B. 运算速度快

C. 物理器件性能所致　　D. 信息处理方便

13. 冯·诺依曼计算机工作方式的基本特点是______。

A. 多指令流单数据流　　B. 按地址访问并顺序执行指令

C. 堆栈操作　　D. 存储器按内部选择地址

14. 20 世纪六七十年代,在美国的______州,出现了一个地名叫硅谷。该地主要工业是______,它也是______的发源地。

A. 马萨诸塞,硅矿产地,通用计算机

B. 加利福尼亚,微电子工业,通用计算机

C. 加利福尼亚,硅生产基地,小型计算机和微处理机

D. 加利福尼亚,微电子工业,微处理机

15. 20 世纪 50 年代,为了发挥______的效率,提出了______技术,从而发展了操作系统,通过它对______进行管理和调度。

A. 计算机,操作系统,计算机　　B. 计算,并行,算法

C. 硬设备,多道程序,硬软资源　　D. 硬设备,晶体管,计算机

16. 目前大多数集成电路生产中,所采用的基本材料为______。

A. 单晶硅　　B. 非晶硅　　C. 锑化钼　　D. 硫化镉

17. 编译程序出现的时期是______。

A. 第一代　　B. 第二代　　C. 第三代　　D. 第四代

18. 计算机硬件能直接执行的只有______。

A. 符号语言　　B. 机器语言　　C. 机器语言和汇编语言　　D. 汇编语言

19. 计算机高级程序语言一般分为编译型和解释型两类,在 JAVA、FORTRAN 和 C 语言中,属于编译型语言的是______。

A. 全部　　B. FORTRAN　　C. C　　D. FORTRAN 和 C

20. 下列说法中不正确的是______。

A. 任何可以由软件实现的操作也可以由硬件来实现

B. 固件就功能而言类似于软件,而从形态来说又类似于硬件

C. 在计算机系统的层次结构中,微程序属于硬件级,其他四级都是软件级

D. 直接面向高级语言的机器是可以实现的

参考答案：

1. A **2.** D **3.** B **4.** D **5.** B **6.** C **7.** A **8.** B **9.** B
10. C **11.** B **12.** C **13.** B **14.** D **15.** C **16.** A **17.** B
18. B **19.** D **20.** C

1.2 填空题

1. 哈佛型体系结构不同于冯·诺依曼型体系结构，__A__和__B__分别放在两个存储器中，故指令执行容易实现__C__作业。

2. 计算机系统是一个由硬件和软件组成的多级层次结构，由低层到高层依次分为__A__、__B__、__C__、__D__、__E__，每一级上都能进行程序设计。

3. 计算机系统的5层结构中，第1级直接由__A__执行，第1级到第3级编写程序采用的语言是__B__语言，第4、5两级编写程序所采用的语言是__C__语言。

4. 计算机的硬件是有形的电子器件构成的，它包括__A__、__B__、__C__、__D__、__E__、__F__。

5. 中央处理器(CPU)核心由__A__和__B__组成。

6. 数字计算机的工作原理是__A__，并按__B__顺序执行，这也是CPU__C__工作的关键。

7. 计算机的软件通常分为__A__和__B__两大类。

8. 计算机的系统软件包括__A__、__B__、__C__、__D__。

9. 计算机的软件是计算机__A__的重要组成部分，也是计算机不同于一般__B__的本质所在。

10. 用来管理计算机系统的资源并调度用户的作业程序的软件称为__A__，负责将__B__语言的源程序翻译成目标程序的软件称为__C__。

11. 计算机系统中的存储器分为__A__和__B__。在CPU执行程序时，必须将指令存放在__C__中。

12. 输入、输出设备以及磁盘存储器统称为__A__。

13. 计算机存储器的最小单位为__A__。1KB容量的存储器能够存储__B__个这样的基本单位。

14. 在计算机系统中，多个系统部件之间信息传送的公共通路称为__A__。就其所传送的信息的性质而言，在公共通路上传送的信息包括__B__、__C__和__D__信息。

15. 从采用的器件角度看，计算机的发展大致经历了五代的变化。从__A__年开始为第一代，采用电子管；从__B__年开始为第二代，采用晶体管；从__C__年开始为第三代，采用SSL和MSL；从__D__年开始为第四代，采用LSI和VSLI；从__E__年开始为第五代，采用ULSI。

16. 2000年研制的Pentium 4是__A__位处理器，一个CPU芯片中含有的晶体管数目为__B__百万，可寻址的内存储器容量为__C__。

17. 2002年研制的Itanium 2是__A__位处理器，一个CPU芯片中含有的晶体管数目为__B__百万,可寻址的内存储器容量为__C__。

18. 指令周期由__A__周期和__B__周期组成。

19. 取指周期中从内存读出的信息流称为__A__流,执行周期中从内存读出的信息流称为__B__流。

参考答案:

1. A. 指令　B. 数据　C. 流水

2. A. 微程序设计级　B. 一般机器级　C. 操作系统级　D. 汇编语言级　E. 高级语言级

3. A. 直接由硬件　B. 二进制数　C. 符号(英文字母和符号)

4. A. 运算器　B. 控制器　C. 存储器　D. 适配器　E. 系统总线　F. 外部设备

5. A. 运算器　B. 控制器

6. A. 存储程序　B. 指令存放　C. 自动化

7. A. 系统软件　B. 应用软件

8. A. 各种服务性程序　B. 语言类程序　C. 操作系统　D. 数据库管理程序

9. A. 系统结构　B. 电子设备

10. A. 操作系统　B. 高级语言　C. 编译系统

11. A. 内存　B. 外存　C. 内存

12. A. 外围设备

13. A. 比特　B. 8192

14. A. 总线　B. 数据　C. 地址　D. 控制

15. A. 1946　B. 1958　C. 1965　D. 1971　E. 1986

16. A. 64　B. 42　C. 64GB

17. A. 64　B. 220　C. 64GB

18. A. 取指　B. 执行

19. A. 指令流　B. 数据流

1.3　分析题

1. 某 CPU 的主频为 8MHz,若已知每个机器周期平均包含 4 个时钟周期,该机的平均指令执行速度为 0.8MIPS,试求该机的平均指令周期及每个指令周期含多少个机器周期?若改用时钟周期为 0.4μs 的 CPU 芯片,则计算机的平均指令执行速度为多少 MIPS?若要得到平均每秒 40 万次的指令执行速度,则应采用主频为多少的 CPU 芯片?

【解】先通过主频求出时钟周期时间,再进一步求出机器周期和平均指令周期。

时钟周期$=1/(8\text{MHz})=0.125\times10^{-6}\text{s}=125\text{ns}$

机器周期$=125\text{ns}\times4=500\text{ns}=0.5\mu\text{s}$

平均指令周期$=1/(0.8\text{MIPS})=1.25\times10^{-6}\text{s}=1.25\mu\text{s}$

每个指令周期所含机器周期个数$=1.25\mu\text{s}/0.5\mu\text{s}=2.5$ 个

当芯片改变后，相应参数变为

机器周期＝0.4μs×4＝1.6μs

平均指令周期＝1.6μs×2.5＝4μs

平均指令执行速度＝1/(4μs) ＝0.25MIPS

若要得到平均每秒 40 万次的指令执行速度，则应采用的主频为

平均指令周期＝1/(0.4MIPS)＝2.5×10^{-6}s＝2.5μs

机器周期＝2.5μs÷2.5＝1μs

时钟周期＝1μs÷4＝0.25μs

主频＝1/(0.25μs)＝4MHz

2. 假定机器 M 的时钟频率为 1.2GHz，某程序 P 在机器 M 上的执行时间为 12s。对 P 优化时，将其所有的“乘 4”指令都换成了一条“左移 2 位”的指令，得到优化后的程序 P′。已知在 M 上乘法指令的 CPI 为 5，左移指令的 CPI 为 2，P 的执行时间是 P′执行时间的 1.2 倍，则 P 中有多少条乘法指令被替换成了左移指令被执行？

【解】P′的执行时间为 10s，因此，P 比 P′多花了 2s。故执行时被换成左移指令的乘法指令的条数为 1.2G×2/(5－2)＝800M。

第 2 章　运算方法和运算器

2.1　选择题

1. 下列数中最小的数为______。

A. $(101001)_2$　　B. $(52)_8$　　C. $(101001)_{BCD}$　　D. $(233)_{16}$

2. 下列数中最大的数为______。

A. $(10010101)_2$　　B. $(227)_8$　　C. $(96)_{16}$　　D. $(143)_5$

3. 在机器数中，______的零的表示形式是唯一的。

A. 原码　　B. 补码　　C. 反码　　D. 原码和反码

4. 针对 8 位二进制数，下列说法中正确的是______。

A. −127 的补码为 10000000　　B. −127 的反码等于 0 的移码

C. +1 的移码等于−127 的反码　　D. 0 的补码等于−1 的反码

5. 计算机系统中采用补码运算的目的是为了______。

A. 与手工运算方式保持一致　　B. 提高运算速度

C. 简化计算机的设计　　D. 提高运算的精度

6. 某机字长 32 位，采用定点小数原码表示，符号位为 1 位，尾数为 31 位，则可表示的最大正小数为__①__，最小负小数为__②__。

A. $+(2^{31}-1)$　　B. $-(1-2^{-32})$　　C. $+(1-2^{-31})$　　D. $-(1-2^{-31})$

7. 某机字长 32 位，采用定点整数原码表示，符号位为 1 位，尾数为 31 位，则可表示的最大正整数为__①__，最小负整数为__②__。

A. $+(2^{31}-1)$　　B. $-(1-2^{-32})$　　C. $+(2^{30}-1)$　　D. $-(2^{31}-1)$

8. 定点 8 位字长的字，采用 2 的补码形式表示 8 位二进制整数，可表示的数范围为______。

A. $-127\sim+127$　　B. $-2^{-127}\sim+2^{-127}$　　C. $2^{-128}\sim2^{+127}$　　D. $-128\sim+127$

9. 假设由 S、E、M 三个字段组成的一个 32 位二进制字所表示的非零规格化浮点数 x，真值为：$x=(-1)^S\times(1.M)\times2^{E-128}$。则其所表示的规格化的最大正数为______。

A. 1.0×2^{-128}　　B. $+(1-2^{-23})\times2^{+127}$

C. $[1+(1-2^{-23})]\times2^{127}$　　D. $2^{+127}-2^{-23}$

10. 假设由 S、E、M 三个字段组成的一个 32 位二进制字所表示的非零规格化浮点数 x，真值为：$x=(-1)^S\times(1.M)\times2^{E-128}$。则其所表示的规格化的最大负数为______。

A. $-(2-2^{-52})\times2^{-1023}$　　B. -1.0×2^{-128}

C. $-[1+(1-2^{-23})]\times2^{127}$　　D. $-(1-2^{-52})\times2^{+2047}$

11. 假定下列字符码中有奇偶校验位，但没有数据错误，采用偶校验的字符码是______。

A. 11001011　　B. 11010110　　C. 11000001　　D. 11001001

12. 若某数 x 的真值为 -0.1010,在计算机中该数表示为 1.0110,则该数所用的编码方法是______码。

A. 原　　B. 补　　C. 反　　D. 移

13. 已知定点整数 x 的原码为 $1x_{n-1}x_{n-2}x_{n-3}\cdots x_0$,且 $x>-2^{n-1}$,则必有______。

A. $x_{n-1}=0$　　B. $x_{n-1}=1$

C. $x_{n-1}=0$,且 $x_0\sim x_{n-2}$ 不全为 0　　D. $x_{n-1}=1$,且 $x_0\sim x_{n-2}$ 不全为 0

14. 已知定点小数 x 的反码为 $1.x_1x_2x_3$,且 $x<-0.75$,则必有______。

A. $x_1=0,x_2=0,x_3=1$　　B. $x_1=1$

C. $x_1=0$,且 x_2,x_3 不全为 0　　D. $x_1=0,x_2=0,x_3=0$

15. 长度相同但格式不同的 2 种浮点数,假设前者阶码长、尾数短,后者阶码短、尾数长,其他规定均相同,则它们可表示的数的范围和精度为______。

A. 两者可表示的数的范围和精度相同

B. 前者可表示的数的范围大但精度低

C. 后者可表示的数的范围大且精度高

D. 前者可表示的数的范围大且精度高

16. 某数在计算机中用 8421BCD 码表示为 0111 1000 1001,其真值为______。

A. 789　　B. 789H　　C. 1929　　D. 11110001001B

17. 在浮点数原码运算时,判定结果为规格化数的条件是______。

A. 阶的符号位与尾数的符号位不同

B. 尾数的符号位与最高数值位相同

C. 尾数的符号位与最高数值位不同

D. 尾数的最高数值位为 1

18. 运算器虽有许多部件组成,但核心部分是______。

A. 数据总线　　B. 算术逻辑运算单元　　C. 多路开关　　D. 通用寄存器

19. 在定点二进制运算器中,减法运算一般通过______来实现。

A. 原码运算的二进制减法器　　B. 补码运算的二进制减法器

C. 补码运算的十进制加法器　　D. 补码运算的二进制加法器

20. 四片 74181ALU 和一片 74182CLA 器件相配合,具有如下进位传递功能:______。

A. 行波进位　　B. 组内先行进位,组间先行进位

C. 组内先行进位,组间行波进位　　D. 组内行波进位,组间先行进位

21. 在定点运算器中,无论采用双符号位还是单符号位,必须有______,它一般用______来实现。

A. 译码电路,与非门　　B. 编码电路,或非门

C. 溢出判断电路,异或门　　D. 移位电路,与或非门

22. 下列说法中正确的是______。

A. 采用变形补码进行加减法运算可以避免溢出

B. 只有定点数运算才有可能溢出,浮点数运算不会产生溢出

C. 只有带符号数的运算才有可能产生溢出

D. 只有将两个正数相加时才有可能产生溢出

23. 在定点数运算中产生溢出的原因是______。

A. 运算过程中最高位产生了进位或借位

B. 参加运算的操作数超出了机器的表示范围

C. 运算的结果的操作数超出了机器的表示范围

D. 寄存器的位数太少,不得不舍弃最低有效位

24. 下溢指的是______。

A. 运算结果的绝对值小于机器所能表示的最小绝对值

B. 运算的结果小于机器所能表示的最小负数

C. 运算的结果小于机器所能表示的最小正数

D. 运算结果的最低有效位产生的错误

25. 按其数据流的传递过程和控制节拍来看,阵列乘法器可认为是______。

A. 全串行运算的乘法器　　B. 全并行运算的乘法器

C. 串-并行运算的乘法器　　D. 并-串行运算的乘法器

26. 下面浮点运算器的描述中正确的句子是______。

A. 浮点运算器用两个松散连接的定点运算部件——阶码部件和尾数部件来实现

B. 阶码部件可实现加、减、乘、除四种运算

C. 阶码部件只进行阶码相加、相减和比较操作

D. 尾数部件只进行乘法和除法运算

参考答案:

1. C　**2.** B　**3.** B　**4.** B　**5.** C　**6.** ①C　②D　**7.** ①A　②D
8. D　**9.** C　**10.** B　**11.** D　**12.** B　**13.** A　**14.** D　**15.** B
16. A　**17.** D　**18.** B　**19.** D　**20.** B　**21.** C　**22.** C　**23.** C
24. A　**25.** B　**26.** A,C

2.2　证明题

1. 设 $[x]_{补}=x_0.x_1x_2\cdots x_n$,求证:$x=-x_0+\sum_{i=1}^{n}x_i2^{-i}$。

【证】 当 $x\geqslant 0$ 时,$x_0=0$,

$$[x]_{补}=0.x_1x_2\cdots x_n=\sum_{i=1}^{n}x_i2^{-i}=x$$

当 $x<0$ 时,$x_0=1$,

$$[x]_{补}=1.x_1x_2\cdots x_n=2+x$$

$$x=1.x_1x_2\cdots x_n-2=-1+0.x_1x_2\cdots x_n=-1+\sum_{i=1}^{n}x_i2^{-i}$$

综合上述两种情况,可得出 $x=-x_0+\sum_{i=1}^{n}x_i2^{-i}$

2. 设$[x]_{补}=x_0.x_1x_2\cdots x_n$，求证：$\left[\frac{1}{2}x\right]=x_0.x_0x_1x_2\cdots x_n$。

【证】 因为 $x=-x_0+\sum_{i=1}^{n}x_i2^{-i}$，所以

$$\frac{1}{2}x=-\frac{1}{2}x_0+\frac{1}{2}\sum_{i=1}^{n}x_i2^{-i}=-x_0+\frac{1}{2}x_0+\frac{1}{2}\sum_{i=1}^{n}x_i2^{-i}=-x_0+\sum_{i=1}^{n}x_i2^{-(i+1)}$$

根据补码与真值的关系则有

$$\left[\frac{1}{2}x\right]_{补}=x_0.x_0x_1x_2\cdots x_n$$

由此可见，如果要得到$[2^{-i}x]_{补}$，只要将$[x]_{补}$连同符号位右移 i 位即可。

3. 对于模 4 补码，设$[x]_{补}=x_0'.x_0x_1x_2\cdots x_n$ （x_0' 为符号位），求证：

$$x=-2x_0'+x_0+\sum_{i=1}^{n}x_i2^{-i}$$

【证】 因为 x_0' 为符号位，当 $x\geqslant0$ 时，$x_0=0$，x 为正数，则

$$[x]_{补}=0x_0.x_1x_2\cdots x_n=x_0+0.x_1x_2\cdots x_n=x$$

$$x=x_0+0.x_1x_2\cdots x_n=x_0+\sum_{i=1}^{n}x_i2^{-i}$$

当 $x<0$ 时，$x_0'=1$，x 为负数，则

$$[x]_{补}=1x_0.x_1x_2\cdots x_n=4+x \quad（模 4 补码定义）$$

$$x=1x_0.x_1x_2\cdots x_n-4=-2+x_0+0.x_1x_2\cdots x_n=-2+x_0+\sum_{i=1}^{n}x_i2^{-i}$$

综合以上两种情况，可知：

$$x=-2x_0'+x_0+\sum_{i=1}^{n}x_i2^{-i} \qquad 其中，x_0'=\begin{cases}0, & x\geqslant0\\1, & x<0\end{cases}$$

4. 求证：$[-x]_{补}=[[x]_{补}]_{求补}$。

【证】 当 $0\leqslant x<2^n$ 时，设

$$[x]_{补}=0x_1x_2\cdots x_n=x$$
$$-x=-x_1x_2\cdots x_n$$
$$[-x]_{原}=1x_1x_2\cdots x_n$$

所以

$$[-x]_{补}=1\overline{x}_1\overline{x}_2\cdots\overline{x}_n+1$$

比较$[x]_{补}$和$[-x]_{补}$，发现将$[x]_{补}$连同符号位求反加 1 即得$[-x]_{补}$。

当$-2^n\leqslant x<0$ 时，设$[x]_{补}=1x_1'x_2'\cdots x_n'$，则

$$[x]_{原}=1\overline{x_1'}\,\overline{x_2'}\cdots\overline{x_n'}+1$$

所以

$$[-x]_{原}=0\overline{x_1'}\,\overline{x_2'}\cdots\overline{x_n'}+1$$

故

$$[-x]_{补}=0\overline{x_1'}\,\overline{x_2'}\cdots\overline{x_n'}+1$$

比较$[x]_{补}$和$[-x]_{补}$，发现将$[x]_{补}$各位(包括符号)求反加 1 即得$[-x]_{补}$。

连同符号位求反加 1 的过程称为求补，所以

$$[-x]_{补}=[[x]_{补}]_{求补}$$

5. 求证：$-[y]_{补}=+[-y]_{补}$。

【证】因为

$$[x]_{补}+[y]_{补}=[x+y]_{补}$$

令 $x=-y$ 代入上式，则有

$$[-y]_{补}+[y]_{补}=[-y+y]_{补}=[0]_{补}=0$$

所以

$$[-y]_{补}=-[y]_{补}$$

6. 已知$[x]_{补}=x_0.x_1x_2\cdots x_n$，求证：$[1-x]_{补}=x_0.\overline{x}_1\overline{x}_2\cdots\overline{x}_n+2^{-n}$。

【证】因为

$$[1-x]_{补}=[1]_{补}+[-x]_{补}=1+\overline{x}_0.\overline{x}_1\overline{x}_2\cdots\overline{x}_n+2^{-n}$$

$$1+\overline{x}_0=x_0$$

所以

$$[1-x]_{补}=1+\overline{x}_0.\overline{x}_1\overline{x}_2\cdots\overline{x}_n+2^{-n}=x_0.\overline{x}_1\overline{x}_2\cdots\overline{x}_n+2^{-n}$$

7. 求证：$[x]_{补}=[x]_{反}+2^{-n}$。

【证】因为

$$[x]_{反}=2-2^{-n}+x,\qquad 0\geqslant x>-1$$

$$[x]_{补}=2+x,\qquad 0\geqslant x>-1$$

移项得

$$x=[x]_{反}-2+2^{-n}$$

$$x=[x]_{补}-2$$

所以

$$[x]_{补}-2=[x]_{反}-2+2^{-n}$$

故

$$[x]_{补}=[x]_{反}+2^{-n}$$

8. 设$[x]_{补}=x_0.x_1x_2\cdots x_n$，求证：

$$[x]_{补}=2x_0+x,\quad 其中,x_0=\begin{cases}0, & 1>x\geqslant 0\\ 1, & 0>x>-1\end{cases}$$

【证】当 $1>x\geqslant 0$ 时，即 x 为正小数，则

$$1>[x]_{补}=x\geqslant 0$$

因为正数补码等于正数本身，所以

$$1>x_0.x_1x_2\cdots x_n\geqslant 0,\qquad x_0=0$$

当 $0>x>-1$ 时，即 x 为负小数，根据补码定义有

$$2>[x]_{补}=2+x>1\qquad (\text{mod } 2)$$

即 $2>x_0.x_1x_2\cdots x_n>1$，$x_0=1$。所以

正数：　符号位 $x_0=0$

负数：　符号位 $x_0=1$

若 $1>x\geqslant 0$，$x_0=0$，则$[x]_{补}=2x_0+x=x$。

若$-1<x<0, x_0=1$，则$[x]_补=2x_0+x=2+x$。

所以有

$$[x]_补=2x_0+x,\quad 其中, x_0=\begin{cases}0, & 1>x\geqslant 0\\ 1, & 0>x>-1\end{cases}$$

9. 设$[x]_补=x_{n-1}x_{n-2}\cdots x_1x_0$，$[y]_补=y_{n-1}y_{n-2}\cdots y_1y_0$。求证：

$$x\cdot y=(x_{n-2}\cdots x_1x_0)\cdot(y_{n-2}\cdots y_1y_0)-x_{n-1}\cdot(y_{n-2}\cdots y_1y_0)\cdot 2^{n-1}$$
$$-y_{n-1}\cdot(x_{n-2}\cdots x_1x_0)\cdot 2^{n-1}+x_{n-1}\cdot y_{n-1}\cdot 2^{2n-2}$$

【证】 无论x和y为正还是负，均有

$$x=-x_{n-1}2^{n-1}+\sum_{i=0}^{n-2}x_i2^i$$

$$y=-y_{n-1}2^{n-1}+\sum_{i=0}^{n-2}y_i2^i$$

所以

$$\begin{aligned}x\cdot y&=(-x_{n-1}2^{n-1}+\sum_{i=0}^{n-2}x_i2^i)\cdot(-y_{n-1}2^{n-1}+\sum_{i=0}^{n-2}y_i2^i)\\&=((-x_{n-1})x_{n-2}\cdots x_1x_0)\cdot((y_{n-1})y_{n-2}\cdots y_1y_0)\\&=(x_{n-2}\cdots x_1x_0)\cdot(y_{n-2}\cdots y_1y_0)-x_{n-1}\cdot(y_{n-2}\cdots y_1y_0)\cdot 2^{n-1}\\&\quad -y_{n-1}\cdot(x_{n-2}\cdots x_1x_0)\cdot 2^{n-1}+x_{n-1}\cdot y_{n-1}\cdot 2^{2n-2}\end{aligned}$$

2.3 计算题

1. 已知：$x=0.1011$，$y=-0.0101$，求：$\left[\frac{1}{2}x\right]_补$，$\left[\frac{1}{4}x\right]_补$，$[-x]_补$，$\left[\frac{1}{2}y\right]_补$，$\left[\frac{1}{4}y\right]_补$，$[-y]_补$。

【解】 $[x]_补=0.1011$　　　　$[y]_补=1.1011$

$\left[\frac{1}{2}x\right]_补=0.01011$　　　　$\left[\frac{1}{2}y\right]_补=1.11011$

$\left[\frac{1}{4}x\right]_补=0.001011$　　　　$\left[\frac{1}{4}y\right]_补=1.111011$

$[-x]_补=1.0101$　　　　$[-y]_补=0.0101$

2. 设机器字长16位，定点表示，尾数15位，数符1位，问：

(1)定点原码整数表示时，最大正数是多少？最小负数是多少？

(2)定点原码小数表示时，最大正数是多少？最小负数是多少？

【解】 (1) 定点原码整数表示时

最小负数值$=-(2^{15}-1)_{10}=(-32767)_{10}$

最小负整数表示：

1　111 111 111 111 111

最大正数值$=(2^{15}-1)_{10}=(+32767)_{10}$

最大正整数表示：

0 111 111 111 111 111

(2) 定点原码小数表示时

最大正数值 $=(1-2^{15})_{10}=(+0.\overbrace{111\cdots11}^{15个1})_2$

最小负数值 $=-(1-2^{-15})_{10}=(-0.111\cdots11)_2$

3. 机器字长 32 位，定点表示，尾数 31 位，数符 1 位，问：

(1) 定点原码整数表示时，最大正数是多少？最小负数是多少？

(2) 定点原码小数表示时，最大正数是多少？最小负数是多少？

【解】(1) 定点原码整数表示时

最大正数值 $=(2^{31}-1)_{10}$　　　　最小负数值 $=-(2^{31}-1)_{10}$

(2) 定点原码小数表示时

最大正数值 $=(1-2^{31})_{10}$　　　　最小负数值 $=-(1-2^{-31})_{10}$

4. 把十进制数 $x=(+128.75)\times 2^{-10}$ 写成浮点表示的机器数，阶码、尾数分别用原码、反码和补码表示。设阶码 4 位，阶符 1 位，尾数 15 位，尾数符号 1 位。

【解】

$$x=(+128.75)\times 2^{-10}$$

$[x]_{原}=$ **1** 0010 **0** 100000001100000

$[x]_{反}=$ **1** 1101 **0** 100000001100000

$[x]_{补}=$ **1** 1110 **0** 100000001100000

阶符　阶码　数符　尾数

5. 设机器字长为 16 位，浮点表示时，阶码 5 位，阶符 1 位，数符 1 位，尾数 9 位。问：最大浮点数为多少？最小浮点数为多少？

【解】最大浮点数 $=2^{+21}\times(1-2^{-9})$

最小浮点数 $=-2^{+31}\times(1-2^{-9})$

6. 假设由 S,E,M 三个域中 $S=1$ 位，$E=8$ 位，$M=23$ 位，它们组成一个 32 位二进制字所表示的非零规格化浮点数 x，其值表示为

$$x=(-1)^8\times(1\cdot M)\times 2^{E-128}$$

问：它所表示的规格化的最大正数、最小正数、最大负数、最小负数是多少？

【解】(1) 最大正数

0	11 111 111	111 111 111 111 111 111 111 11

$$x=[1+(1-2^{-23})]\times 2^{127}$$

(2) 最小正数

0	00 000 000	000 000 000 000 000 000 000 00

$$x=1.0\times 2^{-128}$$

(3) 最小负数

1	11 111 111	111 111 111 111 111 111 111 11

$$x=-[1+(1-2^{-23})]\times 2^{127}$$

(4) 最大负数

1	00 000 000	000 000 000 000 000 000 000 00

$$x=-1.0\times 2^{-128}$$

7. 已知 $x=-0.01111$，$y=+0.11001$，求$[x]_{补}$，$[-x]_{补}$，$[y]_{补}$，$[-y]_{补}$，$x+y$，$x-y$的值。

【解】$[x]_{原}=1.01111$　　$[x]_{补}=1.10001$　　$[-x]_{补}=0.01111$

$[y]_{原}=0.11001$　　$[y]_{补}=0.11001$　　$[-y]_{补}=1.00111$

$$\begin{array}{lr} [x]_{补} & 11.10001 \\ +\ [y]_{补} & 00.11001 \\ \hline [x+y]_{补} & 00.01010 \end{array} \qquad \begin{array}{lr} [x]_{补} & 11.10001 \\ +\ [-y]_{补} & 11.00111 \\ \hline [x-y]_{补} & 10.11000 \end{array}$$

所以　$x+y=+0.01010$　　　$x-y$ 运算结果发生溢出(双符号位不同)

8. 用补码运算方法求 $x+y$ 的值。

(1) $x=0.1001$，　$y=0.1100$　　　(2) $x=-0.0100$，　$y=0.1001$

【解】(1)

$$\begin{array}{r} [x]_{补}=00.1001 \\ +\quad [y]_{补}=00.1100 \\ \hline [x+y]_{补}=01.0101 \end{array}$$

由于双符号位相异，结果发生溢出

(2)

$$\begin{array}{r} [x]_{补}=11.1100 \\ +\quad [y]_{补}=00.1001 \\ \hline [x+y]_{补}=00.0101 \end{array}$$

所以　$x+y=+0.0101$

9. 用补码运算方法求 $x-y$ 的值。

(1)$x=-0.0100$，　$y=0.1001$　　　(2)$x=-0.1011$，　$y=-0.1010$

【解】(1)

$$\begin{array}{r} [x]_{补}=11.1100 \\ +\quad [-y]_{补}=11.0111 \\ \hline [x-y]_{补}=11.0011 \end{array}$$

所以　$x-y=-1.1101$

(2)

$$\begin{array}{r} [x]_{补}=11.0101 \\ +\quad [-y]_{补}=00.1010 \\ \hline [x-y]_{补}=11.1111 \end{array}$$

所以　$x-y=-0.0001$

10. 已知两个不带符号的二进制整数 $A=11011(27_{10})$，$B=10101(21_{10})$，求每一部分乘积项 a_ib_j 的值与 $P=p_9p_8\cdots p_0$ 的值。

【解】

$$\begin{array}{rcccccccccl} & & & & & 1 & 1 & 0 & 1 & 1 & =A \\ \times & & & & & 1 & 0 & 1 & 0 & 1 & =B \\ \hline & & & & & 1 & 1 & 0 & 1 & 1 & \\ & & & & 0 & 0 & 0 & 0 & 0 & & \\ & & & 1 & 1 & 0 & 1 & 1 & & & \\ & & 0 & 0 & 0 & 0 & 0 & & & & \\ + & 1 & 1 & 0 & 1 & 1 & & & & & \\ \hline 1 & 0 & 0 & 0 & 1 & 1 & 0 & 1 & 1 & 1 & =P \end{array}$$

$$P=p_9p_8p_7p_6p_5p_4p_3p_2p_1p_0=1000110111=(567)_{10}$$

$$a_4b_0=1,a_3b_0=1,a_2b_0=0,a_1b_0=1,a_0b_0=1$$

$$a_4b_1=0,a_3b_1=0,a_2b_1=0,a_1b_1=0,a_0b_1=0$$

$$a_4b_2=1,a_3b_2=1,a_2b_2=0,a_1b_2=1,a_0b_2=0$$

$$a_4b_3=0,a_3b_3=0,a_2b_3=0,a_1b_3=0,a_0b_3=0$$

$$a_4b_4=1,a_3b_4=1,a_2b_4=0,a_1b_4=1,a_0b_4=1$$

11. 已知$[N_1]_{补}=(011011)_2$，$[N_2]_{补}=(101101)_2$，$[N_3]_{补}=(111100)_2$，求$[N_1]_{补}$，

$[N_2]_补$,$[N_3]_补$具有的十进制数值。

【解】 ① $[N_1]_补=(011011)_2$

所以 $N_1=+0\times2^5+1\times2^4+1\times2^3+0\times2^2+1\times2^1+1\times2^0=(27)_{10}$

② $[N_2]_补=(101101)_2$

所以 $N_2=-1\times2^5+0\times2^4+1\times2^3+1\times2^2+0\times2^1+1\times2^0=(-19)_{10}$

③ $[N_3]_补=(111100)_2$

所以 $N_3=-1\times2^5+1\times2^4+1\times2^3+1\times2^2+0\times2^1+0\times2^0=(-4)_{10}$

12. 设 $x=15$,$y=-13$,用带求补器的补码阵列乘法器求乘积 $x\cdot y$ 的值,并用十进制乘法进行验证。

【解】 设最高位为符号位,输入数据用补码表示:$[x]_补=01111$,$[y]_补=10011$。

乘积符号位运算: $x_0\oplus y_0=0\oplus1=1$

算前求补器输出为 $|x|=1111$, $|y|=1101$

$$
\begin{array}{rcccccccc}
 & & & & & 1 & 1 & 1 & 1 \\
\times & & & & & 1 & 1 & 0 & 1 \\
\hline
 & & & & & 1 & 1 & 1 & 1 \\
 & & & & 0 & 0 & 0 & 0 & \\
 & & & 1 & 1 & 1 & 1 & & \\
+ & & 1 & 1 & 1 & 1 & & & \\
\hline
 & 1 & 1 & 0 & 0 & 0 & 0 & 1 & 1
\end{array}
$$

算后求补器输出为 00111101,加上乘积符号为 1,最后得补码乘积值$[x\cdot y]_补=100111101$。

利用补码与真值换算公式,补码二进制数真值:

$$x\cdot y=-1\times2^8+1\times2^5+1\times2^4+1\times2^3+1\times2^2+1\times2^0=(-195)_{10}$$

十进制数乘法验证:

$$x\cdot y=15\times(-13)=-195$$

13. 设 $x=15$,$y=-13$,用带求补器的原码阵列乘法器求乘积 $x\cdot y$ 的值,并用十进制乘法进行验证。

【解】 设最高位为符号位,输入数据用原码表示,$[x]_原=01111$,$[y]_原=11101$。

符号位单独考虑,尾数算前求补器输出为$|x|=1111$,$|y|=1101$。

乘积符号位运算: $x_0\oplus y_0=0\oplus1=1$

尾数部分运算:

$$
\begin{array}{rcccccccc}
 & & & & & 1 & 1 & 1 & 1 \\
\times & & & & & 1 & 1 & 0 & 1 \\
\hline
 & & & & & 1 & 1 & 1 & 1 \\
 & & & & 0 & 0 & 0 & 0 & \\
 & & & 1 & 1 & 1 & 1 & & \\
+ & & 1 & 1 & 1 & 1 & & & \\
\hline
 & 1 & 1 & 0 & 0 & 0 & 0 & 1 & 1
\end{array}
$$

经算后求补器输出,加上乘积符号位,得原码乘积值$[x\cdot y]_原=111000011$。

换算成二进制数真值: $x\cdot y=(-11000011)_2=(-195)_{10}$

十进制数乘法验证: $x\cdot y=15\times(-13)=-195$

14. 设 $x=-15$,$y=-13$,用带求补器的补码阵列乘法器求出乘积 $x\cdot y$ 的值,并用十进制数乘法进行验证。

【解】设最高位为符号位，输入数据用补码表示：

$$[x]_{补}=10001 \qquad [y]_{补}=10011$$

乘积符号位单独运算：　$x_0 \oplus y_0 = 1 \oplus 1 = 0$

尾数部分算前求补器输出为 $|x|=1111$，$|y|=1101$。

$$\begin{array}{ccccccccc}
 & & & & & 1 & 1 & 1 & 1 \\
\times & & & & & 1 & 1 & 0 & 1 \\
\hline
 & & & & & 1 & 1 & 1 & 1 \\
 & & & & 0 & 0 & 0 & 0 & \\
 & & & 1 & 1 & 1 & 1 & & \\
+ & & 1 & 1 & 1 & 1 & & & \\
\hline
 & 1 & 1 & 0 & 0 & 0 & 0 & 1 & 1
\end{array}$$

算后求补器输出为 11000011，加上乘积符号为 0，得最后补码乘积值 $[x \cdot y]_{补}=011000011$。

补码的二进制数真值：$x \cdot y = 0\times 2^8 + 1\times 2^7 + 1\times 2^6 + 1\times 2^1 + 1\times 2^0 = (+195)_{10}$

十进制数乘法验证：　$x \cdot y = (-15)\times(-13) = +195$

15. 已知 $[x]_{补}=0.1010$，$[y]_{补}=1.1010$，请根据直接补码阵列乘法器的计算步骤求 $[x \cdot y]_{补}$。

【解】

$$\begin{array}{cccccccccc}
 & & & & & (0). & 1 & 0 & 1 & 0 \\
\times & & & & & (1). & 1 & 0 & 1 & 0 \\
\hline
 & & & & & (0) & 0 & 0 & 0 & 0 \\
 & & & & (0) & 1 & 0 & 1 & 0 & \\
 & & & (0) & 0 & 0 & 0 & 0 & & \\
 & & (0) & 1 & 0 & 1 & 0 & & & \\
+ & 0 & (1) & (0) & (1) & (0) & & & & \\
\hline
 & 0. & (1) & 1 & 0 & 0 & 0 & 1 & 0 & 0
\end{array}$$

所以　$$[x \cdot y]_{补}=1.11000100$$

16. 已知 $x=0.10110$，$y=0.111$，请用不恢复余数法计算 $[x \div y]_{补}$。

【解】采用阵列除法器算法（余数固定除数右移）

$[x]_{补}=0.101100$，　$[y]_{补}=0.111$，　$[-y]_{补}=1.001$

被除数

$$\begin{array}{lll}
[x]_{补} & 0.1\,0\,1\,1\,0\,0 & ;\text{被除数 } x \\
+[-y]_{补} & 1.0\,0\,1 & ;\text{第一步减除数 } y \\
\hline
 & 1.1\,1\,0\,1\,0\,0<0,\ q_4=0 & ;\text{余数为负商 0，下步加除数} \\
+[y]_{补} & 0.0\,1\,1\,1 & ;\text{除数右移 1 位加} \\
\hline
 & 0.0\,1\,1\,0\,0\,0>0,\ q_3=1 & ;\text{余数为正商 1，下步减除数} \\
+[-y]_{补} & 1.1\,1\,0\,0\,1 & ;\text{除数右移 2 位减} \\
\hline
 & 0.0\,0\,1\,0\,1\,0>0,\ q_2=1 & ;\text{余数为正商 1，下步减除数}
\end{array}$$

$$
\begin{array}{lll}
+[y]_{补} & 0.000111 & ;除数右移3位加 \\
\hline
 & 0.010001>0, q_1=1 & ;余数为正商1
\end{array}
$$

故得

$$商 \quad q=q_4.q_3q_2q_1=0.111$$

$$余数 \quad r=(0.00r_6r_5r_4r_3)=0.010001$$

17. 已知 $x=0.5_{10}$，$y=-0.4375_{10}$，用二进制形式求$(x+y)_{浮}$。

【解】第1步　先将两个十进制数用规格化的二进制数形式表示出来，假设保留4位有效数位

$$x=0.5_{10}=0.1_2=0.1_2\times 2^0=1.000_2\times 2^{-1}$$

$$y=-0.4375_{10}=-0.0111_2=-0.0111_2\times 2^0=-1.110_2\times 2^{-2}$$

第2步　对阶：将指数较小的 y 的有效数位右移1位，与 x 的小数点对齐

$$y=-1.110_2\times 2^{-2}=-0.111_2\times 2^{-1}$$

第3步　求和：两个加数的有效数位相加

$$x+y=1.000_2\times 2^{-1}+(-0.111_2\times 2^{-1})=0.001_2\times 2^{-1}$$

第4步　规格化，并检查是否溢出

$$x+y=0.001_2\times 2^{-1}=0.010_2\times 2^{-2}=0.100_2\times 2^{-3}=1.000_2\times 2^{-4}$$

由于 $127\geqslant -4\geqslant -126$（移码表示），因此求和结果既无上溢也无下溢。

18. 已知 $x=0.5_{10}$，$y=-0.4375_{10}$，用二进制形式求$(x\times y)_{浮}$，保留4位有效数位。

【解】第1步　用二进制形式表示 x 和 y：

$$x=0.5_{10}=1.000_2\times 2^{-1}, \qquad y=-0.4375_{10}=-1.110_2\times 2^{-2}$$

第2步　将被乘数与乘数的指数部分相加

$$-1+(-2)=-3$$

用移码表示则为 $-3+127=124$。

第3步　将 x 与 y 的有效数位相乘

$$
\begin{array}{r}
1.000 \\
\times \quad 1.110 \\
\hline
0000 \\
1000 \\
1000 \\
1000 \\
\hline
1110000
\end{array}
$$

乘积为 $1.110000_2\times 2^{-3}$，我们只需4位有效数位，故结果修正为 1.110×2^{-3}。

第4步　规格化，并检查是否溢出

上步乘积结果为 $1.110_2\times 2^{-3}$，已经规格化了。由于移码表示时，$127\geqslant -3\geqslant -126$，因此既无上溢也无下溢。

第5步　舍入操作：舍入到4位有效数字

这一步无须做任何操作，结果仍为 $1.110_2\times 2^3$。

第6步　确定乘积符号：由于 x 和 y 符号相反，乘积为负数，即为

$$(x\times y)_{浮}=-1.110_2\times 2^3$$

19. 设 $x=10^{E_x}\times M_x=10^3\times 0.6$，　$y=10^{E_y}\times M_y=10^4\times 0.4$

用十进制数计算下面浮点加、减法：$x+y$、$x-y$。

【解】 $E_x=3$，　$E_y=4$，　$E_x<E_y$，对阶时小阶向大阶看齐

$$x+y=(M_x\cdot 10^{E_x-E_y}+M_y)\times 10^{E_y}=(0.6\times 10^{3-4}+0.4)\times 10^4$$
$$=0.46\times 10^4=4600$$
$$x-y=(M_x\cdot 10^{E_x-E_y}-M_y)\times 10^{E_y}=(0.6\times 10^{3-4}-0.4)\times 10^4$$
$$=(0.06-0.4)\times 10^4=-3400$$

20. 设 $x=10^{E_x}\times M_x=10^3\times 0.6$，　$y=10^{E_y}\times M_y=10^4\times 0.8$

用十进制方法计算下面浮点乘、除法：$x\times y$、$x\div y$。

【解】 $x\times y=10^{(E_x+E_y)}\cdot(M_x\times M_y)$
$$=10^{(3+4)}\cdot(0.6\times 0.8)=10^7\times 0.048=48\ 0000$$
$$x\div y=10^{(E_x-E_y)}\cdot(M_x\div M_y)$$
$$=10^{(3-4)}\times(0.6\div 0.8)=10^{-1}\times 0.75=0.075$$

21. 若浮点数 x 的 IEEE754 标准的 32 位二进制数存储内容为$(41360000)_{16}$，求其对应的浮点数的十进制值。

【解】将 x 展开成二进制：0100,0001,0011,0110,0000,0000,0000,0000

数符：0

阶码：1000,0010

尾数：011,0110,0000,0000,0000,0000

指数 e＝阶码－127＝10000010－01111111＝00000011＝$(3)_{10}$

包括隐含 1 位的尾数：

$$1.M=1.011\ 0110\ 0000\ 0000\ 0000\ 0000$$

于是有 $x=(-1)^s\times 1.M\times 2^e=+(1.011011)\times 2^3=+1011.011=(11.375)_{10}$

22. 若浮点数 x 的 IEEE754 标准的 32 位二进制数存储内容为$(\text{C2540000})_{16}$，求其对应的浮点数的十进制值。

【解】将 x 展开成二进制：1100,0010,0101,0100,0000,0000,0000,0000

数符：1

阶码：1000,0100

尾数：101,0100,0000,0000,0000,0000

指数 e＝阶码－127＝10000100－01111111＝00000101＝$(5)_{10}$

包括隐含 1 位的尾数：

$$1.M=1.101\ 0100\ 0000\ 0000\ 0000\ 0000$$

于是有 $x=(-1)^s\times 1.M\times 2^e=-(1.10101)\times 2^5=-110101=(-53)_{10}$

23. 将十进制数 5 转换成 IEEE754 标准的 32 位二进制数存储内容。

【解】阶码 $E=e+127=129$

$m=1.M=1.0100\cdots 0000=1.25$

二进制为

0100 0000 1010 0000 0000 0000 0000 0000

0X 40A00000

24. $x=2^{-011}\times 0.100101$，　$y=2^{-010}\times(-0.011110)$

用 IEEE754 标准格式表示数据，并求 32 位加减法计算结果。

【解】X：　$1.M=1.00101$，　$e=-100$，　$E=e+127=0111\ 1011$

　　Y：　$1.M=1.11100$，　$e=-100$，　$E=e+127=0111\ 1011$

　　$[X]_{浮}=$ 0011 1101 1001 0100 0000 0000 0000 0000

　　$[Y]_{浮}=$ 1011 1101 1111 0000 0000 0000 0000 0000

$X+Y=-2^{-101}\times 1.0111=-2^{-100}\times 0.10111=-2^{-4}\times 0.10111$

$X+Y$　1011 1101 0011 1000 0000 0000 0000 0000

$X-Y=2^{-100}\times 11.00001=2^{-011}\times 1.100001$

$X-Y$　1011 1110 0100 0100 0000 0000 0000 0000

25. 将十进制数－0.75 表示成单精度 IEEE754 标准二进制存储内容。

【解】$-0.75=-3/4=-0.11_2=-1.1\times 2^{-1}$

$=(-1)^1\times(1+0.1000\ 0000\ 0000\ 0000\ 0000\ 000)\times 2^{-1}$

$=(-1)^1\times(1+0.1000\ 0000\ 0000\ 0000\ 0000\ 000)\times 2^{126-127}$

$S=1$，　$E=126_{10}=01111110_2$，　$M=1000\cdots000$

1011 1111 0100 0000　0000　0000　0000　0000

B　F　4　0　0　0　0　0　H

26. 将十进制数 20.59375 转换成 IEEE754 标准的 32 位二进制存储内容。

【解】首先分别将整数和分数部分转换成二进制数

$$20.59375=10100.10011$$

然后移动小数点，使其在第 1,2 位之间

$$10100.10011=1.010010011\times 2^4,\quad e=4$$

于是得到：$e=E-127$

$S=0$，　$E=4+127=131=1000\ 0011$，　$M=01001001$

二进制数

0100 0001 1010 0100 1100 0000 0000 0000

27. 将十进制数 20.59375 转换成IEEE754 标准的 64 位二进制存储内容。

【解】$20.59375=10100.10011=1.0100\ 10011\times 2^4$

$S=0$，　$E=4+1023=1027=10000000011B$，　$M=010010011$

存储格式：0100 0000 0011 0100 1001 1000 0000 0000…0000

　　　　=403498000…00H(10 个 0)

28. $x=2^{-101}\times(-0.010110)$，　$y=2^{-100}\times 0.010110$

用 IEEE754 标准格式表示数据，并求 32 位加减法计算结果。

【解】$[x]_{浮}=11011,-0.010110$

　　$[y]_{浮}=11100,0.010110$

　　$E_x-E_y=-11011+00100=11111$

　　$[x]_{浮}=11100,1.11010(0)$

(1)加法$(x+y)$

$$
\begin{array}{r}
11.110101 \\
+\quad 00.010110 \\
\hline
00.001011
\end{array}
$$

$X+Y=-2^{-7}\times 1.0110$

$1.M=1.0110$， $e=-111$， $E=0111\ 1000$

IEEE754 标准的 32 位加法计算结果

$X+Y$ 1011 1100 0011 0000 0000 0000 0000 0000

(2)减法($x-y$)

$$
\begin{array}{r}
11.110101 \\
+\quad 11.101010 \\
\hline
11.011111
\end{array}
$$

$X-Y=-2^{-5}\times 1.00001$

$1.M=1.0001$， $e=-101$， $E=0111\ 1010$

IEEE754 标准的 32 位减法计算结果

$X-Y$ 1011 1101 0000 1000 0000 0000 0000 0000

29. 设有两个浮点数 $N_1=2^{j_1}\times S_1$，$N_2=2^{j_2}\times S_2$，其中，阶码用 4 位移码、尾数用 8 位原码表示(含 1 位符号位)。设 $j_1=(11)_2$，$S_1=(+0.0110011)_2$，$j_2=(-10)_2$，$S_2=(+0.1101101)_2$。求 N_1+N_2，写出运算步骤及结果。

【解】(1)0 操作数检查

两个数均不为 0，正常运行。

(2)比较阶码大小，进行对阶，小阶向大阶看齐

$j_1=(11)_2$， $E_1=1011$

$j_2=(-10)_2$， $E_2=0110$

$E_1-E_2=0101$， $E_1>E_2$

S_2右移 5 位， $E=1011$

$S_2=(+0.1101101)_2=00000011(01101)$

$S_1=(+0.0110011)_2=00110011$

(3)尾数求和

$E=1011$， $S=S_1+S_2=00110110$

(4)结果规格化

$E=1010$， $S=S_1+S_2=1101100$

(5)舍入处理

0 舍 1 入

$E=1010$， $S=S_1+S_2=(1101101)_2$

30. 设浮点数的格式为：符号位 b15；阶码 b14－b8，采用补码表示；尾数 b7－b0，与符号位一起采用规格化的补码表示，基数为 2。请用十进制数 2 的幂次表示：

(1)最接近于 0 的正数；

(2)最接近于 0 的负数。

【解】最小正尾数$[M_{+\min}]_{补}=0.10000000$，$M_{+\min}=2^{-1}$

最大负尾数$[M_{-\max}]_{补}=1.01111111$，$M_{-\min}=-(2^{-1}+2^{-8})$

最小阶为$-2^{6}=-64$

故最接近于 0 的正数为 $2^{-1}\times2^{-64}=2^{-65}$

最接近于 0 的负数为$-(2^{-1}+2^{-8})\times2^{-64}=-(1+2^{-7})\times2^{-65}$

2.4 分析题

1. 两个定点补码数分别放在寄存器 A,B 中,A_0,B_0 是符号位,试列出 $A+B\to A$ 及 $A-B\to A$ 运算的溢出判断条件,并给出判别电路的逻辑图。

【解】设 $A=A_0A_1A_2A_3\cdots A_n$,$B=B_0B_1B_2B_3\cdots B_n$,则

$$A+B=A_0A_1A_2A_3\cdots A_n+B_0B_1B_2B_3\cdots B_n$$

$$A-B=A_0A_1A_2\cdots A_n+\overline{B}_0\overline{B}_1\overline{B}_2\cdots\overline{B}_n+000\cdots1$$

当最高有效位(符号位后面的一位)产生进位而符号位无进位时产生正溢;当最高有效位无进位而符号位产生进位时则发生负溢。因此溢出判断条件为

$$V=C_0\oplus C_1=A_0B_0\overline{C}_1+\overline{A}_0\overline{B}_0C_1$$

其中,V 为溢出信号,C_0 为符号位产生的进位,C_1 为最高有效位产生的进位。其判别电路可用一个异或门实现。

2. 全加器可由异或门及进位逻辑电路组成,根据 $A\oplus B=\overline{A}\oplus\overline{B}$,可以设计利用原变量或反变量进行运算的加法器。进而可以推测,对已设计好的加法器,用原变量运算和反变量运算都是一样的。这种说法对不对?为什么?

表 2.1 全加器真值表

输入						输出			
A_1	B_1	C_1	$\overline{A}_1$	$\overline{B}_1$	$\overline{C}_1$	S_1	C_{i+1}	$\overline{S}_i$	$\overline{C}_{i+1}$
0	0	0	1	1	1	0	0	1	1
0	0	1	1	1	0	1	0	0	1
0	1	0	1	0	1	1	0	0	1
0	1	1	1	0	0	0	1	1	0
1	0	0	0	1	1	1	0	0	1
1	0	1	0	1	0	0	1	1	0
1	1	0	0	0	1	0	1	1	0
1	1	1	0	0	0	1	1	0	0

【解】对已设计好的加法器,用原变量运算和反变量运算都能得到正确的结果。换句话说,用原变量设计好的加法器,如果将所有的输入变量和输出变量均变反,那么该加法器就能适用于反变量的运算。因为该加法器把逻辑输入信号都反相所产生的功能仍然在这个集合之中,这可以用真值表 2.1来说明:

$S_i=A_i\oplus B_i\oplus C_i\quad C_{i+1}=A_iB_i+B_iC_i+C_iA_i$

$S_i=\overline{A}_i\oplus\overline{B}_i\oplus\overline{C}_i\quad \overline{C}_{i+1}=\overline{A}_i\overline{B}_i+\overline{B}_i\overline{C}_i+\overline{C}_i\overline{A}_i$

3. 图 2.1 为某 ALU 部件的内部逻辑图,图中 S_0,S_1 为功能选择控制器,C_{in}为最低位的进位输入端,$A(A_1\sim A_4)$和 $B(B_1\sim B_4)$是参与运算的两个数,$F(F_1\sim F_4)$为输出结果。试分析在 S_0,S_1,C_{in}各种组合的条件下,输出 F 和输入 A,B,C_{in}的算术运算关系。

【解】图中所给的 ALU 只能进行算术运算,S_0,S_1 用于控制 B 数($B_1\sim B_4$)送原码或反码,加法器输入与输出的逻辑关系可写为

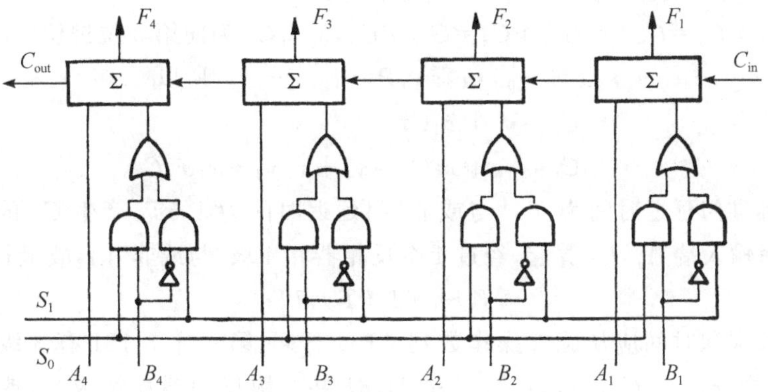

图 2.1

$$F_i = A_i + (S_0 B_i + S_1 \overline{B_i}) + C_{in}$$
$$i = 1,2,3,4$$

由此，在 S_0，S_1，C_{in} 的各种组合条件下，输出 F 与输入 A，B，C_{in} 的算术运算关系列于表 2.2。

表 2.2

输入	S_0	S_1	C_{in}	输出 F
	0	0	0	A（传送）
	0	0	1	A 加 0001
	0	1	0	A 加 $\overline{B}$
	0	1	1	A 减 B（A 加 $\overline{B}$ 加 0001）
	1	0	0	A 加 B
	1	0	1	A 加 B 加 0001
	1	1	0	A 加 1111
	1	1	1	A 加 1111 加 0001

4. 某加法器进位链小组信号为 $C_4C_3C_2C_1$，低位来的进位信号为 C_0，请分别按下述两种方式写出 $C_4C_3C_2C_1$ 的逻辑表达式。

（1）串行进位方式；

（2）并行进位方式。

【解】（1）串行进位方式：

$C_1 = G_1 + P_1C_0$　其中，$G_1 = A_1B_1$，　$P_1 = A_1 \oplus B_1$

$C_2 = G_2 + P_2C_1$　　　　$G_2 = A_2B_2$，　$P_2 = A_2 \oplus B_2$

$C_3 = G_3 + P_3C_2$　　　　$G_3 = A_3B_3$，　$P_3 = A_3 \oplus B_3$

$C_4 = G_4 + P_4C_3$　　　　$G_4 = A_4B_4$，　$P_4 = A_4 \oplus B_4$

（2）并行进位方式：

$C_1 = G_1 + P_1C_0$

$C_2 = G_2 + P_2G_1 + P_2P_1C_0$

$C_3 = G_3 + P_3G_2 + P_3P_2G_1 + P_3P_2P_1C_0$

$C_4 = G_4 + P_4G_3 + P_4P_3G_2 + P_4P_3P_2G_1 + P_4P_3P_2P_1C_0$

其中，$G_1 \sim G_4$，$P_1 \sim P_4$ 表达式与串行进位方式相同。

5. 某机字长 16 位，使用四片 74181 组成算术/逻辑运算单元，设最低位序号标注为第 0 位。

（1）写出第 5 位的进位信号 C_6 的逻辑表达式；

（2）估算产生 C_6 所需的最长时间；

（3）估算最长求和时间。

【解】(1) 组成最低四位的 74181 进位输出为

$$C_4=C_{n+4}=G+PC_n=G+PC_0,\qquad C_0 \text{ 为向第 0 位进位}$$

其中，$G=y_3+y_2x_3+y_1x_2x_3+y_0x_1x_2x_3$，$P=x_0x_1x_2x_3$，所以

$$C_5=y_4+x_4C_4$$

$$C_6=y_5+x_5C_5=y_5+x_5y_4+x_5x_4C_4$$

(2) 设标准门延迟时间为 T，"与或非"门延迟时间为 $1.5T$，产生 C_6 的路径应当从 74181 最下面输入端 A_i，B_i 算起，经过 1 个反相器和 4 级"与或非"门，故最长延迟时间为

$$T+4\times1.5T=7T$$

(3) 最长求和时间应从施加操作数到 ALU 算起：第一片 74181 有 3 级"与或非"门（产生控制参数 x_0，y_0，C_{n+4}），第二、三片 74181 共 2 级反相器和 2 级"与或非"门（进位链），第四片 74181 求和逻辑（1 级与或非门和 1 级半加器，设其延迟时间为 $3T$），故总的加法时间为

$$t_0=3\times1.5T+2T+2\times1.5T+1.5T+3T=14T$$

6. 四位运算器框图如图 2.2 所示，ALU 为算术逻辑单元，A 和 B 为三选一多路开关。预先已通过多路开关 A 的 SW 门向寄存器 R_1，R_2 送入数据如下：$R_1=0101$，$R_2=1010$。寄存器 BR 输出端接四个发光二极管进行显示。其运算过程依次如下：

(1) $R_1(A)+R_2(B)\rightarrow BR(1010)$；

(2) $R_2(A)+R_1(B)\rightarrow BR(1111)$；

(3) $R_1(A)+R_1(B)\rightarrow BR(1010)$；

(4) $R_2(A)+R_2(B)\rightarrow BR(1111)$；

(5) $R_2(A)+BR(B)\rightarrow BR(1111)$；

(6) $R_1(A)+BR(B)\rightarrow BR(1010)$。

试分析运算器的故障位置与故障性质（"1"故障还是"0"故障），说明理由。

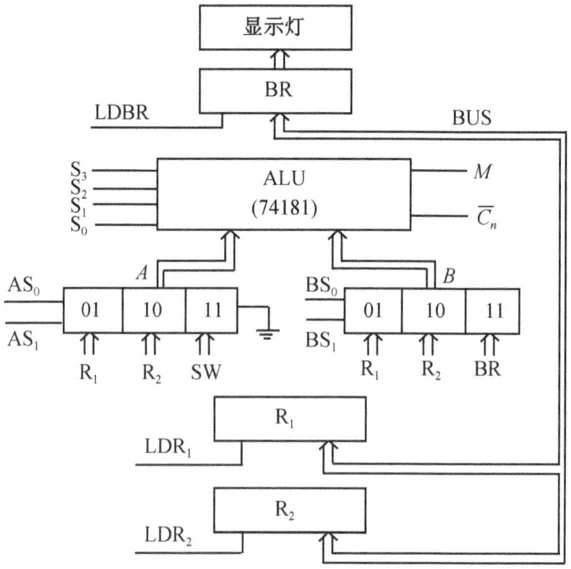

图 2.2

【解】运算器的故障位置在多路开关 B，其输出始终为 R_1 的值。分析如下：

(1) $R_1(A)+R_2(B)=$ **1010**，输出结果错。

(2) $R_2(A)+R_1(B)=$ **1111**，结果正确，说明 $R_2(A)$，$R_1(B)$ 无错。

(3) $R_1(A)+R_1(B)=$ **1010**，结果正确，说明 $R_1(A)$，$R_1(B)$ 无错。由此可断定 ALU 和 BR 无错。

(4) $R_2(A)+R_2(B)=$ **1111**，结果错。由于 $R_2(A)$ 正确，且 $R_2(A)=$ **1010**，本应 $R_2(B)=$ **1010**，但此时推知 $R_2(B)=$ **0101**，显然，多路开关 B 有问题。

(5) $R_2(A)+BR(B)=$ **1111**，结果错。由于 $R_2(A)=$ **1010**，$BR(B)=$ **1111**，但现在推知 $BR(B)=$ **0101**，证明开关 B 输出有错。

(6) $R_1(A)+BR(B)=$ **1010**，结果错。由于 $R_1(A)=$ **0101**，本应 $BR(B)=$ **1111**，但现在推知 $BR(B)=$ **0101**，仍证明开关 B 出错。

综上所述，多路开关 B 输出有错。故障性质：多路开关 B 输出始终为 **0101**。这有两种可能：一是控制信号 BS_0，BS_1 始终为 **01**，故始终选中寄存器 R_1；二是多路开关 B 电平输出始终嵌在 **0101** 上。

7. 图 2.3 是 5 位×5 位不带符号的阵列乘法器逻辑电路图，其中，FA 是一位全加器。FA 的斜线方向为进位输出，竖线方向为求和输出。虚线所围的最下面一行构成了一个行波进位加法器。试求该乘法器总的乘法时间。

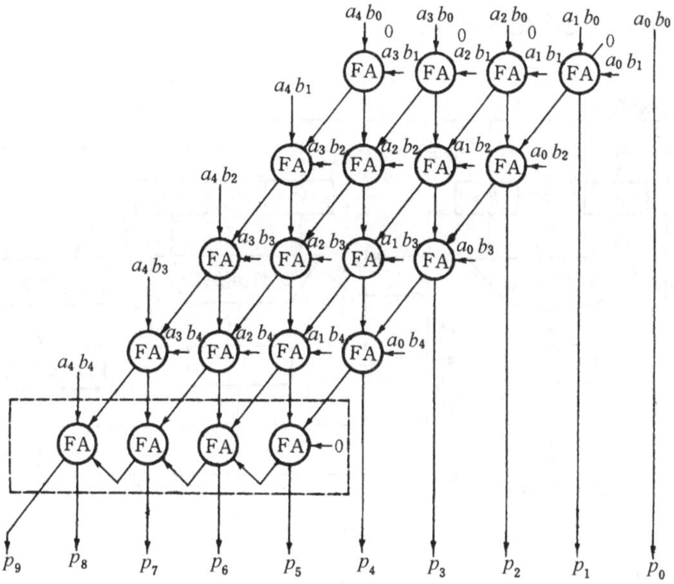

图 2.3

【解】"与门"的传输延迟时间 $T_a=T$，全加器(FA)的进位传输延迟时间 $T_f=2T$（假定用"与-或"逻辑来实现 FA 的进位链功能）。FA 的求和输出 T_s 用 2 个异或门实现 $(6T)$。

由图可见，信号传输最坏情况下的延迟途径，即是沿着 p_4 垂直线和最下面一行从右到左的传输，因而得到 5 位×5 位不带符号的阵列乘法器总的乘法时间为

$$t_m = T_a + (5-1) \times T_s + (5-1) \times T_f = T + 4 \times 6T + 4 \times 2T = 33T$$

8. 浮点数四则运算的基本公式如下：

$$\left.\begin{aligned}&\text{加法}\quad X+Y=(X_m 2^{X_e-Y_e}+Y_m)\times 2^{Y_e}\\&\text{减法}\quad X-Y=(X_m 2^{X_e-Y_e}-Y_m)\times 2^{Y_e}\end{aligned}\right\} X_e \leqslant Y_e$$

$$\text{乘法}\quad X\times Y=(X_m\times Y_m)\times 2^{X_e+Y_e}$$

$$\text{除法}\quad X\div Y=(X_m\div Y_m)\times 2^{X_e-Y_e}$$

其中，$X=X_m\times 2^{X_e}$，$Y=Y_m\times 2^{Y_e}$，试画出浮点运算器的逻辑结构图。

【解】浮点乘法和除法相对来说比较简单，因为尾数和阶码可以独立处理：浮点乘法只需对尾数作定点乘和阶码作定点加，而浮点除法只需对尾数作定点除和阶码作定点减即可。不论乘法和除法，需将结果规格化。

浮点加减法较复杂，原因在于尾数相加或减之前必须对阶。为此，将较小的阶码 X_e 对应的尾数 X_m 右移 Y_e-X_e 位以得到一个新的尾数 $X_m\cdot 2^{X_e-Y_e}$，这样就能与 Y_m 进行运算。因此浮点加减法需要四步运算：①计算 Y_e-X_e（定点减法）；②将 X_m 移 Y_e-X_e 位以形成 $X_m\cdot 2^{X_e-Y_e}$；③计算 $X_m\cdot 2^{X_e-Y_e}\pm Y_m$（定点加法或减法）；④将结果规格化。

图 2.4 为浮点运算器的结构图。该运算器由两个相对独立的定点运算器组成。阶码部件只进行加、减操作，实现对阶（求阶差）和阶码加减法操作（$E_1\pm E_2$）。尾数部分可进行加、减、乘、除运算，并与阶码部件协同完成对阶和规格化等功能。尾数的加、减由加法器完成，尾数乘除由高速乘除部件完成。寄存器 M_1，M_2，M 和积商寄存器本身具有移位功能，以便完成对阶和规格化等操作。

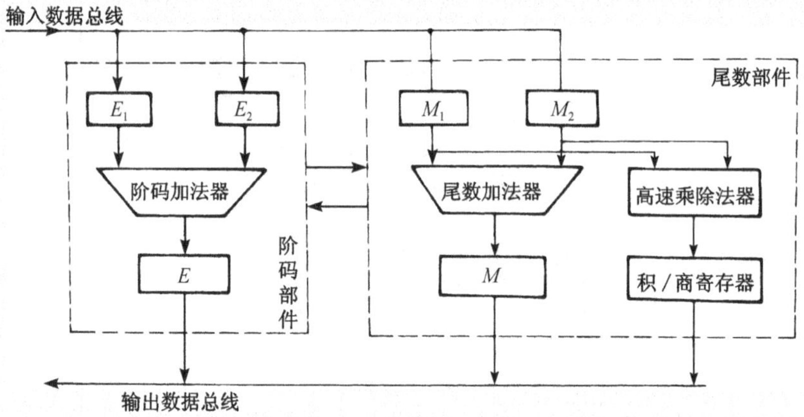

图 2.4

9. 已知一浮点向量加法流水线由阶码比较、对阶、尾数相加和规格化四段流水构成，每个段所需的时间（包括缓冲寄存器时间）分别为 30ns、25ns、55ns 和 50ns，请画出该流水线的流水时空图，并计算其加速比。

【解】流水时空图如图 2.5 所示。其中，左边的输入为向量的两个分量进入流水线的时间，右边的输出为分量的和输出的时间。

当不采用流水线操作时，总的浮点加法时间为 30＋25＋55＋50＝160(ns)，而流水线的时钟周期最小为 55ns。故加速比为 160/55＝2.9。

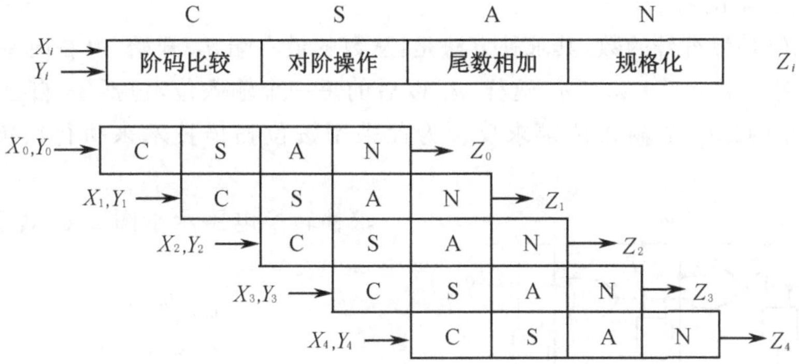

图 2.5

10. 已知某计算机的运算器可以完成算术运算和逻辑运算，A 和 B 为两寄存器，请给出一种方法将 A 和 B 两个寄存器的内容互换，但不使用其他暂存寄存器。

【解】可连续完成下面三步异或操作：$A \oplus B \Rightarrow A$，$A \oplus B \Rightarrow B$，$A \oplus B \Rightarrow A$。

设$(A)=x$，$(B)=y$，

(1) $A \oplus B \Rightarrow A$；　$(A)=x \oplus y$；　$(B)=y$。

(2) $A \oplus B \Rightarrow B$；　$(A)=x \oplus y$；　$(B)=x \oplus y \oplus y = x \oplus (y \oplus y) = x \oplus 0 = x$。

(3) $A \oplus B \Rightarrow A$；　$(A)=x \oplus y \oplus x = (x \oplus x) \oplus y = 0 \oplus y = y$；　$(B)=x$。

故此三步操作能将两个寄存器的内容互换。

2.5 设计题

1. 根据表 2.3，一位全加器(FA)的逻辑表达式可用如下形式写出：

$$S_i = A_i \oplus B_i \oplus C_i \tag{1}$$

$$C_{i+1} = \overline{\overline{A_i}\,\overline{B_i} + \overline{A_i}\,\overline{C_i} + \overline{B_i}\,\overline{C_i}} \tag{2}$$

用此表达式设计的一位全加器构成加法器时有什么问题？请改进设计，以便缩短加法器进位时间。

表 2.3

A_i	B_i	C_i	S_i	C_{i+1}
0	0	0	0	0
0	0	1	1	0
0	1	0	1	0
0	1	1	0	1
1	0	0	1	0
1	0	1	0	1
1	1	0	0	1
1	1	1	1	1

【解】当用 FA 构成行波进位的加法器时，关键问题在于缩短进位链的延迟时间。为此，改进设计的着眼点就是改进进位 C_{i+1} 的逻辑设计。

分析上述进位逻辑表达式发现：等式左边是原变量 C_{i+1}，等式右边是反变量 $\overline{C_i}$。根据表 2.3，还可以写出另一种形式的进位逻辑表达式：

$$\overline{C_{i+1}} = \overline{A_iB_i + A_iC_i + B_iC_i} \tag{3}$$

该式中等式左边是反变量 $\overline{C_{i+1}}$，等式右边是原变量 C_i。

由此可以得到启示：在加法器的行波进位链中，交替使用式(2) 和式(3) 组成的逻辑电路，就可以省去由 $C_i \rightarrow C_{i+1}$ 传送路径中每一级的一个非门，从而可以使 FA 单元中 C_{i+1} 的延迟时间由 $2T$ 变为 $1T$。这样，整个加法器的进位链传送延迟时间可缩短一半。

2. 设 $A = a_n a_{n-1} \cdots a_1 a_0$ 是已知的$(n+1)$位二进制原码数，画出原码转换为补码的

电路图(只画出 4 位)。

【解】原码是带符号的数,其求补方法是:从数的最右端 a_0 开始,由右向左,直到找出第一个“1”,例如 $a_i=1, 0\leqslant i\leqslant n_0$ 这样,a_i 以后的每一个输入位,包括 a_i 自己,都保持不变,而 a_i 以左的每一个输入位都求反。为此采用按位扫描技术来执行所需要的求补操作。

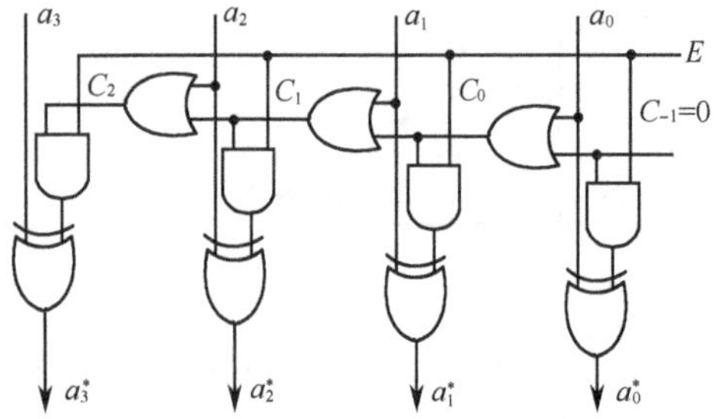

图 2.6

求补转换电路示于图 2.6,其逻辑表达式如下:

$$C_{-1}=0,$$
$$C_i=a_i+C_{i-1}$$
$$a_i^*=a_i\oplus EC_{i-1}$$
$$0\leqslant i\leqslant n$$

其中,E 为使能控制线,当 $E=0$ 时,输出与输入相等,即正数的原码与正数的补码相等。当 $E=1$ 时,启动求补操作。因此,E 可用原码数的符号位来进行控制。

3. 余三码是 8421 有权码基础上加了(0011)后所得的编码(无权码)。余三码编码的十进制加法规则如下:两个十进制一位数的余三码相加,如结果无进位,则从和数中减去 3(加上 1101);如结果有进位,则和数中加上 3(加上 0011),即得和数的余三码。试设计余三码编码的十进制加法器单元电路。

【解】设余三码编码的两个运算数为 X_i 和 Y_i,第一次用二进制加法求和运算的和数为 S_i',进位为 C_{i+1}';校正后所得的余三码和数为 S_i,进位为 C_{i+1},则有

$$X_i=X_{i3}X_{i2}X_{i1}X_{i0}$$
$$Y_i=Y_{i3}Y_{i2}Y_{i1}Y_{i0}$$
$$S_i'=S_{i3}'S_{i2}'S_{i1}'S_{i0}'$$

$$\left.\begin{array}{l}\text{当 } C_{i+1}'=1 \text{ 时}, S_i=S_i'+0011\\ \text{当 } C_{i+1}'=0 \text{ 时}, S_i=S_i'+1101\end{array}\right\}\text{并产生 } C_{i+1}$$

根据以上分析,可画出余三码编码的十进制加法器单元电路如图 2.7 所示。

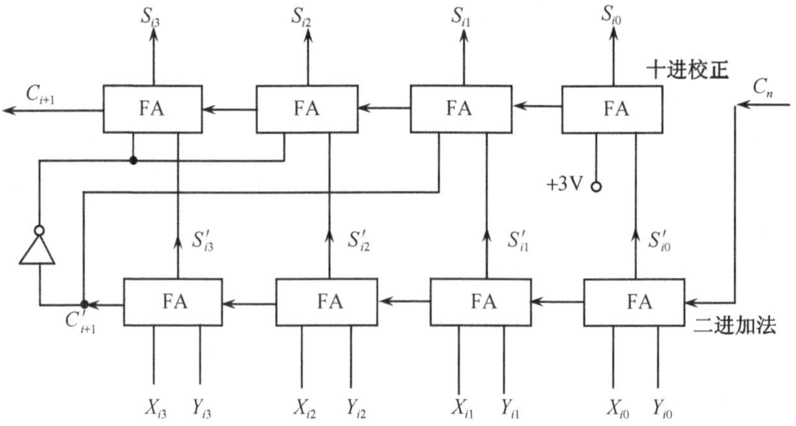

图 2.7

4. 利用 74181 和 74182 器件设计如下三种方案的 64 位 ALU:(1) 行波＋CLA;(2) 行波＋两级 CLA;(3) 三级 CLA。试比较三种方案的速度与集成电路片数。

【解】(1) 行波＋CLA 方案。

此方案如图 2.8(a)所示。该方案仅使用 74181 片子,用片子的 C_{n+4} 进位输出端作为下一级进位输入端 C_m,片子内部有先行进位,片子与片子之间串行进位。64 位 ALU 共需 16 片 74181,运算速度最慢。

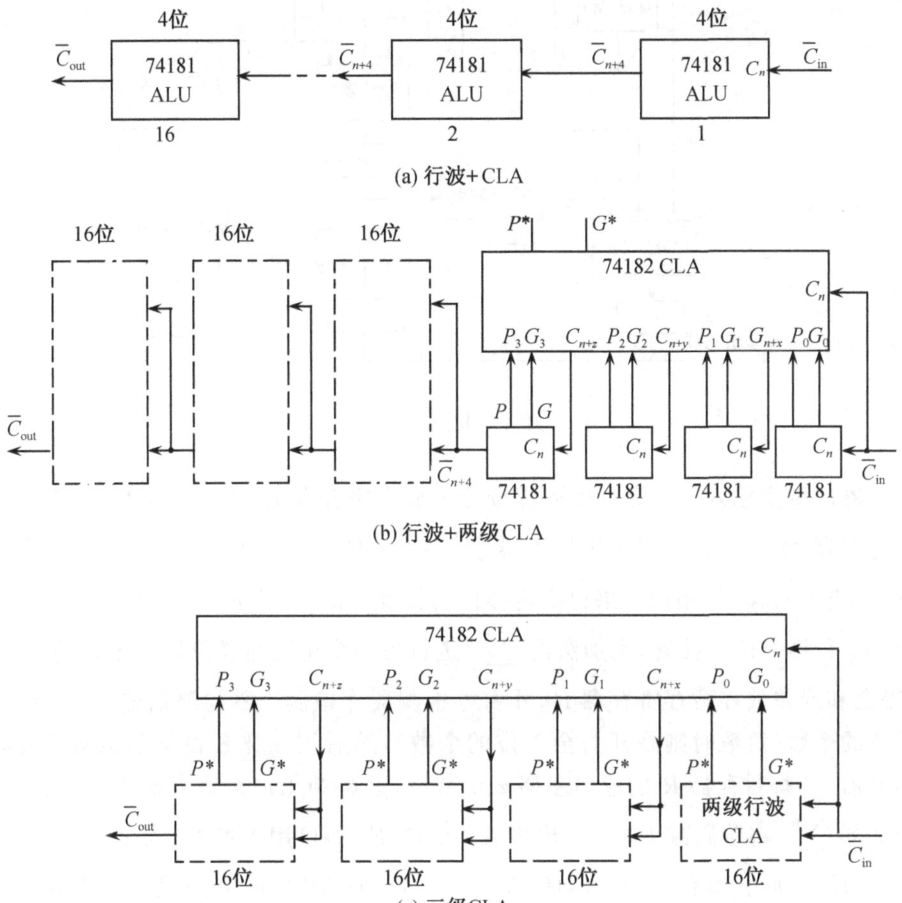

(a) 行波+CLA

(b) 行波+两级CLA

(c) 三级CLA

图 2.8

(2) 行波＋两级 CLA 方案。

该方案需要 16 片 74181,4 片 74182。每 4 片 74181 为一组,使用 1 片 74182,可实现 4 片 74181 之间的第二级先行进位。但组与组之间采用行波进位,如图 2.8(b)所示。此方案比方案(1) 速度快,但多使用 4 片 74182。

(3) 三级 CLA 方案。

此方案如图 2.8(c)所示。它比方案(2)又多用一片 74182,以实现第三级先行进位。此方案是三种方案中速度最快的一种,因为通过第三级 74182 片子,最低位的进位信号可以直接传送到最高位(第 64 位)上去。

5. 设计一个流水线式浮点加法/减法器。

【解】据处理部分如图 2.9 所示，其操作过程描述如下：

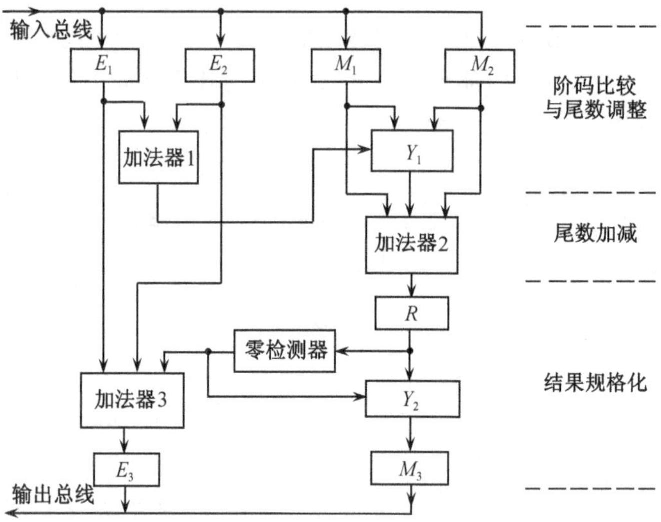

图 2.9

加法器的两个输入操作数的阶码部分分别放在寄存器 E_1 和 E_2，对应的尾数部分分别放在寄存器 M_1 和 M_2。然后用加法器 $\sum_1$ 执行 E_2-E_1，相减结果用于选择尾数，用移位器 Y_1 进行右移，且相减结果也决定移位的长度。例如，若 $E_1>E_2$ 且 $E_1-E_2=k$，则寄存器 M_1 右移 k 位。接着，用加法器 $\sum_2$ 进行另一个尾数与移位过的尾数的相加或相减，所得之和或差放在暂存寄存器 R，并由零检测器作检测。零检测器输出 z 指出 R 中领头零位的个数（负数时则是开头全 1 位的个数），然后用 z 来控制最后的规格化步骤。通过移位器 Y_2 将暂存器 R 的输出左移 z 个数字，并将结果放至寄存器 M_3。与此同时，通过加法器 $\sum_3$ 将阶码减去 z。当出现 $R=0$ 时，E_3 即可用于置 E_3 为全 0。

6. 假设有如下器件：2 片 74181ALU，4 片 74LS374 正沿触发 8D 寄存器，2 片 74LS373 透明锁存器，4 片三态输出八缓冲器(74S240)，一片 8×8 直接补码阵列乘法器(MUL)，其乘积近似取双倍字长中高 8 位值，一片 8÷8 直接补码阵列除法器(DIV)，商为 8 位字长。请设计一个 8 位字长的定点补码运算器，它既能实现补码四则算术运算，又能实现多种逻辑运算。

【解】根据给定条件，所设计的 8 位字长定点补码运算器如图 2.10 所示。

2 片 74181ALU 组成 8 位字长的通用 ALU 部件，以实现加、减运算和多种逻辑操作。4 片 74LS374 组成了四个通用寄存器 $R_0 \sim R_3$，该器件输出带有三态门控制，从而使 $R_0 \sim R_3$ 的输出可以连接在一起组成总线 ABUS。2 片 74LS374 可用作两个 8 位暂存器（A 和 B），以便将总线 ABUS 上的数据分时接收到其中以进行＋、－、×、÷及逻辑运算。由于加减法、逻辑运算与乘法或除法是互斥性的操作（进行加减和逻辑运算时不能进行乘法或除法，反之亦然），所以暂存器 A 和 B 可以公用，即进行乘除法时输入数据可取自 A 和 B。

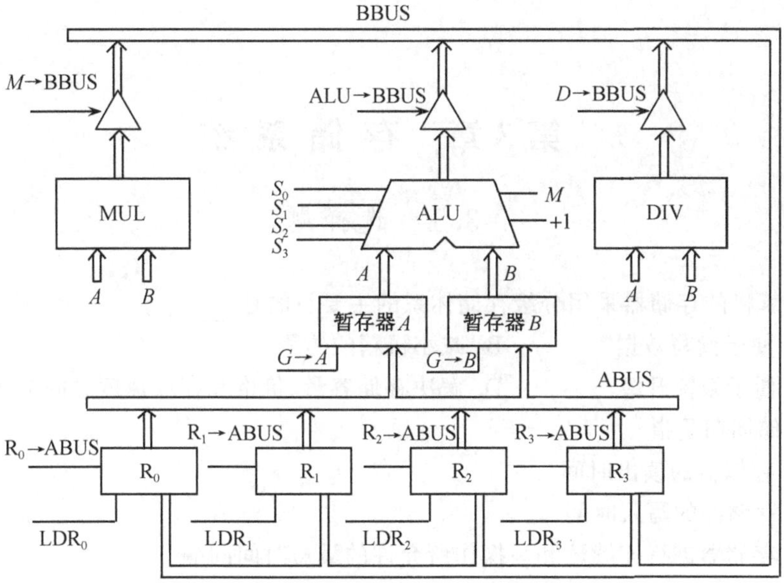

图 2.10

部件 ALU，MUL 和 DIV 的输出需加三态输出缓冲器后才能接到总线 ABUS 上。其中 MUL 输出应为双字长，但为了保持 8 位字长一致，可作近似处理（截去低 8 位字长）。

BBUS 总线的输出可以送入 $B_0 \sim R_3$ 任何一个通用寄存器。

7. 改进芯片 74181 内部逻辑设计，要求能够完成的算术、逻辑运算功能只有 8 种：算术加、减、增 1、求补、求反、传送、逻辑乘、逻辑异。

【解】 读者分析 74181 芯片逻辑功能，然后自己完成。

第3章 存储系统

3.1 选择题

1. 计算机的存储器采用分级存储体系的主要目的是______。

A. 便于读写数据　　B. 减小机箱的体积

C. 便于系统升级　　D. 解决存储容量、价格和存取速度之间的矛盾

2. 存储周期是指______。

A. 存储器的读出时间

B. 存储器的写入时间

C. 存储器进行连续读和写操作所允许的最短时间间隔

D. 存储器进行连续写操作所允许的最短时间间隔

3. 和外存储器相比,内存储器的特点是______。

A. 容量大,速度快,成本低　　B. 容量大,速度慢,成本高

C. 容量小,速度快,成本高　　D. 容量小,速度快,成本低

4. 某单片机字长 16 位,它的存储容量 64KB,若按字编址,那么它的寻址范围是______。

A. 64K　　B. 32K　　C. 64KB　　D. 32KB

5. 某 SRAM 芯片,其存储容量为 $64K \times 16$ 位,该芯片的地址线和数据线数目为______。

A. 64,16　　B. 16,64　　C. 64,8　　D. 16,16

6. 某 DRAM 芯片,其存储容量为 $512K \times 8$ 位,该芯片的地址线和数据线数目为______。

A. 8,512　　B. 512,8　　C. 18,8　　D. 19,8

7. 某机字长 32 位,存储容量 256MB,若按字编址,它的寻址范围是______。

A. 1M　　B. 512KB　　C. 64M　　D. 256KB

8. 某计算机字长 32 位,其存储容量为 4GB,若按字编址,它的寻址范围是______。

A. 1G　　B. 4GB　　C. 4G　　D. 1GB

9. 某计算机字长为 32 位,其存储容量为 4GB,若按双字编址,它的寻址范围是______。

A. 4G　　B. 0.5G　　C. 8G　　D. 2G

10. 主存储器和 CPU 之间增加 cache 的目的是______。

A. 解决 CPU 和主存之间的速度匹配问题

B. 扩大主存储器的容量

C. 扩大 CPU 中通用寄存器的数量

D. 既扩大主存容量又扩大 CPU 通用寄存器数量

11. 假设某计算机的存储系统由 cache 和主存组成。某程序执行过程中访存 2000 次,其中访问 cache 缺失(未命中)100 次,则 cache 的命中率是________。

A. 5%　　B. 9.5%　　C. 50%　　D. 95%

12. 某计算机的 cache 共有 16 行,采用 2 路组相联映射方式(即每组 2 行)。每个主存块大小为 32 字节,按字节编址。主存 135 号单元所在主存块应装入到的 cache 组号是________。

A. 0　　B. 2　　C. 4　　D. 6

13. 双端口存储器所以能高速进行读/写,是因为采用______。

A. 高速芯片　　B. 两套相互独立的读写电路

C. 流水技术　　D. 新型器件

14. 双端口存储器______情况下会发生读/写冲突。

A. 左端口与右端口的地址码不同　　B. 左端口与右端口的地址码相同

C. 左端口与右端口的数据码相同　　D. 左端口与右端口的数据码不相同

15. 下列因素下,与 cache 的命中率无关的是______。

A. 主存的存取时间　　B. 块的大小

C. cache 的组织方式　　D. cache 的容量

16. 下列说法中正确的是______。

A. SRAM 存储器技术提高了计算机的速度

B. 若主存由 ROM 和 RAM 组成,容量分别为 2^n 和 2^m,则主存地址共需 $n+m$ 位

C. 闪速存储器是一种高密度、非易失性的读/写半导体存储器

D. 存取时间是指连续两次读操作所需间隔的最小时间

17. 下列说法中正确的是______

A. 多体交叉存储器主要解决扩充容量问题

B. cache 与主存统一编址,cache 的地址空间是主存地址空间的一部分

C. 主存都是由易失性的随机读写存储器构成的

D. cache 的功能全部由硬件实现

18. 在下列 cache 替换算法中,速度最快的是__①__,命中率最高的是__②__。

A. 最不经常使用(LFU)算法　B. 近期最少使用(LRU)算法　C. 随机替换

19. 在 cache 的地址映射中,若主存中的任意一块均可映射到 cache 内的任意一块的位置上,则这种方法称为______。

A. 全相联映射　　B. 直接映射　　C. 组相联映射　　D. 混合映射

20. 下列关于存储系统的描述中不正确的是______。

A. 每个程序的虚地址空间可以远大于实地址空间,也可以远小于实地址空间

B. 多级存储体系由 cache、主存和虚拟存储器构成

C. cache 和虚拟存储器这两种存储器管理策略都利用了程序的局部性原理

D. 当 cache 未命中时,CPU 可以直接访问主存,而外存与 CPU 之间则没有直接通路

21. 下列关于存储系统的描述中正确的是______。

A. 虚拟存储器技术提高了计算机的速度

B. 若主存由两部分组成，容量分别为 2^n 和 2^m，则主存地址共需要 $n+m$ 位

C. 闪速存储器是一种高密度、非易失性的只读半导体存储器

D. 存取时间是指连续两次读操作所需间隔的最小时间

22. 虚拟段页式存储管理方案的特点为______。

A. 空间浪费大、存储共享不易、存储保护容易、不能动态连接

B. 空间浪费小、存储共享容易、存储保护不易、不能动态连接

C. 空间浪费大、存储共享不易、存储保护容易、能动态连接

D. 空间浪费小、存储共享容易、存储保护容易、能动态连接

23. 下述有关存储器的描述中，正确的是______。

A. 双端口存储器具有分离的读端口和写端口，因而 CPU 可以同时对其进行读、写操作

B. 存储保护的目的是：在多用户环境中，既要防止一个用户程序出错而破坏系统软件或其他用户程序，又要防止一个用户访问不是分配给他的主存区，以达到数据安全与保密的要求

C. 在虚拟存储器中，外存和主存以相同的方式工作，因此允许程序员用比主存空间大得多的外存空间编程

D. CPU 中通常都设置有若干个寄存器，这些寄存器与 cache 统一编址，但访问速度更高

24. 采用虚拟存储器的主要目的是______。

A. 提高主存储器的存取速度

B. 扩大主存储器的存储空间，且能进行自动管理和调度

C. 提高外存储器的存取速度

D. 扩大外存储器的存储空间

25. 常用的虚拟存储系统由______两级存储器组成，其中辅存是大容量的磁表面存储器。

A. 主存-辅存　　B. cache-辅存　　C. 主存-cache　　D. 通用寄存器-主存

26. 在虚拟存储器中，当程序正在执行时，由______完成地址映射。

A. 程序员　　B. 编译器　　C. 装入程序　　D. 操作系统

27. 在请求分页存储管理方案中，若某用户空间为 16 个页面，页长 1KB，现有页表如下，逻辑地址 0A2C(H)所对应的物理地址为________。

A. 1E2C(H)

B. 032C(H)

C. 302C(H)

D. 0E2C(H)

页号块号

页号	块号
0	1
1	5
2	3
3	7
4	2

28. 下列有关存储器的描述中，正确的是______。

A. 在页式虚拟存储系统中，若页面大小加倍，则缺页中断的次数会减半

B. 虚拟存储器的最大存储空间为主存空间容量和辅存空间容量之和

C. 内碎片指的是内存中的难以利用的小空闲分区，而外碎片指的是外存中的难以

利用的小空闲分区

D. 交换技术利用了程序的局部性原理实现多任务并发环境中的存储管理

29. 下列有关存储器的描述中，正确的是______。

A. 多级存储体系由 cache、主存和虚拟存储器构成

B. 存储保护的目的是：在多用户环境中，既要防止一个用户程序出错而破坏系统软件或其他用户程序，又要防止一个用户访问不是分配给他的主存区，以达到数据安全与保密的要求

C. 在虚拟存储器中，外存和主存以相同的方式工作，因此允许程序员用比主存空间大得多的外存空间编程

D. cache 和虚拟存储器这两种存储器管理策略都利用了程序的局部性原理

30. 下列各类存储器中，属于易失性存储器的是 ______。

A. FLASH ROM　　B. PROM　　C. SDRAM　　D. E^2PROM

31. 下列各类存储器中，读出速度最快的存储器是______。

A. FLASH ROM　　B. DDR SDRAM　　C. SDR SDRAM　　D. E^2PROM

32. 下列各类存储器中，不能够随机读出的存储器是 ______。

A. NOR FLASH ROM　　B. DDR SDRAM

C. NAND FLASH ROM　　D. E^2PROM

33. 计算机系统中实现虚实地址转换的核心部件称为 ______。

A. 存储器控制器　　B. cache　　C. MMU　　D. TLB

参考答案：

1. D　**2.** C　**3.** C　**4.** B　**5.** D　**6.** D　**7.** C　**8.** A　**9.** B　**10.** A
11. D　**12.** C　**13.** B　**14.** B　**15.** A　**16.** C　**17.** D　**18.** ①C　②B
19. A　**20.** B　**21.** C　**22.** D　**23.** B　**24.** B　**25.** A　**26.** D　**27.** D
28. D　**29.** B,D　**30.** C　**31.** B　**32.** C　**33.** C

3.2 分析题

1. 图 3.1(a)是某 SRAM 的写入时序图，其中 $R/\overline{W}$是读/写命令控制线，当 $R/\overline{W}$ 线为低电平时，存储器按给定地址把数据线上的数据写入存储器。请指出图(a)写入时序中的错误，并画出正确的写入时序图。

【解】写入存储器时时序信息必须同步。通常，当 $R/\overline{W}$ 线加负脉冲时，地址线和数据线的电平必须是稳定的。当 $R/\overline{W}$ 线一达到逻辑 0 电平时，数据立即被存储。因此，当 $R/\overline{W}$线处于低态时，如果数据线改变了数值，那么存储器将存储新的数据⑤。同样，当 $R/\overline{W}$线处于低态时地址线发生了变化，那么同样的数据将存储到新的地址(②或③)。

正确的写入时序图如图 3.1(b)所示。

2. 分析图 3.2 中(a)(b)两个存储器芯片有什么相同和不同。

【解】相同：二个存储器芯片的存储容量都是 64 个字(6 条地址线 $A_5 \sim A_0$ 指定，即 $2^6 = 64$)，字长 4 位(4 条数据线 $O_3 \sim O_0$ 或 $I/O_3 \sim I/O_0$ 指定)，均有访存使能信号 $\overline{E}$(低电平

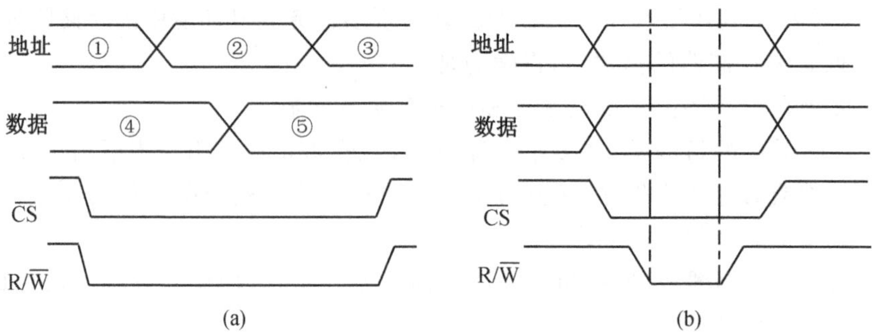

图 3.1

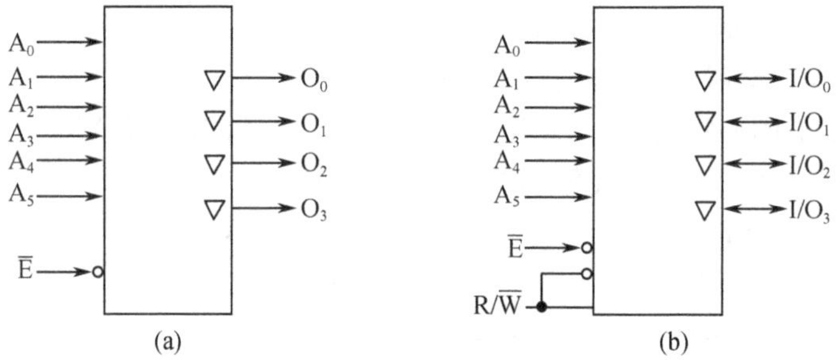

图 3.2

有效)。

不同:图(a)是 ROM 芯片,数据线是单向的(只输出),无读/写命令线。而图(b)是 RAM 芯片,有读写命令线 R/W,数据线是双向的(输入/输出)。

3. 分析图 3.3 所示的 RAM 芯片,请问该芯片存储容量多大?字长多少?如果读写 RAM,控制信号 R/$\overline{W}$ 是高还是低?

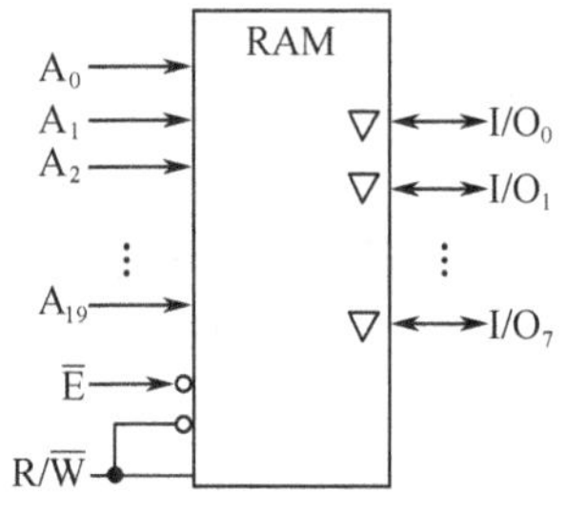

图 3.3

【解】(1) 地址线 20 位($A_0 \sim A_{19}$),数据线 8 位,故存储容量为 $2^{20} \times 8 = 2$MB。

(2) 字长为 8 位。

(3) 如果是写 RMA,R/$\overline{W}$ 命令为低(逻辑 0);如果是读 RAM,R/$\overline{W}$ 命令为高(逻辑 1)。

4. 设有一个具有 24 位地址和 8 位字长的存储器,问:

(1) 该存储器能够存储多少字节的信息?

(2) 如果存储器由 4M×1 位的 RAM 芯片组成,需要多少片?

(3) 需要多少位作芯片选择?

【解】(1) 存储单元数为 $2^{24} = 16\text{M} = 16777216$ 单元,故能存储 16777216 个字节的信息。

(2) 由于存储容量为 16MB(8 位字长),每 4M 字节需要 8 片(位并联方式),故所需芯片数为16/4×8=32 片。

(3) 如果用 32 片组成一个 16M 的存储器，地址总线的低 22 位可以直接连到芯片的 $A_0 \sim A_{21}$ 管脚，而地址总线的高两位（A_{23}，A_{22}）需要通过 2∶4 线译码器进行芯片选择。存储器组成方案为位并联与地址串联相结合的方式。

5. 市场上常见的 FLASH 存储器芯片均按照×8 比特或×16 比特组织。对于按字节寻址的 8 位、16 位和 32 位 CPU，地址线分别应如何连接？存储器可以完成的存取数据宽度分别是多少？

【解】设 CPU 的系统地址线标记为 $SA_0 \sim SA_n$（SA_0 为最低有效位），FLASH 芯片的地址线标记为 $A_0 \sim A_n$（A_0 为最低有效位）。地址线的连接如图 3.4 所示。

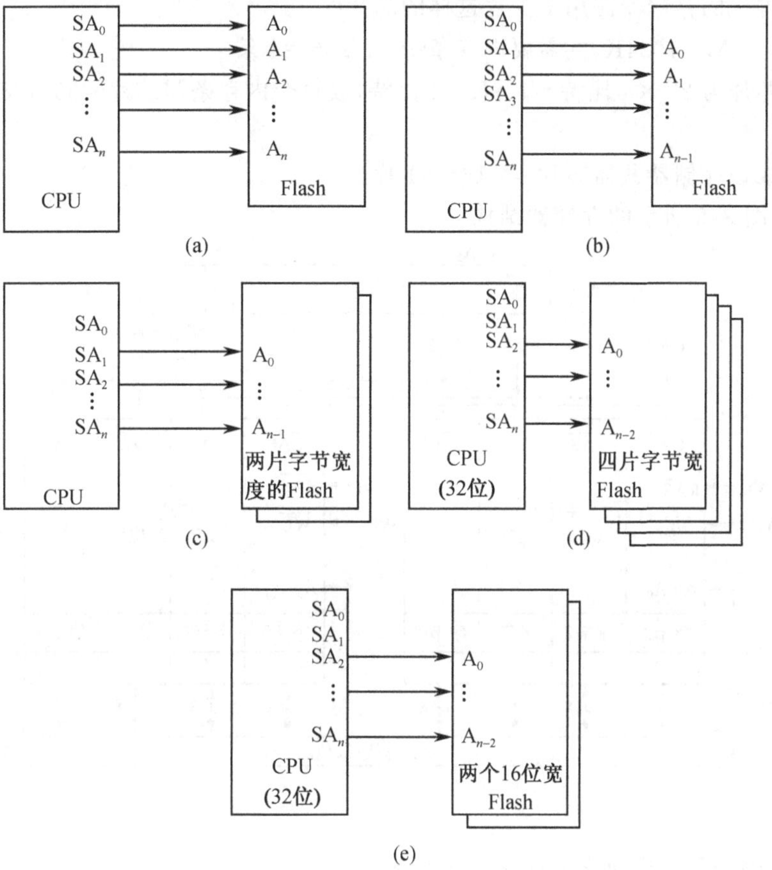

图 3.4

(1) 图(a)：8 位处理器与 8 位 FLASH 芯片连接。只能按 8 位存取数据。

(2) 图(b)：16 位处理器与 16 位 FLASH 芯片连接。系统地址线的 SA_0 为字节选择信号，不与存储器芯片连接。只能在 16 位边界上按 16 位存取数据。

(3) 图(c)：16 位处理器与两片 8 位 FLASH 芯片连接。系统地址线的 SA_0 为字节选择信号，不与存储器芯片连接。既可以在 16 位边界上按 16 位存取数据，也可以在高、低 8 位上按 8 位存取数据。

(4) 图(d)：32 位处理器与 4 片 8 位 FLASH 芯片连接。系统地址线的 SA_0，SA_1 为字节选择信号，不与存储器芯片连接。既可以在 32 位边界上按 32 位存取数据，也可以在

16 位边界上按 16 位存取数据，或是在任意 8 位上按 8 位存取数据。

(5) 图(e)：32 位处理器与两片 16 位 FLASH 芯片连接。系统地址线的 SA_0，SA_1 为字节选择信号，不与存储器芯片连接。既可以在 32 位边界上按 32 位存取数据，也可以在 16 位边界上按 16 位存取数据，但不能按 8 位存取数据。

6. SRAM 芯片有 17 位地址线和 4 位数据线。用这种芯片为 32 位字长的处理器构成 1M×32 比特的存储器，并采用内存条结构。问：

(1) 若每个内存条为 256K×32 比特，共需几个内存条？

(2) 每个内存条共需多少片这样的芯片？

(3) 所构成的存储器需用多少片这样的芯片？

【解】(1) 1M=1024K，共需要内存条 1024/256=4 条。

(2) 该芯片为 $2^{17}\times4$ 比特=128K×4 比特，故每个内存条需芯片(256/128)×(32/4)=16 片。

(3) 构成该存储器共需芯片 4×16=64 片。

7. 分析图 3.5 所示的存储器结构。

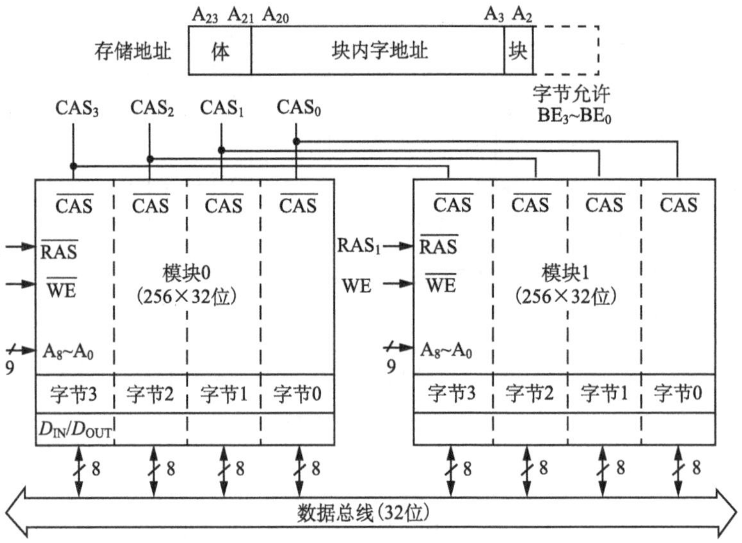

图 3.5

【解】该图表示二模块交叉存储器方框图。

(1) 图中两个模块总容量为 2MB(512K×32 位)，由 8 片 256K×4 位的 DRAM 芯片组成。为简化将 2 片 DRAM 与一个 256K×8 位的方框表示。数据总线宽度 32 位。地址总线宽度 24 位。

(2) 芯片采用行列阵列，有读写周期和刷新周期。在读/写周期时，在行选通信号$\overline{RAS}$有效下输入行地址，在列选通信号$\overline{CAS}$有效下输入列地址，如果是读周期，此位组内容被读出：如果是写周期，将总线上数据写入此位组。刷新周期是$\overline{RAS}$有效下输入刷新的地址，此地址指示的一行所有存储元全部被再生。

(3) 由图可知，24 位存储器物理地址指定的系统主存总容量可达 16MB，按“存储体-块-字”进行寻址。其中，高 3 位用于存储体选择，对于 8 个 2MB 存储体进行 8 选 1。

A_{20}～A_3 的 18 位地址用于模块中 256K 个存储字的选择，它们分为行、列地址两部分送至芯片的 9 位地址引脚。A_2 用于模块选择：$A_2=0$ 时，RAS_0 有效；$A_2=1$ 时，RAS_1 有效。

(4) CPU 给出的主存地址中没有 A_1，A_0 位。替代的是 4 个字节允许信号BE_3～BE_0，以允许对 A_{23}～A_2 指定的存储字（双字）中的字节或字完成读/写访问。当BE_3～BE_0 全有效时，即完成双字存取。图中没有给出译码逻辑，暗示了$\overline{BE_3}$～$\overline{BE_0}$与 CAS_3～CAS_0 的对应关系。

(5) DRAM 需定时刷新，由于 DRAM 芯片的读出是破坏性读出，因此读完后要对它的信息充电再生。

8. 某 DRAM 芯片内部的存储单元为 128×128 结构。该芯片每隔 2ms 至少要刷新一次，且刷新是通过顺序对所有 128 行的存储单元进行内部读操作和写操作实现的。设存储器周期为 500ns。求其刷新的开销（也即进行刷新操作的时间所占的百分比）。

【解】每刷新一行需进行一次读操作和一次写操作，故每行的刷新时间为 500ns×2＝1000ns＝1μs。在 2ms 时间内需进行 128 次刷新，需时 1×128＝128μs。故刷新的开销为

$$128\mu s/2ms\times100\%=6.4\%$$

9. 有一个 2K×16 位的双端口存储器，若① 从左端口读出 100 号单元内容(FFFF)，同时从右端口向 200 号单元写入$(F0F0)_{16}$；② 从右端口向 200 号单元写入内容$(F0F0)_{16}$，同时从左端口读出 200 号单元内容。要求画出两种情况下的存储器数据读写示意图，并说明考虑什么问题。

【解】(1) 左右两个端口地址不相同时，在两个端口上进行读写操作，一定不会发生冲突，如图 3.6(a)所示。

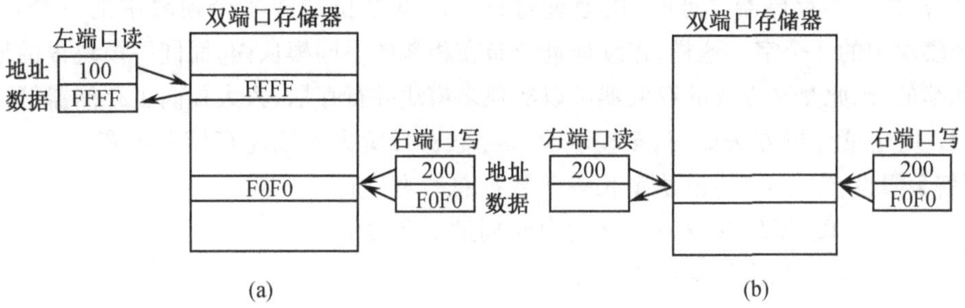

图 3.6

(2) 左右端口同时访问同一个地址单元时，便发生读写冲突，如图 3.6(b)所示。此时芯片的判断逻辑决定对哪个端口进行优先读写操作。对另一个被延迟的端口置$\overline{BUSY}$标志（变为低电平），暂时关闭此端口。一旦优先端口完成读写操作，才将被延迟端口复位（变为高电平），允许延迟端进行读写操作。

10. 画图说明顺序方式和交叉方式的存储器模块化结构。

【解】(1) 顺序方式的存储器模块化结构如图 3.7(a)所示。这里假设存储器容量为 32 字，分成 M_0～M_3 四个模块，每个模块 8 个字。访问地址按顺序分配给一个模块后，接着又按顺序为下一个模块分配访问地址。存储器的 32 个字可由 5 位地址寄存器指示，其

中高 2 位选择 4 个模块中的 1 个，低 3 位选择每个模块中的 8 个字。顺序方式的缺点是各模块之间串行工作，因此存储器带宽受到限制。

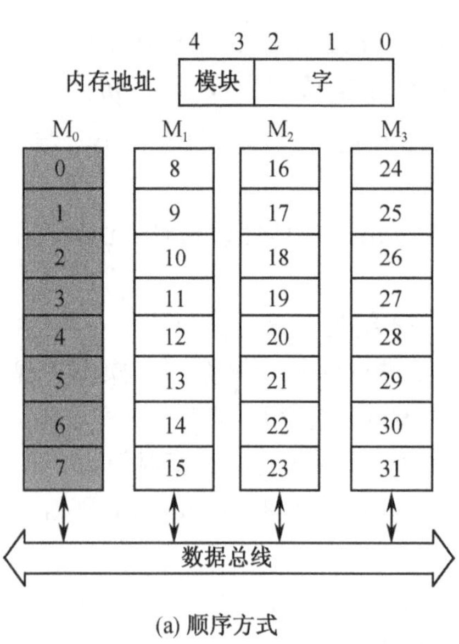

图 3.7

(2) 交叉方式寻址的存储器模块化结构如图 3.7(b)所示。存储器容量也为 32 个字，分成 4 个模块，每个模块 8 个字。但地址分配方法与顺序方式不同：先将 4 个线性地址 0,1,2,3 依次分配后 M_0,M_1,M_2,M_3 模块，再将线性地址 4,5,6,7 依次分配给 M_0,M_1,M_2,M_3 模块。当存储器寻址时，用地址寄存器的低 2 位选择 4 个模块中的一个，用高 3 位选择模块中的 8 个字。这样，连续地址分布在相邻的不同模块内，而同一模块内的地址都是不连续的，因此交叉方式的存储器可以实现多模块并行存取，大大提高了存储器带宽。

11. 用定量分析方法证明：多模块交叉存储器带宽大于顺序存储器带宽。

【解】假设：① 存储器模块字长等于数据总线宽度；

② 模块存取一个字的存储周期等于 T；

③ 总线传送周期为 τ；

④ 交叉存储器的模块数为 m。

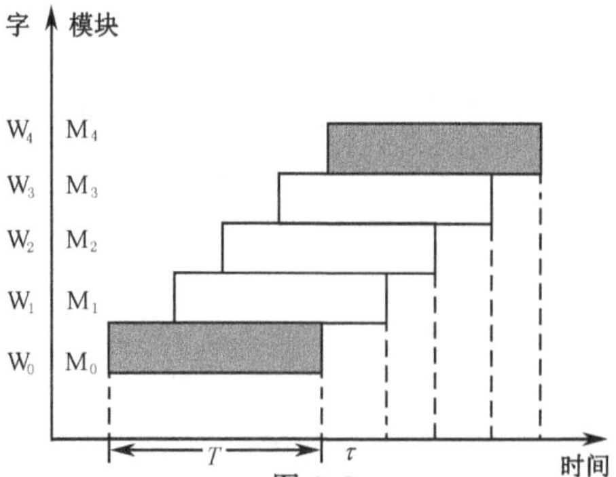

图 3.8

(1) 交叉存储器为实现流水方式存储(图 3.8)，即每经过 τ 时间延迟后启动下一模块，应满足：

$$T = m\tau \tag{1}$$

交叉存储器要求其模块数 $\geqslant m$，以保证启动某模块后经 $m\tau$ 时间再次启动该模块时，它的上次存取操作已经完成。这样连续读取 m 个字所需时间为

$$t_1 = T + (m-1)\tau$$

$$=m\tau+m\tau-\tau=(2m-1)\tau \quad (2)$$

故存储器带宽为

$$W_1=\frac{1}{t_1}=\frac{1}{(2m-1)\tau} \quad (3)$$

(2)顺序方式存储器连续读取 m 个字所需时间为

$$t_2=m\tau=m^2\tau \quad (4)$$

存储器带宽为

$$W_2=\frac{1}{t_2}=\frac{1}{m^2\tau} \quad (5)$$

比较式(3)和式(5)知,$W_1>W_2$。

12. 设存储器容量为 32 字,字长 64 位,模块数 $m=4$,分别用顺序方式和交叉方式进行组织。存储周期 $T=200\text{ns}$,数据总线宽度为 64 位,总线传送周期 $\tau=50\text{ns}$。问顺序存储器和交叉存储器的带宽各是多少?

【解】 信息总量:$q=64$ 位×4=256 位

顺序存储器与交叉存储器读出 4 个字的时间分别是

$$t_2=mT=4\times200\text{ns}=8\times10^{-7}(\text{s})$$

$$t_1=T+(m-1)\tau=200+3\times50=3.5\times10^{-7}(\text{s})$$

则顺序存储器带宽为

$$W_2=q/t_2=32\times10^7(\text{位/s})$$

交叉存储器带宽为

$$W_1=q/t_1=73\times10^7(\text{位/s})$$

13. 某计算机系统的内存储器由 cache 和主存构成,cache 的存取周期为 45ns,主存的存取周期为 200ns。已知在一段给定的时间内,CPU 共访问内存 4500 次,其中,340 次访问主存。问:

(1) cache 的命中率是多少?

(2) CPU 访问内存的平均时间是多少纳秒?

(3) cache-主存系统的效率是多少?

【解】 (1) cache 的命中率

$$H=\frac{N_c}{N_c+N_m}=\frac{4500-340}{4500}=0.92$$

(2) CPU 访存的平均时间

$$T_a=H\cdot T_c+(1-H)T_m=0.92\times45+(1-0.92)\times200=57.4\ (\text{ns})$$

(3) cache-主存系统的效率

$$e=\frac{T_c}{T_a}\times100\%=\frac{45}{57.4}\times100\%=0.78\times100\%=78\%$$

14. CPU 执行一段程序时,cache 完成存取的次数为 3800 次,主存完成存取的次数为 200 次,已知 cache 存取周期为 50ns,主存为 250ns,求 cache-主存系统的效率和平均访问时间。

【解】 cache 的命中率

$$H=\frac{N_c}{N_c+N_m}=\frac{3800}{3800+200}=0.95$$

$$r=\frac{T_m}{T_c}=\frac{250\text{ns}}{50\text{ns}}=5$$

cache-主存系统效率 e 为

$$e=\frac{1}{r+(1-r)H}\times 100\%=\frac{1}{5+(1-5)\times 0.95}\times 100\%=83.3\%$$

平均访问时间 T_a 为

$$T_a=\frac{T_c}{e}=\frac{50\text{ns}}{0.833}=60\text{ns}$$

15. 某计算机的内存储器系统采用 L_1cache、L_2cache 和主存三级分层结构。访问第1级时命中率为 95%，访问第二级时命中率为 50%，其余 50% 访问主存。假定访问 L_1cache 需要 1 个时钟周期 T，访问 L_2cache 和主存分别需要 $10T$ 和 $100T$，计算三级存储器系统的平均访问时间 T_a 是多少周期？

【解】
$$\begin{aligned}T_a&=1T\times 0.95+(1T+10T)(1-0.95)\times 0.5\\&\quad+(1T+10T+100T)(1-0.95)\times 0.5\\&=0.95T+11T\times 0.025+111T\times 0.025=4T\end{aligned}$$

16. CPU 访问内存的平均时间与哪些因素有关？

【解】由公式 $T_a=H\cdot T_c+(1-H)T_m$ 可以看出，cache 和主存的存取周期直接影响 CPU 的平均访存时间，而命中率也是影响 cache-主存系统速度的原因之一。命中率越高，平均访存时间就越接近于 cache 的存取速度。

而影响命中率的因素包括 cache 的替换策略、cache 的写操作策略、cache 的容量、cache 组织方式、块的大小，以及所运行的程序的特性。另外，还包括控制 cache 的辅助硬件的调度方式。如果实现信息调度功能的辅助硬件能事先预测出 CPU 未来可能需要访问的内容，就可以把有用的信息事先调入 cache，从而提高命中率至关重要的。而扩大 cache 的存储容量可以尽可能多地装入有用信息，减少从主存调度的次数，同样能提高命中率。但是 cache 的容量受到性能价格比的限制，加大容量会使成本增加，致使 cache-主存系统的平均位价格上升。所以虽然提高命中率能提高平均访存速度，但提高命中率会受到多种因素的制约。

17. 请用图示说明三级存储体系分别由哪些部分组成，并比较 cache-主存和主存-辅存这两个存储层次的相同点和不同点。

【解】如图 3.9 所示，三级存储体系由 cache 存储器、主存和辅存构成。在 cache 和主存之间，主存和辅存之间分别有辅助硬件和辅助软硬件负责信息的调度，以便各级存储器能够组成有机的三级存储体系。cache 和主存构成了系统的内存，而主存和辅存依靠辅助软硬件的支持构成了虚拟存储器。

在三级存储体系中，cache-主存和主存-辅存这两个存储层次的相同点包括：

① 出发点相同。二者都是为了提高存储系统的性能价格比而构造的层次性存储体系，都力图使存储系统的性能接近高速存储器，而价格接近低速存储器。

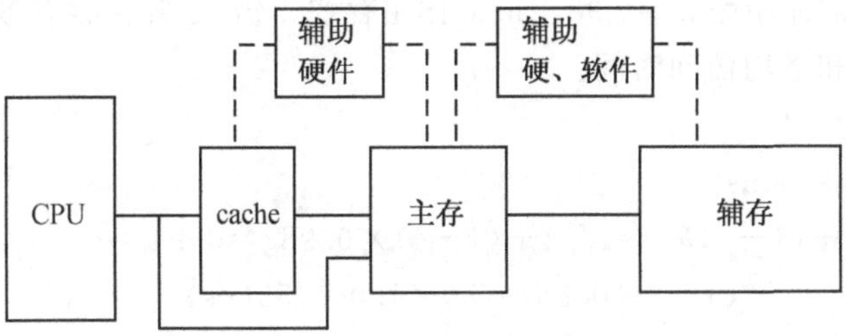

图 3.9

② 原理相同。都是利用了程序运行时的局部性原理把最近常用的信息块从相对慢速而大容量的存储器调入相对高速而小容量的存储器。

cache-主存和主存-辅存这两个存储层次的不同点包括：

① 目的不同。cache 主要解决主存与 CPU 的速度差异问题；而虚存就性能价格比的提高而言主要是解决存储容量的问题(另外还包括存储管理、主存分配和存储保护等方面)。

② 数据通路不同。CPU 与 cache 和主存之间均有直接访问通路，cache 不命中时可直接访问主存；而虚存所依赖的辅存与 CPU 之间不存在直接的数据通路，当主存不命中时只能通过调页解决，CPU 最终还是要访问主存。

③ 透明性不同。cache 的管理完全由硬件完成，对系统程序和应用程序均透明：而虚存管理由软件(操作系统)和硬件共同完成，对系统程序不透明，对应于程序透明(段式和段页式管理对应用程序“半透明”)。

④ 未命中时的损失不同。由于主存的存取时间是 cache 的存取时间的 5～10 倍，而辅存的存取时间通常是主存的存取时间的上千倍，故虚存未命中时系统的性能损失要远大于 cache 未命中时的损失。

18. 假设主存只有 a，b，c 三个页框，组成 a 进 c 出的 FIFO 队列进程，访问页面的序列是 0，1，2，4，2，3，0，2，1，3，2 号。若采用：① FIFO 算法；② FIFO＋LRU 算法。用列表法求两种策略的命中率。

【解】 求解表格如下所示。FIFO 算法只是依序将页面在队列中推进，先进先出，最先是入队列的页面结合 LRU 算法时，当命中后不再保持队列不变，而是将这个命令中的页面移到 a 页框。从表中看出命中 3 次，从而使命中率提高到 27.3％。

页面访问序列		0	1	2	4	②	3	0	②	1	3	②	命中率
FIFO 算法	a	0	1	2	4	4	3	0	2	1	3	3	$\frac{2}{11}$=18.2％
	b		0	1	2	②	4	3	0	2	1	1	
	c			0	1	1	2	4	3	0	2	②	
						命中						命中	
FIFO 算法＋LRU 算法	a	0	1	2	4	②	3	0	②	1	3	②	$\frac{3}{11}$=27.3％
	b		0	1	②	4	2	3	0	2	1	3	
	c			0	1	1	4	②	3	0	②	1	
						命中			命中			命中	

19. 设 cache 的命中率 $h=0.98$，cache 比主存快 4 倍，已知主存存取周期为 200ns，求 cache-主存的效率和平均访问时间。

【解】$r=t_m/t_c=4$

$t_c=t_m/4=50\text{ns}$

$e=1/[r+(1-r)h]=1/[4+(1-4)\times0.98]=0.94$

$t_a=t_c/e=t_c\times(4-3\times0.98)=50\times1.06=53(\text{ns})$

20. 某计算机的主存地址空间大小为 256MB，按字节编址。指令 cache 和数据 cache 分离，均有 8 个 cache 行，每个 cache 行大小为 64B，数据 cache 采用直接映射方式。现有两个功能相同的程序 1 和程序 2，其伪代码如下所示。

程序 1：

```
int a[256][256];
……
int sum_array1( )
{
        int i, j, sum=0;
        for(i=0;i<256;i++)
            for(j=0;j<256;j++)
```

程序 2：

```
int a[256][256];
……
int sum_array2( )
{
        int i,j,sum=0;
        for(j=0;j<256;j++)
            for(i=0;i<256;i++)
```

假定 int 类型数据用 32 位补码表示，程序编译时 i,j,sum 均分配在寄存器中，数组 a 按行优先方式存放，其首地址为 320(十进制数)。请回答下列问题，要求说明理由或给出计算过程。

(1) 若不考虑用于 cache 一致性维护和替换算法的控制位，则数据 cache 的总容量为多少？

(2) 数组元素 a[0][31]和 a[1][1]各自所在的主存块对应的 cache 行号分别是多少(cache 行号从 0 开始)？

(3) 程序 A 和 B 的数据访问命中率各是多少？哪个程序的执行时间更短？

【解】(1) 数据 cache 的总容量为:4256 位(532 字节)。

(2) 数组 a 在主存的存放位置及其与 cache 之间的映射为

a[0][31]所在主存块映射到 cache 第 6 行，

a[1][1]所在主存块映射到 cache 第 5 行。

(3) 编译时 i,j,sum 均分配在寄存器中，故数据访问命中率仅考虑数组 a 的情况。

① 程序 1 的数据访问命中率为 93.75%；

② 程序 2 的数据访问命中率为 0。

程序 1 的执行比程序 2 快得多。

21. 图 3.10 表示使用页表的虚实地址转换条件，页表存放在相联存储器中，其容量为 8 个存储单元，求：

(1) 当 CPU 按虚拟地址 1 去访问主存时，主存的实地址是多少？

(2) 当 CPU 按虚拟地址 2 去访问主存时，主存的实地址是多少？

(3) 当 CPU 按虚拟地址 3 去访问主存时，主存的实地址是多少？

页号	该页在主存中的起始地址
33	42000
25	38000
7	96000
6	60000
4	40000
15	80000
5	50000
30	70000

虚拟地址	页号	页内地址
1	15	0324
2	7	0128
3	48	0516

图 3.10

【解】(1) 用虚拟地址为 1 的页号 15 作为页表检索项，查得页号为 15 的页在主存中的起始地址为 80000，故将 80000 与虚拟地址中的页内地址 0324 相加，求得主存实地址为 80324。

(2) 同理，主存实地址＝96000＋0128＝96128。

(3) 虚拟地址 3 的页号为 48，查页表时，发现此页面在页表中不存在，此时操作系统暂停用户作业程序的执行，转去查页表程序。如该页面在主存中，则将该页号及该页在主存中的起始地址写入主存；如该页面不在主存中，则操作系统要将该页面从外存调入主存，然后将页号及其主存中的起始地址写入页表。

22. 页式存储器的逻辑地址由页号和页内地址两部分组成。若页面大小为 4KB，地址转换过程如图 3.11 所示。图中逻辑地址 8644 用十进制表示，经页表转换后，该逻辑地址的物理地址是多少？

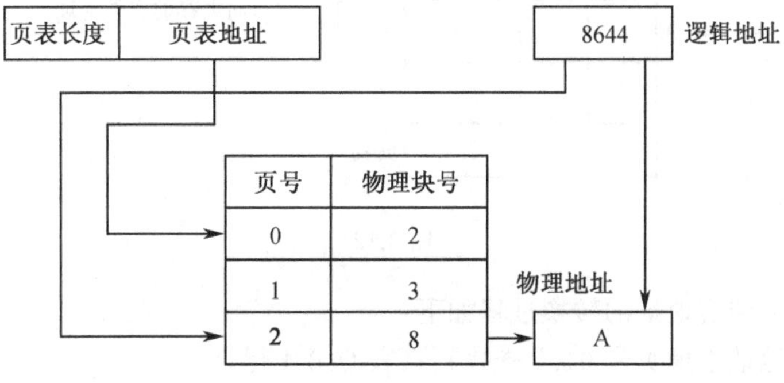

图 3.11

【解】已知页面大小为 4KB，故页内地址为 12 位($2^{12}=4096$)。

逻辑地址 8644 转换成二进制地址为 10000111000100，其中高 2 位为页面号。

查页表可知，2 号页面的物理块号为 8。由于逻辑地址和物理地址的页内地址部分是相同的，故可把页号与页内地址拼接，得到物理地址为 100000011100100。

100000011100100 转换成十进制数为 33220。

23. 某计算机支持虚拟存储器。在执行某个程序的过程中访问虚存的页号序列为：3、4、2、6、4、7、1、3、2、6、3、5、1、2、3。设主存页面数为 N，$1\leqslant N\leqslant 8$。若采用 LRU 替换策略，请用列表的方式说明 N 与页面命中率的关系。

【解】

N	1	2	3	4	5	6	7	8
命中率	0/15	0/15	2/15	3/15	5/15	8/15	8/15	8/15

24. 某段页式虚拟存储系统，页大小为 2KB，每个段的页表有 8 个表项。设某任务恰好被分成 4 个大小相等的段。问：

(1) 每个段最大的长度是多少？

(2) 此任务的最大逻辑地址空间有多大？

【解】(1) 每个段最多有 8 个页面，故每个段的最大长度是 2KB×8＝16KB。

(2) 该任务有 4 个段，故此任务的最大逻辑地址空间为 16KB×4＝64KB。

25. 设某系统采用全相联映射，虚存 16 页，实存 4 页，虚地址及页表内容如图 3.12 所示。请说明虚地址到实地址的转换过程。

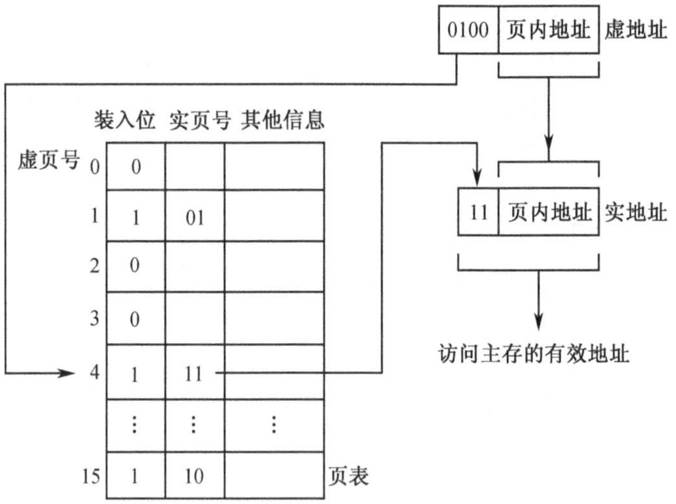

图 3.12

【解】虚地址到实地址的转换过程如下：

① 根据虚地址中虚页号 0100 查找到页表的第 4 行。

② 由于装入位为 1，故确认该虚页已经被装入主存。

③ 取出实页号 11，并与页内地址拼接，得到访问主存的有效地址。

26. 设某系统采用页式虚拟存储管理，页表存放在主存中。

(1) 如果一次内存访问用 50ns，访问一次主存需用多少时间？

(2) 如果增加 TLB，忽略查找 TLB 占用的时间，并且 75%的页表访问命中 TLB，内存的有效访问时间是多少？

【解】(1) 若页表存放在主存中，则要实现一次页面访问需两次访问主存：一次是访问页表，确定所存取页面的物理地址；第二次才根据该地址存取页面数据。故访问一次主存的时间为 50×2=100(ns)。

(2) 75%×50+(1-75%)×2×50=62.5(ns)

27. 试分析在虚拟存储体系中，有哪些因素影响主存的命中率。

【解】影响主存命中率的主要因素有如下几个：

① 程序本身的特性，即程序在执行过程中的页地址流分布情况。局部性比较好的程序主存命中率高。

② 虚存系统所采用的页面替换算法。

③ 页面大小。页面大小与主存命中率不是线性关系，一般要通过对典型程序的模拟实验来确定。

④ 主存储器的物理容量。主存命中率随着分配给该程序的主存容量的增加而单调上升。

⑤ 系统所采用的页面调度方法。

28. 某页式虚拟存储管理系统中，页大小为 100 字。某作业依次要访问的字地址序列是：115、228、120、88、446、102、321、432、260、167，若该作业的第 0 页已经装入主存，分配给该作业的主存共 300 字，请问：按 FIFO 调度算法和 LRU 调度算法将分别产生多少次缺页中断？列出依次淘汰的页号。

【解】按 FIFO 调度算法将产生 5 次缺页中断；依次淘汰的页号为：0、1、2。

按 LRU 调度算法将产生 6 次缺页中断；依次淘汰的页号为：2、0、1、3。

29. 为什么段式虚拟存储系统比页式虚拟存储系统更易于实现信息共享和保护？

【解】页式虚拟存储系统的每个页面是分散存储的，为了实现信息共享和保护，页面之间需要一一对应起来，为此需要建立大量的页表项。

而段式虚拟存储系统中每个段都从 0 地址开始编址，并采用一段连续的地址空间。这样在实现共享和保护时，只需为所要共享和保护的程序设置一个段表项，将其中的基址与内存地址一一对应起来即可。

30. 设一个按位编制的虚拟存储器，它可以满足 1K 个任务的需要，但在一段较长的时间内一般只有四个任务在使用，故用容量为四行的相连存储器组硬件来缩短被变换的虚地址中的用户位数，每个任务的程序空间最大可达 4096 个页，每页为 512 字节，实主存容量为 2^{20} 位，设快表用 CAM 存储器构成，行数为 22，快表的地址是经过散列技术形成的。为减少散列冲突，配有两套独立的相等比较器电路(这时快表的每行包含两个单元，各存放一个进行地址交换的表目)。请设计该地址变换机构：

(1) 画出其虚实地址经快表变换的逻辑示意图。

(2) 求相连存储器组中每个寄存器的相连比较位数。

(3) 求散列变换硬件的输入位数和输出位数。

(4) 求每个相等比较器的位数。

(5) 求快表的总位数。

【解】(1)虚拟地址分为 3 个字段,最左边的字段是虚页号,中间字段是高速缓存块号,最右边的字段是块内字地址。逻辑示意图如图 3.13 所示。

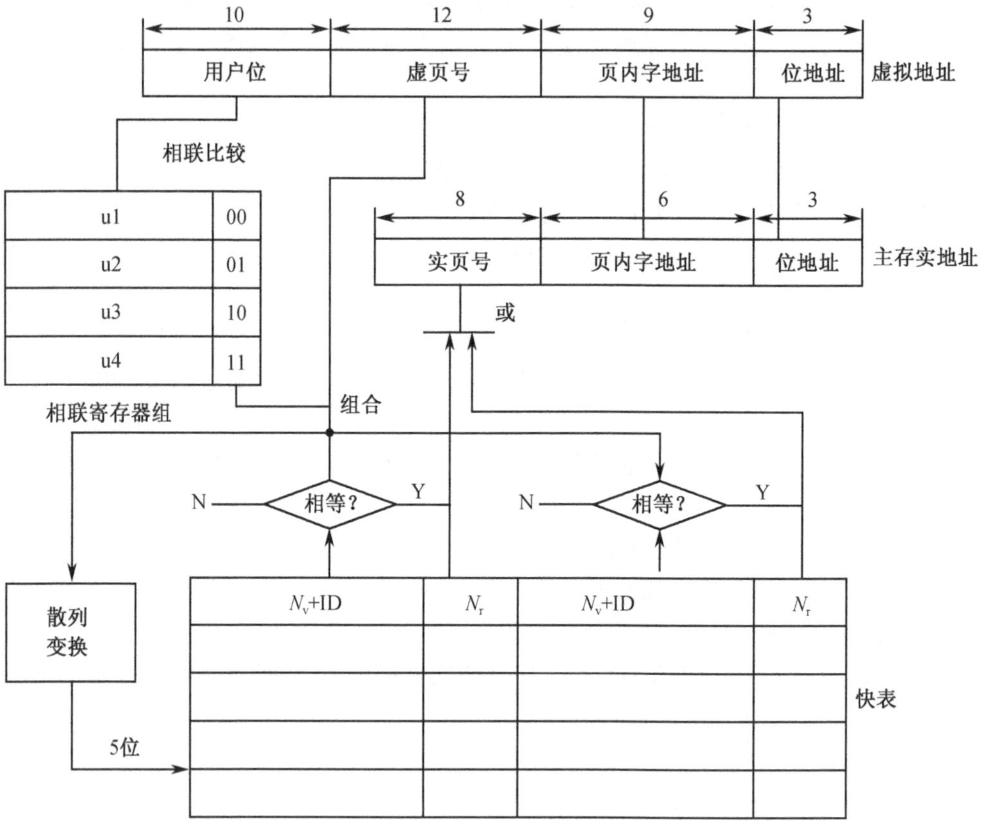

图 3.13

(2) 相连存储器组中每个寄存器的相连比较位数由总的任务数决定。有 1K 个任务,那么相连存储器组中每个寄存器相连比较位数应该是 10 位。

(3) 散列变换硬件的输入为虚拟页号 12 位(4096 取以 2 为底的对数)加上任务标志 ID 2 位(常用任务数 4 取以 2 为底的对数)之和,即 14 位,输出为快表的表项索引,因为共有 32 位,所以输出为 5 位。

(4) 相等比较器比较的内容是当前地址与快表表项中虚页号与任务 ID 的和,所以每个相等比较器位数为 14 位。

(5) 因为快表表项有两个相同项,所以快表中每行为 2×(14+8)=44 位,共 22 行,所以总位数为 44×22=968 位。

31. 某段页式虚拟存储系统,虚地址格式为:2 位段号+2 位页号+11 位页内地址。物理内存共 32KB。系统中采用访问方式保护,每个段的访问方式可以设置为:只读、读+执行、读+写、读+写+执行。已知某程序的段表和页表如下所示:

段号	有效位	访问方式	页表指针
0	1	只读	
1	1	读+执行	
2	0	读+写+执行	
3	1	读+写	

段 0 页表

物理页号	有效位
9	1
3	1
6	0
12	1

段 1 页表

物理页号	有效位
7	0
0	1
15	1
8	1

段 3 页表

物理页号	有效位
14	1
1	1
6	1
11	0

对下面的访存序列,请填表给出物理地址,或说明页面访问失败的原因。

访问类型	段号	页号	页内地址	物理地址
取数	0	1	1	
取数	1	1	10	
取数	3	3	2047	
存数	0	1	4	
存数	3	1	2	
存数	3	0	14	
跳转	1	3	100	
取数	0	2	50	
取数	2	0	5	
跳转	3	0	60	

【解】物理地址如下表所示。

访问类型	段号	页号	页内地址	物理地址
取数	0	1	1	0001 1000 0000 0001
取数	1	1	10	0000 0000 0000 1010
取数	3	3	2047	页面错误
存数	0	1	4	保护错误
存数	3	1	2	0000 1000 0000 0010
存数	3	0	14	0111 0000 0000 1110
跳转	1	3	100	0100 0000 0110 0100
取数	0	2	50	页面错误
取数	2	0	5	段错误
跳转	3	0	60	保护错误

32. 某计算机系统，主存按字节编址，容量为 4MB。cache 容量为 16KB，每块有 8 个字，每字 32 位。只有 Load/Store 指令能对存储器进行读/写操作，其他指令只对寄存器进行操作。根据程序运行的统计结果，每种指令所占的比例如下表所示。已知 cache 的命中率是 98%，cache 访问命中时的 CPI 是 2.0，而 cache 访问不命中时，缺失的损失是 25 个时钟周期。

指令种类	指令所占比例
算术逻辑运算	35%
Load/Store	40%
转移	10%
其他	15%

(1) 请解释 CPI 的含义；

(2) 若 cache 采用四路组相联映射，请给出主存地址中各个字段的位数；

(3) 若 cache 采用直接映射，请给出主存地址中各个字段的位数；

(4) 如果 cache 命中率提高到 100%，那么机器的速度是原来(存在 cache 缺失时)的多少？

【解】(1) CPI 是指每条指令执行的周期数。

(2) 每个字 32 位=4B，每块 8×4B=32B。cache 每组 16KB/4=4KB，故共 4KB/32B=128 组

主存地址位数=22，故 Tag 字段位数(区号位数)=22−7−5=10

主存地址字段格式：10 位 Tag+7 位组号+5 位字地址

(3) 每个字 32 位=4B，每块 8×4B=32B。故 cache 共 16K/32=512 页

主存地址位数=22，故 Tag 字段位数(区号位数)= 22−9−5=8 (4M/16K=256 区)

主存地址字段格式：8 位 Tag+9 位页号+5 位字地址

(4) 设机器执行的总指令条数为 n；若所有存储器访问都命中 cache 时，所需总时钟周期数为 T1；而在存在 cache 缺失时，执行上述指令的总时钟周期为 T2，则

T1=指令条数×CPI=$2n$

T2=T1+cache 缺失指令条数×引起的延迟=$2n+40\%\times(1-98\%)\times25n=2.2n$

则加速比 S=T2/T1=1.1，也即在 cache 全部命中情况下的机器速度是在 cache 有缺失情况下的 1.1 倍。

3.3 设计题

1. 用 512K×16 位的 Flash 存储器芯片组成一个 2M×32 的半导体只读存储器，试问：

(1) 数据寄存器多少位？

(2) 地址寄存器多少位？

(3) 共需要多少个这样的存储器件？

(4) 画出此存储器的组成框图。

【解】(1) 数据寄存器 32 位。

(2) 地址寄存器 21 位。

(3) 共需要 8 片 FLASH。

(4) 存储器的组成框图如图 3.14 所示。

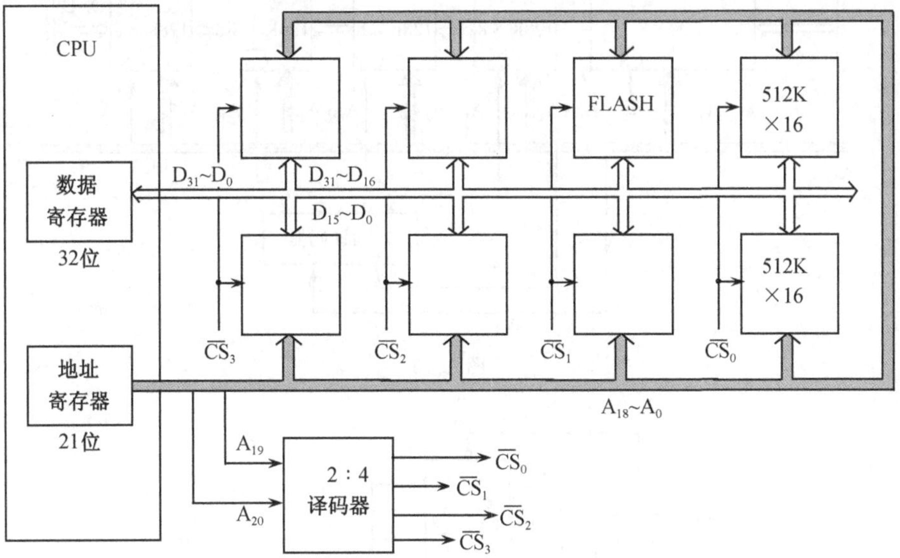

图 3.14

2. 设有两种 flash 芯片：128K×8 位 8 片，512K×8 位 2 片。试用这些芯片构成 512K×32 位的存储器。

【解】要设计 512K×32 位的存储器必须使用给定的全部存储器芯片。方案是：用 2 片 512K×8 位的芯片构成存储器的高 16 位(采用位并联法)，用 8 片 128K×8 位构成存储器的低 16 位(位并联与地址串联相结合)，其中后者使用一片2∶4地址译码器。存储器的组织结构如图 3.15 所示。

3. 某机器中，已知配有一个地址空间为 0000H～1FFFH(16 进制)字长 16 位的 ROM 区域。现在再用 RAM 芯片(8K×8 位)形成 16K×16 位的 RAM 区域，起始地址为 2000H。假设 RAM 芯片有$\overline{CS}$和$\overline{WE}$信号控制端。CPU 地址总线为 A_{15}～A_0，数据总线为 D_{15}～D_0，控制信号为 R/$\overline{W}$(读/写)，$\overline{MREQ}$(当存储器进行读或写操作时，该信号指示地址总线上的地址是有效的)。要求：

(1) 画出地址译码方案。

(2) 将 ROM 和 RAM 同 CPU 连接。

【解】整个存储器的地址空间分布如图 3.16(a)所示。

地址空间分三组，每组为 8K×16 位。由此可得存储器组成方案要点如下(图 3.16(b))：

① 组内地址用 A_{12}～A_0。

② 小组译码使用 2∶4 译码器。

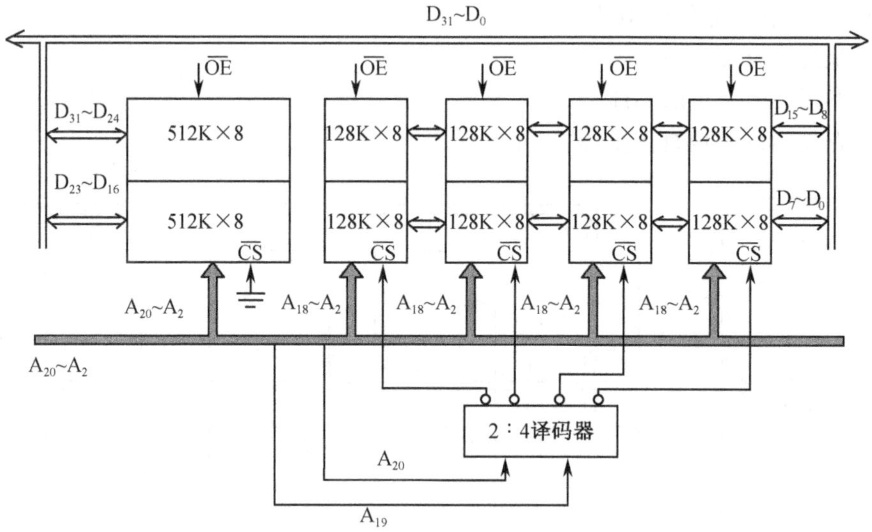

图 3.15

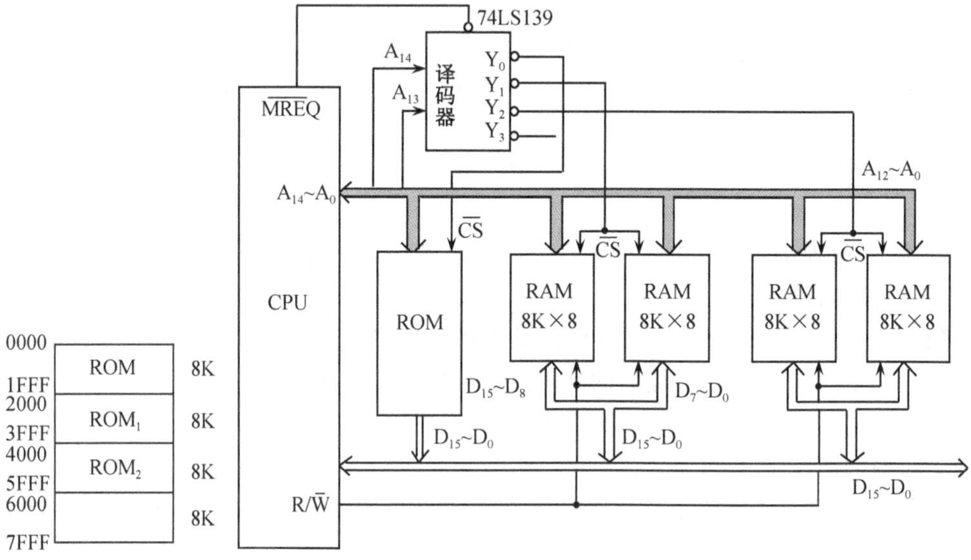

(a) (b)

图 3.16

③ RAM_1、RAM_2 各用两片 8K×8 位的芯片位并联连接，其中一片组成高 8 位，另一片组成低 8 位。

④ 用 $\overline{MREQ}$ 信号作为 2∶4 译码器的使能控制端，当该信号有效时，译码器工作。

⑤ CPU 的 $R/\overline{W}$ 信号与 RAM 的 $\overline{WE}$ 端进行连接。当 $R/\overline{W}=1$ 时，存储器执行读操作，当 $R/\overline{W}=0$ 时，存储器执行写操作。ROM 只读不写。

4. 某 16 位计算机，地址总线 16 根（$A_{15}\sim A_0$，A_0 为低位），双向数据总线 16 根（$D_{15}\sim D_0$），控制总线中与主存有关的有 $\overline{MREQ}$（允许访存，低电平有效），$R/\overline{W}$（高电平为读命令，低电平为写命令）。

主存地址空间分配如下：0～8191 为系统程序区，由只读存储器芯片组成。8192～32767 为用户程序区；最后（最大地址）2K 地址空间为系统程序工作区。上述地址为十进制，按字节编址。现有如下存储器芯片：

ROM　8K×16 位（控制端仅$\overline{CS}$）

SRAM　16K×1 位，2K×16 位，4K×16 位，8K×16 位

请从上述芯片中选择适当芯片设计该计算机主存储器，画出主存储器逻辑框图。注意画选片逻辑（可选用门电路及 3∶8 译码器 74LS138），与 CPU 的连接，说明选哪些存储器芯片，选多少片。

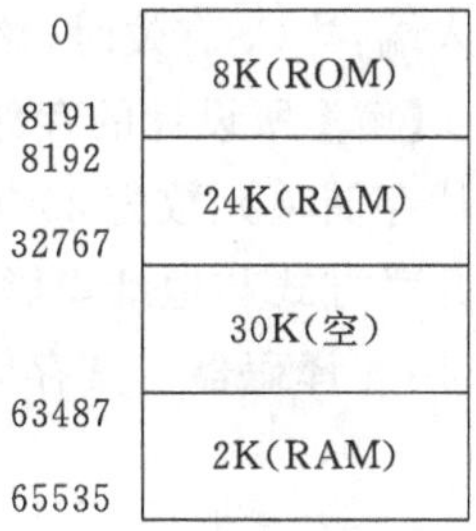

图 3.17

【解】主存地址空间分布如图 3.17 所示。

根据给定条件，选用 ROM：8K×16 位芯片 1 片，SRAM：8K×16 位芯片 3 片，2K×16 位芯片 1 片。使用 3∶8 译码器，仅使用 $\overline{Y}_0$，$\overline{Y}_1$，$\overline{Y}_2$，$\overline{Y}_3$ 和 $\overline{Y}_7$ 输出端，对最后的 2K×16 位存储芯片还需加门电路局部译码。主存储器的逻辑框图如图 3.18 所示。

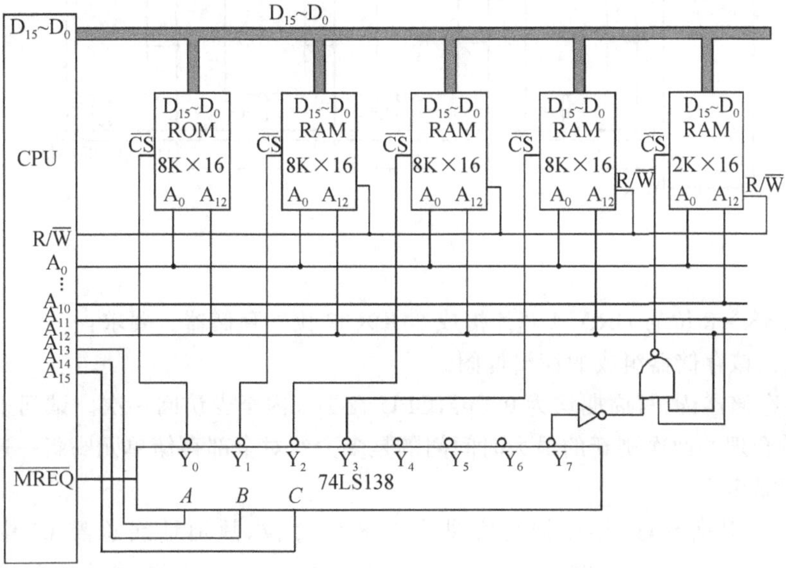

图 3.18

5. 有一个具有 22 位地址和 32 位字长的存储器。问：

（1）该存储器能存储多少字节的信息？

（2）如果存储器由 512K×16 位 SRAM 芯片组成，需要多少片？

（3）需要地址多少位作芯片选择？

【解】（1）存储器单元数为 $2^{22}=4M$，存储器容量＝4M×32 位＝16MB，故能存储 16M 字节信息。

（2）由于总存储容量为 4M×32 位，所需芯片数＝4M×32÷（512K×16）＝16 片。

（3）如用 16 片芯片组成一个 16MB 的存储器，地址总线低 20 位可直接接到芯片的 A_0～A_{19}端，而地址总线高 2 位（A_{20}，A_{21}位）需要通过 2∶4 译码器进行芯片选择。

6. 要求用 256K×16 位的 SRAM 芯片设计图示的存储器。SRAM 芯片有两个控制

输入端：当$\overline{CS}$有效时，该片选中；当 $\overline{W}/R=1$ 时执行读操作，当 $\overline{W}/R=0$ 时执行写操作。

【解】所设计的存储器单元数为 1M，字长为 32，故地址长度为 20 位（$A_{19}\sim A_0$），所用芯片存储单元数为 256K，字长为 16 位，故占用的地址长度为 18 位（$A_{17}\sim A_0$）。由此可用位并联方式与地址串联方式相结合的方法组成整个存储器，共 8 片 RAM 芯片，并使用一片 2∶4 译码器。其存储器结构如图 3.19 所示。

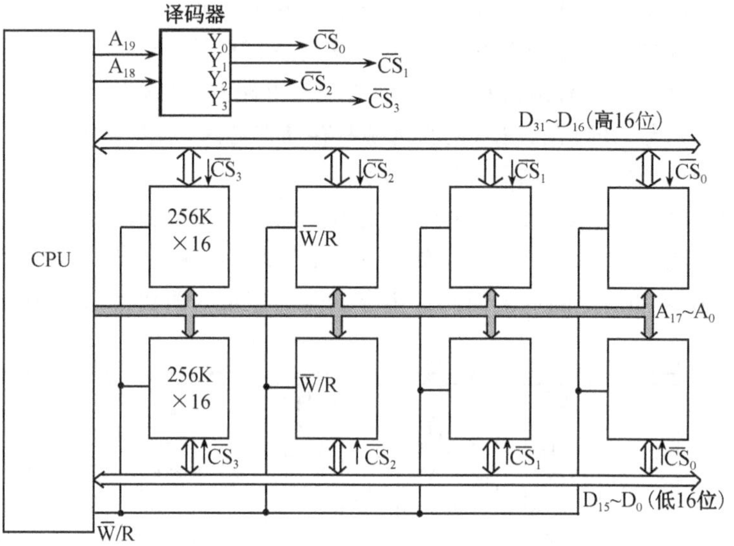

图 3.19

7. 用 16K×8 位的 DRAM 芯片构成 64K×32 位的存储器。要求：

(1) 画出该存储器组成的逻辑框图。

(2) 设存储器读、写周期均为 0.5μs，CPU 在 1μs 内至少访问一次。试问采用哪种刷新方式比较合理？两次刷新的最大时间间隔是多少？对全部存储单元刷新一遍所需的实际刷新时间是多少？

【解】(1) 根据题意，存储器总容量为 64K×32 位，故地址线总需 16 位。现使用 16K×8 位的 DRAM 芯片，共需 16 片。芯片本身地址线占 14 位，所以采用位并联与地址串联相结合的方法来组成整个存储器，其组成逻辑框图如图 3.20 所示，其中，使用一片 2∶4 译码器。

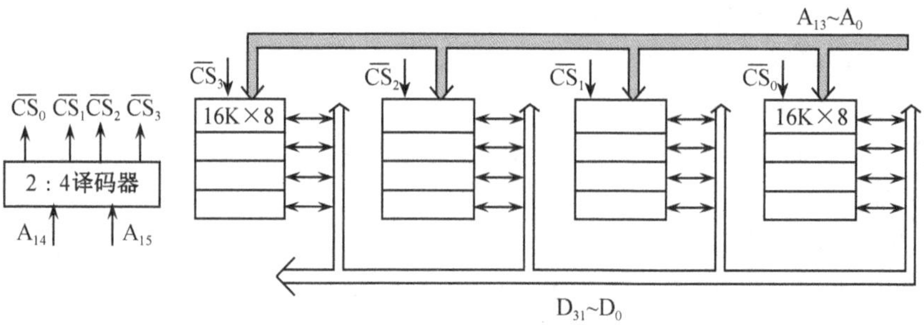

图 3.20

(2) 根据已知条件，CPU 在 1μs 内至少访存一次，所以整个存储器的平均读/写周期与单个存储器片的读/写周期相差不多。应采用异步式刷新方式比较合理。

对 DRAM 存储器来讲，两次刷新的最大时间间隔是 2ms。DRAM 芯片读/写周期为 0.5μs，假定 16K×1 位的 DRAM 芯片用 128×128 矩阵存储元构成，刷新时只对 128 行进行异步方式刷新，则刷新间隔为 2ms/128＝15.6μs，可取刷新信号周期 15μs。

8. 利用 1M×4 位的 EDRAM 芯片，设计一个 4MB 的内存条。

【解】一片 EDRAM 的容量为 1M×4 位，8 片这样的芯片可组成 4MB 的存储模块，其组成如图 3.21 所示。

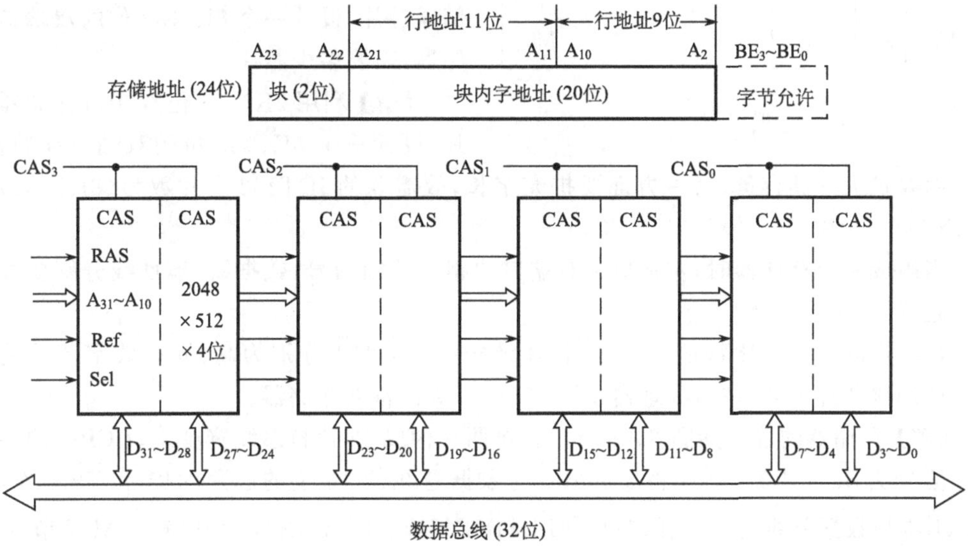

图 3.21

8 个芯片选信号 Sel、行选通信号 Ref 和地址输入信号 $A_0 \sim A_{10}$，两片 EDRAM 芯片的列选通信号 CAS 连在一起，形成一个 1M×8 位(1MB)的片组。再由 4 个片组组成一个 1M×32(4MB)的存储模块。4 个组的列选通信号 $CAS_3 \sim CAS_0$ 分别与 CPU 送出的 4 个字节允许信号 $BE_3 \sim BE_0$ 相对应，以允许存取 8 位的字节或 16 位的字。当进行 32 位存取时，$BE_3 \sim BE_0$ 全无效，此时认为存储地址的 A_1A_0 位为 00(CPU 没有 A_1，A_0 输出引脚)，也即存储地址 $A_{23} \sim A_0$ 为 4 的整倍数。其中最高 2 位 $A_{23}A_{22}$ 用作模块选择，它们的译码输出分别驱动 4 个模块片选信号 Sel。当某模块被选中，此模块的 8 个 EDRAM 芯片同时动作，8 个 4 位数据端口 $D_3 \sim D_0$ 同时与 32 位数据总线交换数据，完成一次 32 位字的存取。

9. 某计算机字长 32 位，常规设计的存储空间≤4M，若将存储空间扩展至 32M，请提出一种可能方案。

【解】可采用多体交叉存取方案，即将主存分成 8 个相互独立、容量相同的模块 M_0，M_1，M_2，…，M_7，每个模块 4M×32 位。它们各自具备一套地址寄存器、数据缓冲寄存器，各自以等同的方式与 CPU 传递信息。其组成结构如图 3.22 所示。

CPU 访问 8 个存储模块，可采用两种方式：一种是在一个存取周期内，同时访问 8 个存储模块，由存储器控制器控制它们分时使用总线进行信息传递。另一种是在一个存取周期内分时访问每个体，即每经过1/8存取周期就访问一个模块。这样，对每个模块而言，从 CPU 给出访存操作命令直到读出信息仍然是一个存取周期时间。而对 CPU 来说，它可以在一个存取周期内连续访问 8 个存储体，个体的读写过程将重叠(并行)进行。

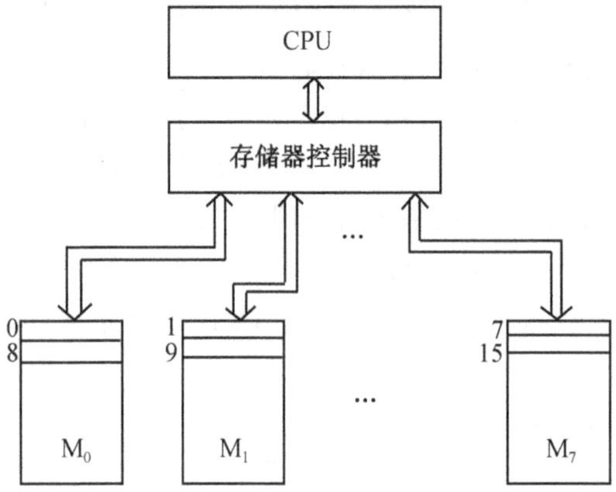

图 3.22

10. 利用 IDT132(2K×16)双端口存储器芯片，设计一个 8K×32 位的双端口存储器，需要多少芯片？

【解】利用 2K×16 位双端口存储器芯片，设计一个 8K×32 位的双端口存储器，一方面要扩大存储容量，另一方面要扩充字长，故需要的 IDT132 芯片数为(8K×32)÷(2K×16)＝8 片。

当组成一个存储器时，左端口和右端口的相应控制信号、数据线、地址线分别要并接在一起。

11. 某 64K×16 比特的 SRAM 芯片结构中$\overline{UB}$和$\overline{LB}$分别为高、低有效字节的使能端。请用该芯片为 32 位微处理器设计 256K×32 比特的存储器。

【解】存储器的连线如图 3.23 所示。每两片构成 32 比特总线宽度。设 CPU 的字节选择信号为$\overline{BE_0}$—$\overline{BE_3}$，则应将$\overline{BE_0}$，$\overline{BE_1}$与数据总线低 16 位的芯片的$\overline{LB}$和$\overline{UB}$相连，而$\overline{BE_2}$，$\overline{BE_3}$与数据总线高 16 位的芯片的$\overline{LB}$和$\overline{UB}$相连。因 256K×32 比特＝1M 字节＝2^{20}字节，故需 20 位地线。其中 A_1，A_0 实际用于字节选择，并不与存储器芯片相连。A_2—A_{17}用作芯片内部的存储单元选择。A_{18}，A_{19}经 2∶4 线译码器译码产生四个片选信号。

12. 设计一个容量为 $n\times k$ 位的用硬件寄存器构成的堆栈，画出逻辑结构框图。

【解】存储容量为 $n\times k$ 位的寄存器堆栈可用具有左移和右移功能的 k 个 n 位移位寄存器构成，其逻辑框图如图 3.24 所示。

这组移位寄存器按图所示方式排列而组成一个 n 字的移位寄存器。移位寄存器的左端定义成栈顶。执行压入操作而进栈的字 x 就加到移位寄存器的左端。并且激活右移控制线以便输入。反之，执行弹出操作则激活左移控制线，把栈顶的字送向输出数据总线。

当把一个字压入已有 n 个字的栈时将引起线上溢，而从空栈弹出一个字时将引起下溢。上溢与下溢状态都可加以检测，为此用计数器来指明栈内的字数。每次压入(或弹出)时，计数器加 1(或减 1)，压入(或弹出)信号和计数值为 n(或 0)的组合，即得上溢(或下溢)的指示。

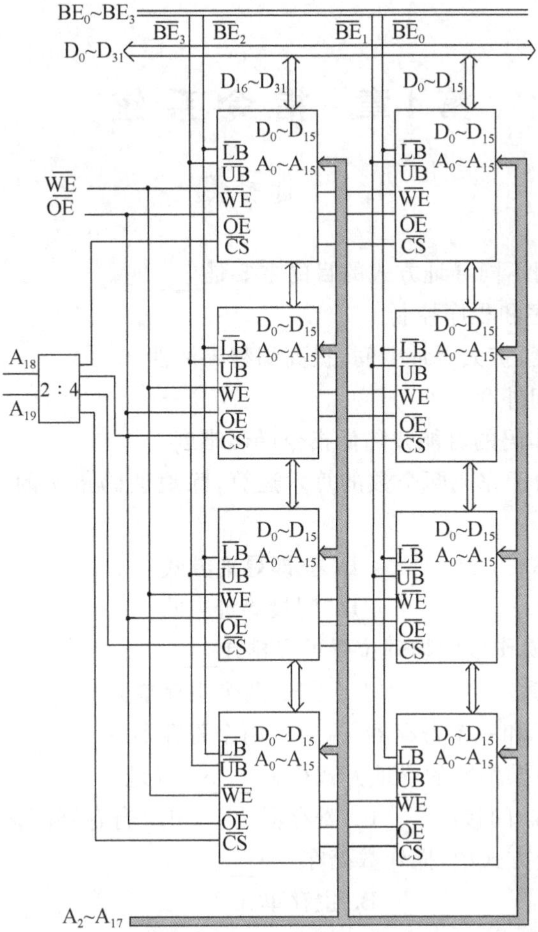
$BE_0 \sim BE_3$
$\overline{BE}_3$
$\overline{BE}_2$
$\overline{BE}_1$
$\overline{BE}_0$
$D_0 \sim D_{31}$
$D_{16} \sim D_{31}$
$D_0 \sim D_{15}$
$D_0 \sim D_{15}$
$A_0 \sim A_{15}$
$\overline{LB}$
$\overline{UB}$
$\overline{WE}$
$\overline{OE}$
$\overline{CS}$
$\overline{WE}$
$\overline{OE}$
A_{18}
2 : 4
A_{19}
$A_2 \sim A_{17}$

图 3.23

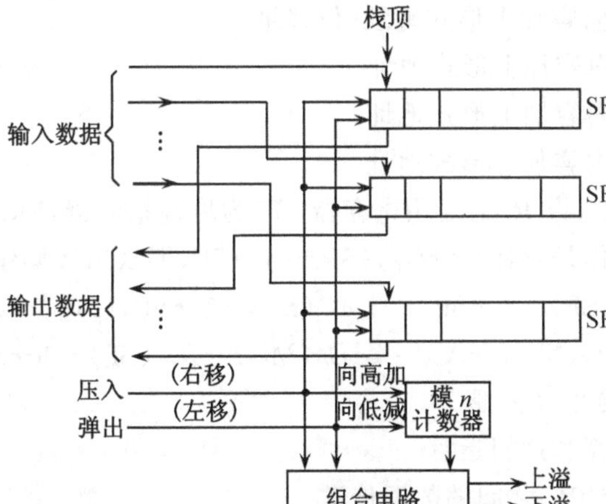
栈顶
SR_1
SR_2
SR_3
输入数据
输出数据
压入
(右移)
弹出
(左移)
向高加
向低减
模 n
计数器
组合电路
上溢
下溢

图 3.24

第4章 指令系统

4.1 选择题

1. 指令系统中采用不同寻址方式的目的主要是______。

A. 实现存储程序和程序控制

B. 缩短指令长度,扩大寻址空间,提高编程灵活性

C. 可以直接访问外存

D. 提供扩展操作码的可能并降低指令译码难度

2. 单地址指令中为了完成两个数的算术运算,除地址码指明的一个操作数外,另一个数常需采用______。

A. 堆栈寻址方式　　B. 立即寻址方式

C. 隐含寻址方式　　D. 间接寻址方式

3. 二地址指令中,操作数的物理位置可安排在______。

A. 栈顶和次栈顶　　B. 两个主存单元

C. 一个主存单元和一个寄存器　　D. 两个寄存器

4. 对某个寄存器中操作数的寻址方式称为______寻址。

A. 直接　　B. 间接　　C. 寄存器　　D. 寄存器间接

5. 寄存器间接寻址方式中,操作数处在______。

A. 通用寄存器　　B. 主存单元

C. 程序计数器　　D. 堆栈

6. 变址寻址方式中,操作数的有效地址等于______。

A. 基值寄存器内容加上形式地址(位移量)

B. 堆栈指示器内容加上形式地址

C. 变址寄存器内容加上形式地址

D. 程序计数器内容加上形式地址

7. 堆栈寻址方式中,设 R_i 为通用寄存器,SP 为堆栈指示器,M_{SP} 为 SP 指示的栈顶单元,如果进栈操作的动作是:$(R_i)\rightarrow M_{SP}$,$(SP)-1\rightarrow SP$,那么出栈操作的动作应为______。

A. $(M_{SP})\rightarrow R_i$,$(SP)+1\rightarrow SP$　　B. $(SP)+1\rightarrow SP$,$(M_{SP})\rightarrow A$

C. $(SP)-1\rightarrow SP$,$(M_{SP})\rightarrow A$　　D. $(M_{SP})\rightarrow R_i$,$(SP)-1\rightarrow SP$

8. 程序控制类指令的功能是______。

A. 进行算术运算和逻辑运算

B. 进行主存与 CPU 之间的数据传送

C. 进行 CPU 和 I/O 设备之间的数据传送

D. 改变程序执行的顺序

9. 运算型指令的寻址与转移性指令的寻址不同点在于______。

A. 前者取操作数,后者决定程序转移地址

B. 后者取操作数,前者决定程序转移地址

C. 前者是短指令,后者是长指令

D. 前者是长指令,后者是短指令

10. 指令的寻址方式有顺序和跳跃两种方式。采用跳跃寻址方式,可以实现______。

A. 堆栈寻址　　B. 程序的条件转移

C. 程序的无条件转移　　D. 程序的条件转移或无条件转移

11. 算术右移指令执行的操作是______。

A. 符号位填 0,并顺次右移 1 位,最低位移至进位标志位

B. 符号位不变,并顺次右移 1 位,最低位移至进位标志位

C. 进位标志位移至符号位,顺次右移 1 位,最低位移至进位标志位

D. 符号位填 1,并顺次右移 1 位,最低位移至进位标志位

12. 位操作类指令的功能是______。

A. 对 CPU 内部通用寄存器或主存某一单元任一位进行状态检测(0 或 1)

B. 对 CPU 内部通用寄存器或主存某一单元任一位进行状态强置(0 或 1)

C. 对 CPU 内部通用寄存器或主存某一单元任一位进行状态检测或强置

D. 进行移位操作

13. 下面描述汇编语言特性的句子中概念上有错误的句子是______。

A. 对程序员的训练要求来说,需要硬件知识

B. 汇编语言对机器的依赖性高

C. 汇编语言的源程序通常比高级语言源程序短小

D. 汇编语言编写的程序执行速度比高级语言快

14. 下列说法中不正确的是______。

A. 机器语言和汇编语言都是面向机器的,它们和具体机器的指令系统密切相关

B. 指令的地址字段指出的不是地址,而是操作数本身,这种寻址方式称为直接寻址

C. 串联堆栈一般不需要堆栈指示器,但串联堆栈的读出是破坏性的

D. 存储器堆栈是主存的一部分,因而也可以按照地址随机进行读写操作

15. 就取得操作数的速度而言,下列寻址方式中速度最快的是__①__,速度最慢的是__②__,不需要访存的寻址方式是__③__。

A. 直接寻址　　B. 立即寻址　　C. 间接寻址

16. 下列说法中不正确的是______。

A. 变址寻址时,有效数据存放在主存中

B. 存储器堆栈由随机存取存储器构成,按照先进后出顺序工作

C. 堆栈指针 SP 的内容表示当前堆栈内所存储的数据的个数

D. 内存中指令的寻址和数据的寻址是交替进行的

17. 下列几项中,不符合 RISC 指令系统的特点是______。

A. 指令长度固定,指令种类少

B. 寻址方式种类尽量减少,指令功能尽可能强

C. 增加寄存器的数目,以尽量减少访存次数

D. 选取使用频率最高的一些简单指令,以及很有用但不复杂的指令

18. 下面关于 RISC 技术的描述中,正确的是______。

A. 采用 RISC 技术后,计算机的体系结构又恢复到早期的比较简单的情况

B. 为实现兼容,新设计的 RISC 是从原来的 CISC 系统的指令系统中挑选一部分实现的

C. RISC 的主要目标是减少指令数

D. RISC 设有乘、除法指令和浮点运算指令

19. 安腾处理机的典型指令格式为______位。

A. 32 位　　B. 64 位　　C. 41 位　　D. 48 位

20. 下列各项中,不属于安腾体系结构基本特征的是______。

A. 超长指令字　　B. 显式并行指令计算

C. 推断执行　　D. 超线程

21. 下面操作中应该由特权指令完成的是______。

A. 设置定时器的初值　　B. 从用户模式切换到管理员模式

C. 开定时器中断　　D. 关中断

参考答案:

1. B　**2.** C　**3.** B,C,D　**4.** C　**5.** B　**6.** C　**7.** B　**8.** D　**9.** A

10. D　**11.** B　**12.** C　**13.** C　**14.** B　**15.** ① B　② C　③ B　**16.** C

17. B　**18.** C　**19.** C　**20.** D　**21.** B

4.2 分析题

1. 指令格式结构如下所示,试分析指令格式及寻址方式特点。

15　　　　10	9　　5	4　　0
OP	目标寄存器	源寄存器

【解】指令格式及寻址方式特点如下:

① 单字长二地址指令。

② 操作码字段 OP 可以指定 $2^6=64$ 条指令。

③ 源和目标都是通用寄存器(可分别指定 32 个寄存器),所以是 RR 型指令,两个操作数均在寄存器中。

④ 这种指令结构常用于算术逻辑运算类指令。

2. 某 16 位处理器的指令格式结构如下所示,试分析指令格式及寻址方式特点。

15　　10		7　　4	3　　0
OP	—	源寄存器	变址寄存器
位移量(16 位)			

【解】指令格式与寻址方式特点如下:

① 双字长二地址指令，用于访问存储器。操作码字段可指定 64 种操作。

② RS 型指令，一个操作数在通用寄存器(共 16 个)，另一个操作数在主存中。

③ 有效地址可通过变址寻址求得，即有效地址等于变址寄存器(共 16 个)内容加上位移量。

3. 某 32 位处理器的指令格式结构如下所示，试分析指令格式及寻址方式特点。

31　26	25　24	23　20	19　0
OP	X	目标寄存器	20 位地址

【解】指令格式及寻址方式特点如下：

① 单字长二地址指令，用于访问存储器。操作码字段可指定 64 种操作。

② RS 型指令，一个操作数在通用寄存器(共 16 个)，另一个操作数在主存中。

③ 有效地址可通过寻址特征位 X 确定：有 X＝00，01，10，11 四种组合，可指定四种寻址方式。

4. 某机的 16 位单字长访内指令格式如下：

4	2	1	1	8
OP	M	I	X	A

其中，A 为形式地址，补码表示(其中一位符号位)；

Ⅰ为直接/间接寻址方式：Ⅰ＝1 为间接寻址，Ⅰ＝0 为直接寻址方式；

M 为寻址模式：0 为绝对寻址，1 为基地址寻址，2 为相对寻址，3 为立即寻址；

X 为变址寻址。

设 PC，R_z，R_b 分别为指令计数器、变址寄存器、基地址寄存器，E 为有效地址，试解答如下问题：

(1) 该指令格式能定义多少种不同的操作？立即寻址操作数的范围是多少？

(2) 在非间址情况下，写出各计算有效地址的表达式。

(3) 设基值寄存器 14 位，在非变址直接基地址寻址时，确定存储器可寻址的地址范围。

(4) 间接寻址时，寻址范围是多少？

【解】(1) 该指令格式可定义 16 种不同的操作。立即寻址操作数的范围是－128～＋127。

(2) 绝对寻址(直接地址)　$E=A$

基值寻址　$E=(R_b)+A$

相对寻址　$E=(PC)+A$

立即寻址　$D=A$

变址寻址　$E=(R_z)+A$

(3) 由于 $E=(R_b)+A$，$R_b=14$ 位，故存储器可寻址的地址范围为(16383＋127)～(16383－128)。

(4) 间接寻址时，寻址范围为 64K，因为此时从主存读出的数作为有效地址(16 位)。

5. 已知计算机指令字长为 16 位，其双操作数指令的格式如下：

0　　5	6　　7	8　　15
OP	R	D

其中，OP 为操作码，R 为通用寄存器地址，试说明在下列各种情况下能访问的最大主存区为多少机器字。

(1) D 为直接操作数；

(2) D 为直接主存地址；

(3) D 为间接地址(一次间址)；

(4) D 为变址的形式地址，假定变址寄存器为 R_1(字长为 16 位)。

【解】(1) 该机器字即为指令字，它本身包含操作数 D(只有 8 位)，无需访存。

(2) 256 个机器字，此时为直接寻址，E=D。

(3) 64K 机器字，此时为间接寻址，E=(D)。

(4) 64K 机器字，此时为变址寻址，$E=R_1+D$。

6. 一种二地址 RS 型指令的结构如下所示：

6 位		4 位	1 位	2 位	16 位
OP	—	通用寄存器	I	X	位移量 D

其中，I 为间接寻址标志位，X 为寻址模式字段，D 为位移量字段，通过 I，X，D 的组合，可构成下表所示的寻址方式：

寻址方式	I	X	有效地址 E 算法	说明
(1)	0	00	E=D	
(2)	0	01	E=(PC)±D	PC 为程序计数器
(3)	0	10	$E=(R_2)\pm D$	R_2 为变址寄存器
(4)	0	11	$E=(R_3)$	
(5)	1	00	E=(D)	
(6)	1	01	E=((PC)±D)	
(7)	1	10	$E=((R_2)\pm D)$	
(8)	1	11	$E=((R_1)\pm D)$	R_1 为基址寄存器

请写出 8 种寻址方式的名称，并指出哪几种访问存储器速度较慢。

【解】(1)直接寻址　　(2)相对寻址

(3)变址寻址　　(4)寄存器间接寻址

(5)间接寻址　　(6)先相对后间接寻址

(7)先变址后间接寻址　　(8)先基址后间接寻址

后 3 种访存速度较慢。

7. 给出下表中操作数寻址方式的有效地址 E 的算法。

序号	寻址方式名称	有效地址 E 算法	说明
(1)	立即		操作数在指令中
(2)	寄存器		操作数在某寄存器内，指令给出寄存器号
(3)	直接		D 为偏移量
(4)	基址		B 为基址寄存器
(5)	基址＋偏移量		
(6)	比例变址＋偏移量		I 为变址寄存器，S 为比例因子(1,2,4,8)
(7)	基址＋变址＋偏移量		
(8)	基址＋比例变址＋偏移量		
(9)	相对		PC 为程序计数器或当前指令指针寄存器

【解】(1) 操作数在指令中　　(2) 操作数在寄存器中

(3) E＝D　　(4) E＝(B)

(5) E＝(B)＋D　　(6) E＝(I)×S＋D

(7) E＝(B)＋(I)＋D　　(8) E＝(B)＋(I)×S＋D

(9) 指令地址＝(PC)＋D

8. 某 16 位机器所使用的指令格式和寻址方式如下所示，该机有两个 20 位基值寄存器，四个 16 位变址寄存器，十六个 16 位通用寄存器。指令汇编格式中的 S(源)、D(目标)都是通用寄存器，M 是主存中的一个单元。

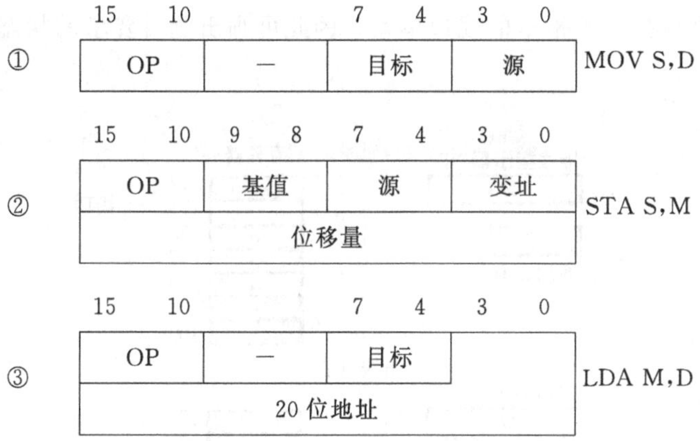

问：(1) 处理机完成哪一种操作花的时间最短？

(2) 处理机完成哪一种操作花的时间最长？

(3) 第②种指令的执行时间有时会等于第③种指令的执行时间吗？

(4) 假设第①、②、③种指令的操作码是：

$MOV=(A)_H$，　　$STA=(1B)_H$，　　$LDA=(3C)_H$

下列情况下每个十六进制指令字分别代表什么操作？

(a) $(F0F1)_H(3CD2)_H$　　(b) $(2856)_H$

(c) $(6FD6)_H$　　(d) $(1C2)_H$

上述指令中有没有编码不对的？如果有，应如何改正才能使其成为处理机能执行的合法指令？

【解】(1) 第①种。因为是 RR 型指令，不需要访问存储器。

(2) 第②种。因为是 RS 型指令，需要访问存储器，同时要通过变址运算或基值运算变换求得有效地址，也需要时间。

(3) 不可能。因为第③种指令虽访问存储器，但不需要进行地址变换运算，所以节省了求有效地址运算的时间。

(4) MOV(OP)＝001010

STA(OP)＝011011

LDA(OP)＝111100

(a) 代表 LDA 指令，正确。把$(13CD2)_H$的内容取至第 15 号通用寄存器。

(b) 代表 MOV 指令，正确。把 6 号通用寄存器的内容传送至 5 号通用寄存器。

(c) 错，改正为$(28D6)_H$，代表 MOV 指令。

(d) 错，改正为$(28C2)_H$，代表 MOV 指令。

9. 有一存储器堆栈。其栈底地址为 300，且有 *a*，*b*，*c* 三个数据依次存放在堆栈中，*a* 放在栈底。CPU 中有一硬件堆栈指示器 SP，且用通用寄存器 R_1 作为数据交换器。试画出数据 *c* 出栈以前与出栈以后堆栈、SP 与通用寄存器 R_1 的状态。

【解】存储器堆栈中，进栈时先存入数据，后修改堆栈指示器。反之，出栈时，先修改堆栈指示器，然后取出数据。即

进栈操作：　　$(R_1) \rightarrow Msp$，　　$(SP)-1 \rightarrow SP$

出栈操作：　　$(SP)+1 \rightarrow SP$，　　$(Msp) \rightarrow R_1$

其中，Msp 是堆栈指示器指示的栈顶单元。因此可画出题目要求的状态变化图，如图 4.1 所示。

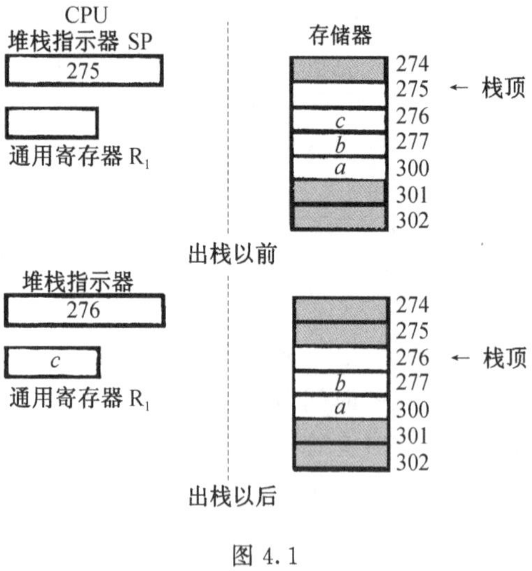

图 4.1

10. 某单片机的指令格式如下所示：

15　　10	9　8	7　　0
操作码	X	D

D:位移量

X:寻址特征位

X=00,直接寻址；

X=01,用变址寄存器 X1 进行变址；

X=10,用变址寄存器 X2 进行变址；

X=11,相对寻址。

设(PC)=1234H,(X1)=0037H,(X2)=1122H(H 代表十六进制数),请确定下列指令的有效地址。

(1) 4420H　(2) 2244H　(3) 1322H　(4) 3521H　(5) 6723H

【解】(1) X=00,D=20H,有效地址 EA=20H；

(2) X=10,D=44H,有效地址 EA=1122H+44H=1166H；

(3) X=11,D=22H,有效地址 EA=1234H+22H=1256H；

(4) X=01,D=21H,有效地址 EA=0037H+21H=0058H；

(5) X=11,D=23H,有效地址 EA=1234H+23H=1257H。

11. (1) 选择寻址方式时主要考虑哪些因素？

(2) 在指令格式中指明寻址方式有几种方法？

【解】(1) 选择寻址方式时主要考虑以下因素：

① 应与数据的表示相配合,能方便地存取各种数据；

② 应根据指令系统及各种寻址方式的特点和相互组合的可能性进行选择；

③ 应考虑实现上的有效性和可能性；

④ 还应使地址码尽可能短、存取的空间尽可能大、使用方便。

(2) 寻址方式在指令格式中的表示方法通常有两种：

① 由不同的操作码指明操作数的不同寻让方式(操作码指明法)；

② 在指令格式中增设寻址特征位指明寻址方式(寻址方式位法)。

12. 将 C 语句翻译成 MIPS R4000 汇编语言代码。C 赋值语句是：

$$f=(g+h)-(i+j)$$

假设变量 f、g、h、i、j 分别分配给寄存器 $S0、$S1、$S2、$S3、$S4。

【解】临时变量 t0=g+h 用 $t0 代替,临时变量 t1=i+j 用 $t1 代替,则 MIPS R4000 汇编语言表示如下：

```
add   $t0,$S1,$S2        #完成 t0=gth
add   $t1,$S3,$S4        #完成 t1=itj
sub   $S0,$t0,$t1        #完成 f=t0-t1
```

13. 设变量 h 放在寄存器 $S2 中,数组 A 的基值放在寄存器 $S3 中,请将下面 C 语句翻译成 MIPS R4000 汇编语言代码。C 赋值语句是：

$$A[12]=h+A[8]$$

【解】虽然 C 语句只有一个操作,但是两个操作数均在存储器中,因此必须使用取字

(iw)指令和存字(sw)指令。MIPS R4000 计算机按字节访问存储器,字地址是 32 位(字节值的 4 倍)。因此 MIPS R4000 汇编语言表示如下:

```
iw   $t0,32($S3)     #基值寄存器$S3 的偏移量为 32=4×8,访存地址为 A[8]
add  $t0,$32,$t0     #加法操作将结果放到临时寄存器$t0
sw   $t0,48($S3)     #加法结果放到存储器地址 A[12]中,偏移量为 48=4×12
```

14. 将如下 MIPS R4000 汇编语言翻译成机器语言指令:

```
iw   $t0,1200($t1)
add  $t0,$S2,$t0
sw   $t0,1200($t1)
```

【解】为方便起见,先写出十进制数表示的 3 条机器语言指令如下:

op	rs	rt	rd	address/shamt	funct
35	9	8	1200		
0	18	8	8	0	32
43	9	8	1200		

然后再写出二进制数表示的 3 条机器指令;其中,十进制数$(1200)_{10}$表示成二进制数是$(0000\ 0100\ 1011\ 0000)_2$:

100011	01001	01000	0000 0100 1011 0000		
000000	10010	01000	01000	0000	100000
101011	01000	01000	0000 0100 1011 0000		

15. 将下面一条 ARM 汇编语言指令翻译成机器语言指令:

ADD r5,r1,r2

【解】ARM 是 32 位计算机,按其指令机器格式,十进制和二进制表示的机器语言是:

	4 位	2 位	1 位	4 位	1 位	4 位	4 位	12 位
指令格式	cond	F	I	opcode	S	Rn	Rd	operand 2
十进制表示	14	0	0	4	0	1	5	2
二进制表示	1110	00	0	0100	0	0001	0101	00000000 0010

16. 将下面 C 语句翻译成 ARM 汇编语言代码。C 赋值语句是:

$$f=(g+h)-(i+j)$$

假设变量 f、g、h、i、j 分别放在寄存器 r0、r1、r2、r3、r4 中。

【解】设 g+h 的求和结果暂存在寄存器 r5,i+j 的求和结果暂存在寄存器 r6,则 ARM 汇编语言代码如下所示:

```
ADD  r5,r0,r1      ;r5=r0+r1=g+h
ADD  r6,r2,r3      ;r6=r2+r3=i+j
```

```
SUB   r4,r5,r6      ;r4=r5-r6=f=(g+h)-(i+j)
```

17. 设变量h放在寄存器r2,数组A的基值放在寄存器r3,请将下面C语句翻译成ARM汇编语言代码。C赋值语句是:

$$A[12]=h+A[8]$$

【解】虽然C语句只有一个相加的操作,但是两个操作数均在存储器中,因此需要更多的ARM指令。首先用取字(LDR)指令访问存储器单元A[8];然后用ADD指令将h+A[8]放在寄存器r6,最后用存字(STR)指令将r6中的结果写到存储器单元A[12],此时寄存器r3作为基地址寄存器,位移量为48(4×12),因ARM也是字节寻址。3条ARM汇编语言指令形式如下:

```
LDR   r6,[r3,#32]    ;读出A[8]单元数据到r6寄存器
ADD   r6,r2,r6       ;寄存器r6中保存数据h+A[8]
STR   r6,[r3,#48]    ;数据h+A[8]写回到A[12]单元
```

18. 某机为定长指令字结构,指令长度16位;每个操作数的地址码长6位,指令分为无操作数、单操作数和双操作数三类。若双操作数指令已有K种,无操作数指令已有L种,问单操作数指令最多可能有多少种?上述三类指令各自允许的最大指令条数是多少?

【解】设单操作数指令的条数为X,则

$$[(2^4-K)\times 2^6-X]\times 2^6=L$$

故

$$X=(2^4-K)\times 2^6-L/2^6$$

由此,上述三类指令各自允许的最大指令条数为

双操作数:2^4-1

单操作数:$15\times 2^6-1$

无操作数:14×2^{12}

4.3 设计题

1. 假设某计算机的指令长度为20位,具有双操作数、单操作数和无操作数三类指令,每个操作数地址规定用6位表示。若操作码字段固定为8位,现已设计出m条双操作数指令,n条无操作数指令。在此情况下,这台计算机最多可以设计出多少条单操作数指令?

【解】由于设定全部指令采用8位固定的OP字段,故这台计算机最多的指令条数为$2^8=256$条。因此最多还可以设计出$(256-m-n)$条单操作数指令。

2. 某单片机字长为16位,主存容量为64K字,采用单字长单地址指令,共有64条指令。试采用直接、立即、变址、相对四种寻址方式设计指令格式。

【解】64条指令需占用操作码字段(OP)6位,这样指令字下余长度为10位。为了覆盖主存64K字的地址空间,设寻址模式位(X)2位,形式地址(D)8位,其指令格式如下:

15　　10	9　　8	7　　0
OP	X	D

寻址模式 X 定义如下：

X=00，直接寻址，有效地址 E=D(256 单元)。

X=01，立即寻址，D=操作数。

X=10，变址寻址，有效地址 E=(R)+D　(64K)。

X=11，相对寻址，有效地址 E=(PC)+D　(64K)。

其中，R 为变址寄存器(16 位)，PC 为程序计数器(16 位)。在变址和相对寻址时，位移量 D 可正可负。

3. 一台处理机具有如下指令字格式：

6 位	2 位	3 位	3 位	18 位
OP	X	源寄存器	目标寄存器	地址

其格式表明有 8 个通用寄用器(长度 16 位)，X 指定寻址模式，主存最大容量为 256K 字。

(1) 假设不用通用寄存器也能直接访问主存的每一个操作数，并假设操作码或 OP=6 位，请问地址码域应分配多少位？指令字长度应有多少位？

(2) 假设 X=11 时，指定的那个通用寄存器用作基值寄存器，请提出一个硬件设计规则，使得被指定的通用寄存器能访问 1M 主存空间中的每一个单元。

【解】(1) 因为 2^{18}=256K 字，地址码域=18 位

操作码域=6 位

指令长度=18+3+3+6+2=32 位

(2) 此时指定的通用寄存器用作基值寄存器(16 位)。但 16 位长度不足以覆盖 1M 字地址空间，为此可将通用寄存器左移 4 位，低位补 0 形成 20 位基地址，然后与指令字形式地址相加得有效地址，可访问主存 1M 地址空间中的任一单元。

4. 某机字长 16 位，主存容量 64K，指令为单字长指令，有 50 种操作码，采用页面寻址、间接、直接寻址方式，CPU 中有一个 AC，PC，IR，MAR，MBR。问：

(1) 指令格式如何安排？

(2) 存储器能划分成多少个页面？每页多少单元？

(3) 能否增加其他寻址方式？

【解】(1) 根据题意，有 50 种操作码，故 OP 字段占 6 位。页面寻址可用 PC 高 8 位(P(H)与形式地址 D18 位)拼接成有效地址，设寻址模式 X 占 2 位，故指令格式如下：

15　　10	9　　8	7　　0
OP	X	D

寻址模式定义如下：

X=00，直接寻址，有效地址 E=D。

X=01，页面寻址，有效地址 E=PC_H-D。

X=10，间接寻址，有效地址 E=(D)。

X=11。

(2) 按照上述指令格式，PC 高 8 位形成主存 256 个页面，每个页面有 256 个单元。

(3) 按照上述指令格式，寻址模式 X=11 尚未使用，故可增加一种寻址方式。由于

CPU 中给定的寄存器中尚可使用 PC，故可增加相对寻址方式，其有效地址 E＝PC＋D，如不用相对寻址，还可使用立即寻址方式，此时形式地址 D 为 8 位的操作数。

当位移量（形式地址）D 变成 7 时，寻址模式位可变成 3 位，原则上可使用更多的寻址方式，但是 CPU 现在没有其他更多的寄存器，因此不能增加其他寻址方式。

5. 机器字长 32 位，主存容量为 1MB，16 个通用寄存器，共 32 条指令，请设计双地址指令格式，要求有立即数、直接、寄存器、寄存器间接、变址、相对六种寻址方式。

【解】根据题意，有 32 种操作码，故 OP 字段占 5 位；16 个通用寄存器各占 4 位（源、目的）；寻址模式字段 X 占 3 位；剩余字段 D 为立即数和直接寻址使用。指令格式如下：

5 位	3 位	4 位	4 位	16 位
OP	X	源	目的	D

寻址模式定义如下：

X＝000，立即数＝D。

X＝001，直接寻址，E＝D。

X＝010，寄存器直接寻址。

X＝011，寄存器间接寻址，E＝（R）。

X＝100，变址寻址，E＝（R）＋D。

X＝101，相对寻址，E＝（PC）＋D。

6. 在决定一台计算机采用何种寻址方式时，总要做出各种各样的权衡。在下列每种情况下，具体的考虑是什么？

（1）单级间接寻址方式作为一种方法提出来的时候，硬件变址寄存器被认为是一种成本很高的办法。随着 LSI 电路的问世，硬件成本大降。试问，现在是不是使用变址寄存器更为可取？

（2）如果允许在同一条指令中同时指定间接寻址方式和立即寻址方式，请问有效地址产生逻辑应如何处理这种情况？

（3）已知一台 16 位计算机配有 16 个通用寄存器。请问，是否有一个简单的硬件设计规则，使我们可以指定这个通用寄存器组的某些寄存器来进行 20 位的存储器寻址？参与这种寻址的通用寄存器该采用什么办法区分出来？

【解】（1）采用间接寻址的优点是不需要额外增加专用寄存器，只使用 MAR 和 MDR 即可完成这种寻址，但缺点是多访问一次存储器（对单级间接寻址而言）。随着 LSI 的发展，硬件成本大大下降，所以现在使用专门的变址寄存器来实现变址寻址更为可取，因为其优点是减少一次访问主存的时间，提高了指令执行的速度。

（2）同一条指令中同时指定间接寻址和立即寻址两种方式时，有效地址产生逻辑应对寻址模式进行分析判别：如寻址模式是立即寻址，则形式地址 D 即为操作数；如果寻址模式是间接寻址，则形式地址 D 被送到 MAR，然后读主存，取得有效地址。

（3）可以有一个简单的硬件设计规则，使我们可以指定某些通用寄存器来进行 20 位的存储器寻址。由于这些通用寄存器字长是 16 位，我们可以用其组成 20 位地址的低 16 位，再用 4 位形式地址作为高 4 位，与低 16 位的某些通用寄存器简单相拼，从而形成页面寻址方式。也可以用通用寄存器作 20 位地址的高位部分（全部或一部分），再与低位部分的形式地址相拼成 20 地址。这两种情况下，硬件上均需一个 20 位的 MAR 寄存器。

参与这种寻址方式的通用寄存器，可用赋予地址编号来加以区分。16 个通用寄存器为一组占用 4 位字长，可用 $R_0 \sim R_{15}$ 命名。哪几个参与这种方式的寻址，可由设计者选定。

7. 一台处理机具有如下指令字格式：

1 位		3 位	
X	OP	寄存器	地址

其中，①每个指令字中专门分出 3 位来指明选用哪一个通用寄存器(12)位，②最高位用来指明它所选定的那个通用寄存器将用作变址寄存器(X＝1 时)，③主存容量最大为 16384 字。

(1) 假如我们不用通用寄存器也能直接访问主存中的每一个操作数，同时假设有用的操作码位数至少有 7 位，试问：在此情况下，“地址”码域应分配多少位？“OP”码域应分配多少位？指令字应有多少位？

(2) 假设条件位 X＝0，且指令中也指明要使用某个通用寄存器，此种情况表明指定的那个通用寄存器将用作基值寄存器。请提出一个硬件设计规则，使得被指定的通用寄存器能访问主存中的每一个位置。

(3) 假设主存容量扩充到 32768 字，且假定硬件结构已经确定不变，问采用什么实际方法可解决这个问题？

【解】(1) 地址码域＝14 位，$2^{14}＝16384$

操作码域＝7 位

指令字长度＝14＋7＋3＝24 位

(2) 此时指定的通用寄存器用作基值寄存器(12 位)，但 12 位长度不足以覆盖 16K 地址空间，为此可将通用寄存器内容(12 位)左移 2 位低位补 0 形成 14 位基地址，然后与形式地址相加得一地址，该地址可访问主存 16K 地址空间中的任一单元。

(3) 可采用间接寻址方式来解决这一问题，因为不允许改变硬件结构。

8. 现在要设计一个单片机，但机器字长尚悬而未决。有两种方案等待抉择：一种是指令字长 16 位，另一种是指令字长 20 位。该处理机的硬件特色是：有两个基值寄存器(20 位)；有两个通用寄存器组，每组各包括 16 个寄存器。请问：

(1) 16 位字长的指令和 20 位字长的指令各有什么优缺点？哪种方案较好？

(2) 如果选用 20 位的指令字长，基址寄存器还有保留的必要吗？

【解】(1) 采用 16 位字长的指令，原则上讲，优点是节省硬件(包括 CPU 中的通用寄存器组，ALU 与主存储器，MDR)，缺点是指令字长较短，操作码字段不会很长，所以指令条数受到限制。另一方面，为了在有限的字段内确定操作数地址，可能要采用较复杂的寻址方式，从而使指令执行的速度降低。当采用 20 位字长的指令结构时，其优缺点正好相反。

具体讲，按所给条件，16 位字长的指令格式方案如下：

15　　10	9　　8	7　　4	3　　0
OP	X_1	R_s	R_d

其中,OP 字段可指定 64 条指令,X_1 为寻址模式,与 R_1 通用寄存器组一起,形成一个操作数。具体如下:

$X_1=00$,寄存器直接寻址。

$X_1=01$,寄存器间接寻址,$E=(R_s)$。

$X_1=10$,基寻址方式 0,$E=(R_{b0})+(R_s)$。

$X_1=11$,基寻址方式 1,$E=(R_{b1})+(R_s)$。

其中,R_{b0},R_{b1} 分别为两个 20 位的基值寄存器。

20 位字长指令格式方案如下:

6	3	4	3	4
OP	X_1	R_s	X_2	R_d

其中,OP 占 6 位,64 条指令,X_1,X_2 分别为两组寻址模式,分别与 R_s 和 R_d 通用寄存器组组成双操作数字段。由于 X_1,X_2 各占 3 位,可指定 8 种寻址方式,其指令格式结构类似于 PDP-11 机双操作数指令格式。

(2) 如果选用 20 位的指令字长,则基地址寄存器没有必要保留。因为通用寄存器长度为 20 位,足以覆盖 1M 字的主存空间。

9. 设某指令系统指令字长为 16 位,地址码为 4 位。试设计指令格式,使该系统中有 11 条三地址指令、70 条二地址指令和 150 条单地址指令。并指明该系统中最多还可以有多少条零地址指令。

【解】 三地址指令地址码需占 12 位,故操作码字段应有 4 位。OP=0000～1010。

二地址指令地址码需占 8 位,操作码字段应有 8 位。

OP=1011 0000
……
1110 1111
1111 0000
……
1111 0101

} 16×4+6=70

单地址指令地址码需占 4 位,故操作码字段应有 12 位。

OP=11110110 0000
……
11111110 1111
11111111 0000
……
11111111 0101

} 16×9+6=150

三地址指令无需地址码,故操作码字段有 16 位。

OP=11111111 0110 0000
……
11111111 1111 1111

} 共 16×10=160 条

第5章 中央处理器

5.1 选择题

1. 中央处理器是指______。

A. 运算器　B. 控制器　C. 运算器、控制器、cache　D. 运算器、控制器、主存

2. 在CPU中跟踪指令后继地址的寄存器是______。

A. 主存地址寄存器　B. 程序计数器　C. 指令寄存器　D. 状态条件寄存器

3. 操作控制器的功能是______。

A. 产生时序信号

B. 从主存取出一条指令

C. 完成指令操作码译码

D. 从主存取出指令，完成指令操作码译码，产生有关的操作控制信号。

4. 指令周期是指______。

A. CPU从主存取出一条指令的时间

B. CPU执行一条指令的时间

C. CPU从主存取出一条指令加上执行这条指令的时间

D. 时钟周期时间

5. 由于CPU内部的操作速度较快，而CPU访问一次主存所花的时间较长，因此机器周期通常用______来规定。

A. 主存中读取一个指令字的最短时间　B. 主存中读取一个数据字的最长时间

C. 主存中写入一个数据字的平均时间　D. 主存中读取一个数据字的平均时间

6. 同步控制是______。

A. 只适用于CPU控制的方式　B. 只适用于外围设备控制的方式

C. 由统一时序信号控制的方式　D. 所有指令执行时间都相同的方式

7. 异步控制常用于______作为其主要控制方式。

A. 在单总线结构计算机中访问主存与外围设备时　B. 微型机的CPU控制器中

C. 硬联线控制的CPU中　D. 微程序控制器中

8. 请在以下叙述中选出两个正确描述的句子______。

A. 同一个CPU周期中，可以并行执行的微操作称为相容性微操作

B. 同一个CPU周期中，不可以并行执行的微操作称为相容性微操作

C. 同一个CPU周期中，可以并行执行的微操作称为相斥性微操作

D. 同一个CPU周期中，不可以并行执行的微操作称为相斥性微操作

9. 微程序控制器中，机器指令与微指令的关系是______。

A. 每一条机器指令由一条微指令来执行

B. 每一条机器指令由一段用微指令编成的微程序来解释执行

C. 一段机器指令组成的程序可由一条微指令来执行

D. 一条微指令由若干条机器指令组成

10. 为了确定下一条微指令的地址,通常采用断定方式,其基本思想是______。

A. 用程序计数器 PC 来产生后继续微指令地址

B. 用微程序计数器 μPC 来产生后继微指令地址

C. 通过微指令控制字段由设计者指定或者由设计者指定的判别字段控制产生后继微指令地址

D. 通过指令中指定一个专门字段来控制产生后继微指令地址

11. 假设微操作控制信号用 C_n 表示,指令操作码译码器输出用 I_m 表示,节拍电位信号用 M_k 表示,节拍脉冲信号用 T_i 表示,状态反馈信息用 B_i 表示,则硬联线控制器的基本原理可描述为______,它可用门电路和触发器组成的树型网络来实现。

A. $C_n=f(I_m,T_i)$　　B. $C_n=f(I_m,B_i)$

C. $C_n=f(M_k,T_i,B_i)$　　D. $C_n=f(I_m,M_k,T_i,B_i)$

12. 流水 CPU 是由一系列称为“段”的处理线路所组成,和具有 m 个并行部件的 CPU 相比,一个 m 段流水 CPU ______。

A. 具备同等水平的吞吐能力　　B. 不具备同等水平的吞吐能力

C. 吞吐能力大于前者的吞吐能力　　D. 吞吐能力小于前者的吞吐能力

13. 下面描述的 RISC 机器基本概念中正确的句子是______。

A. RISC 机器不一定是流水 CPU　　B. RISC 机器一定是流水 CPU

C. RISC 机器有复杂的指令系统　　D. CPU 配备很少的通用寄存器

14. 描述流水 CPU 基本概念中正确的句子是______。

A. 流水 CPU 是以空间并行性为原理构造的处理器

B. 流水 CPU 一定是 RISC 机器

C. 流水 CPU 一定是多媒体 CPU

D. 流水 CPU 是一种非常经济而实用的时间并行技术

15. 描述多媒体 CPU 基本概念中不正确的是______。

A. 多媒体 CPU 是带有 MMX 技术的处理器

B. MMX 是一种多媒体扩展结构

C. MMX 指令集是一种 MIMD(多指令流多数据流)的并行处理指令

D. 多媒体 CPU 是以超标量结构为基础的 CISC 机器

16. 下列部件中不属于控制器的部件是______。

A. 指令寄存器　　B. 操作控制器

C. 程序计数器　　D. 状态条件寄存器

17. 下列部件中不属于执行部件的是______。

A. 控制器　　B. 存储器

C. 运算器　　D. 外围设备

18. 计算机操作的最小时间单位是______。

A. 时钟周期　　B. 指令周期

C. CPU 周期　　D. 微指令周期

19. 就微命令的编码方式而言，若微操作命令的个数已确定，则______。

A. 直接表示法比编码表示法的微指令字长短

B. 编码表示法比直接表示法的微指令字长短

C. 编码表示法与直接表示法的微指令字长相等

D. 编码表示法与直接表示法的微指令字长大小关系不确定

20. 下列说法中正确的是______。

A. 微程序控制方式和硬联线控制方式相比较，前者可以使指令的执行速度更快

B. 若采用微程序控制方式，则可用 μPC 取代 PC

C. 控制存储器可以用掩模 ROM、E^2PROM 或闪速存储器实现

D. 指令周期也称为 CPU 周期

21. 下列表述中，微指令结构设计不追求的目标是______。

A. 提高微程序的执行速度　　B. 提高微程序设计的灵活性

C. 缩短微指令的长度　　D. 增大控制存储器的容量

参考答案：

1. C　**2.** B　**3.** D　**4.** C　**5.** A　**6.** C　**7.** A　**8.** A，D　**9.** B
10. C　**11.** D　**12.** A　**13.** B　**14.** D　**15.** C，D　**16.** D　**17.** A
18. A　**19.** B　**20.** C　**21.** D

5.2 分析题

1. 如果组成寄存器的 D 触发器要求节拍电位 M 和节拍脉冲 T_i 采用高电平符合，试说明在图 5.1 的节拍电位 M 和节拍脉冲 T_i 的时间配合方案中，哪个方案最好？哪个方案欠佳？哪个方案不能使用？为什么？

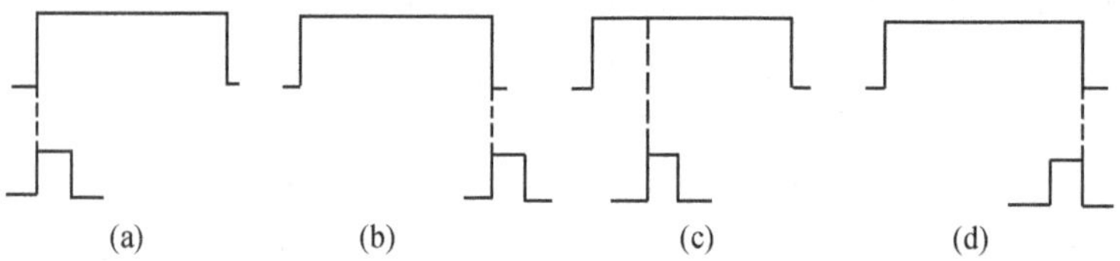

图 5.1

【解】最好的方案是(d)，欠佳的方案是(c)，不能使用的方案是(a)和(b)。这是因为寄存器工作采用电位-脉冲相配合的体制，要使数据可靠地打入到寄存器，电位信号必须先稳定地建立，然后时钟打入信号到来时将数据打入寄存器。据此原因，方案(a)和(b)是不能使用的。方案(c)和(d)中之所以(c)欠佳，是因为一个节拍电位的前半部时间多用来进行运算器的运算，考虑到加法器的进位延迟以及传输通路中的门的延迟，所以电位信号 M 的建立需要一定的时间，过早地发出打入信号(即节拍脉冲 T_i)，有可能使寄存器没有装入真正需要的数据。

2. 某时序产生器的主要逻辑电路如图 5.2(a)所示，ϕ 为脉冲时钟源输出的方波脉冲

(频率为 10MHz)，$C_1 \sim C_4$ 为 D 触发器，$T_1 \sim T_4$ 为四个输出的节拍脉冲。

(1) 试画出 C_4，C_1，C_2，C_3 各触发器 Q 端波形和 $T_1 \sim T_4$ 的波形(要求两个 CPU 周期，并说明脉冲宽度)。

(2) 如果要产生 $T_1 \sim T_5$ 五个等间隔的节拍脉冲，问电路如何改进？

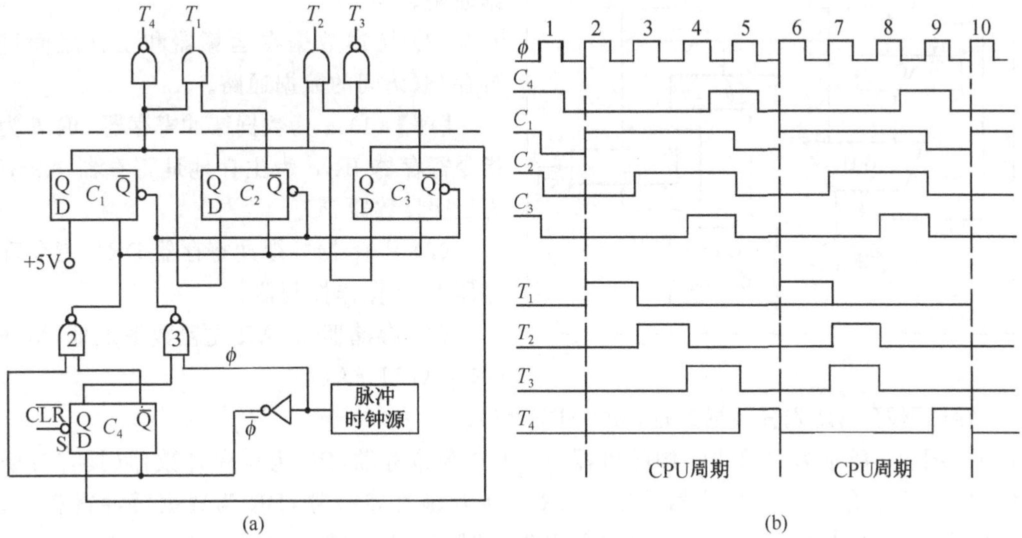

图 5.2

【解】(1) 图 5.2(a)中的主要电路是一个环形脉冲发生器，它采用循环移位寄存器形式。

当总清信号$\overline{CLR}$使触发器 C_4 置"1"时，门 3 打开，第一个正脉冲ϕ通过门 3 使触发器 $C_1 \sim C_3$ 清"0"。由于时钟源输出 10MHz(脉冲宽度 100ns)，故经过半个主脉冲周期(50ns)的延迟，触发器 C_4 由"1"状态翻到"0"状态，再经半个主脉冲周期的延迟后，第二个正脉冲的上升沿作移位信号，使触发器 $C_1 \sim C_3$ 变为"100"状态。此后第二个$\overline{\phi}$，第三个$\overline{\phi}$连续通过门 2 形成移位信号，使 $C_1 \sim C_3$ 相继变为"110"、"111"状态，其过程如图 5.2(b)所示。

当 C_3 变为"1"状态时(对应第 4 个正脉冲)，其状态反映到 C_4 的 D 端，因而在第 4 个正脉冲下沿又将 C_4 置"1"，门 3 复又打开，第 5 个正脉冲通过门 3 又形成清"0"脉冲，将 $C_1 \sim C_3$ 清零。于是下一个循环再度开始。

$T_1 \sim T_4$ 是四个输出节拍脉冲。根据已知条件，其译码逻辑表达式为

$$T_1 = C_1 \cdot \overline{C_2}, \qquad T_2 = C_2 \cdot \overline{C_3}$$

$$T_3 = C_3, \qquad T_4 = \overline{C_1}$$

由此也可画出它们的时序关系波形，如图 5.2(b)所示。可以看出，这是四个等间隔宽度的脉冲，每一个脉冲宽度为 100ns。

(2) 如果要产生五个等间隔的节拍脉冲 $T_1 \sim T_5$，则只需在移位寄存器 C_3 的后面加一个触发器 C_n，由 C_n 的 Q 端输出连至 C_4 的 D 端即可。此时，$T_1 \sim T_5$ 的译码逻辑表达式应作适当变化。

3. CPU 结构如图 5.3 所示，其中有一个累加寄存器 AC、一个状态条件寄存器和其他

四个寄存器，各部分之间的连线表示数据通路，箭头表示信息传送方向。

（1）标明图中四个寄存器的名称。

（2）简述指令从主存取到控制器的数据通路。

（3）简述数据在运算器和主存之间进行存/取访问的数据通路。

【解】（1）a 为数据缓冲寄存器 DR，b 为指令寄存器 IR，c 为主存地址寄存器 AR，d 为程序计数器 PC。

（2）主存 M→缓冲寄存器 DR→指令寄存器 IR→操作控制器。

（3）存储器读：AR 先置数据地址，M→DR→ALU→AC。

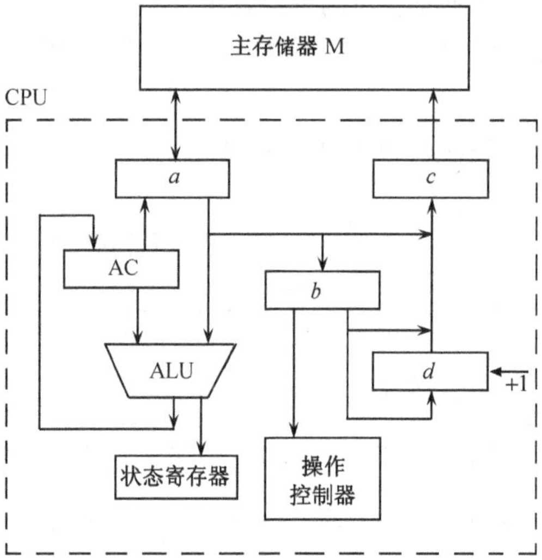

图 5.3

存储器写：AR 先置数据地址，AC→DR→M。

4. 图 5.4 所示为双总线结构的机器，IR 为指令寄存器，PC 为程序计数器（具有自增功能），M 为主存（受 $R/\overline{W}$ 信号控制），AR 为主存地址寄存器，DR 为数据缓冲寄存器，ALU 由＋、－控制信号决定可完成何种操作，控制信号 G 控制的是一个门电路。另外，线上标注有控制信号，例如，Y_i 表示 Y 寄存器的输入控制信号，R_{1o}为寄存器 R_1 的输出控制信号。未标字符的线为直通线，不受控制。

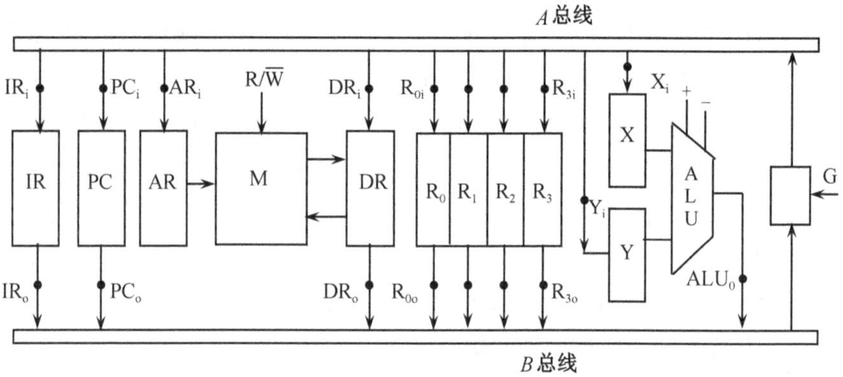

图 5.4

“SUB　R1，R3”指令完成$(R_3)-(R_1)\to R_3$ 的功能操作，画出其指令周期流程图，并列出相应的微操作控制信号序列。

【解】“SUB　R1，R3”指令是一条减法指令，其指令周期流程图如图 5.5 所示。

5. 已知条件同第 4 题图 5.4。现将主存 M 作为数据存储器 DM，另外增加一个指令存储器 IM，请修改数据通路，画出“SUB　R1，R3”指令周期流程图。

【解】提示：用 PC 作为 IM 的地址寄存器（PC 具有自增功能），IM 的输出连到 IR 上，可缩短“取指周期”。数据通路和指令周期流程图由读者自行完成。

6. 已知条件同第 4 题图 5.4。如果在第 5 题的基础上进一步缩短“执行周期”，请修改数据通路，画出“SUB　R1, R3”指令周期流程图。

【解】提示：将通用寄存器 $R_0 \sim R_3$ 的输出通过多路开关或三态门与暂存器 X 和 Y 直接相连，可缩短 SUB 指令的执行周期。请读者自行完成。

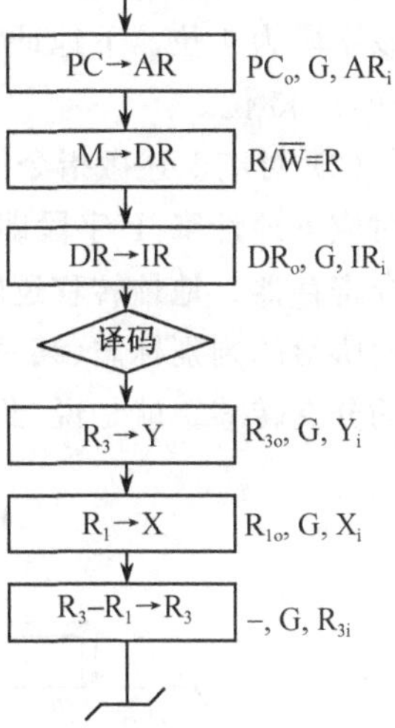

图 5.5

7. 图 5.6 所示的处理机逻辑框图中，有两条独立的总线和两个独立的存储器。已知指令存储器 IM 最大容量为 16384 字（字长 18 位），数据存储器 DM 最大容量是 65536 字（字长 16 位）。各寄存器均有“打入”（R_{in}）和“送出”（R_{out}）控制命令，但图中未标注出。

请指出下列各寄存器的位数：

程序计数器 PC，指令寄存器 IR，累加器 AC_0 和 AC_1，通用寄存器 $R_0 \sim R_3$，指令存储器地址寄存器 IAR，指令存储器数据寄存器 IDR，数据存储器地址寄存器 DAR，数据存储器数据寄存器 DDR。

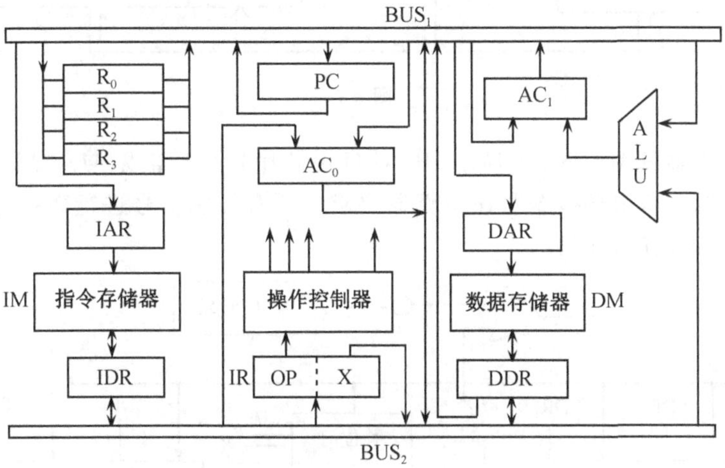

图 5.6

【解】 PC＝14 位　　IR＝18 位

AC_0＝AC_1＝16 位　　$R_0 \sim R_3$＝16 位

IAR＝14 位　　IDR＝18 位

DAR＝16 位　　DDR＝16 位

8. 已知某机采用微程序控制方式，其控制存储器容量为 512×48（位）。微程序可在整个控制存储器中实现转移，可控制微程序转移的条件共 4 个，微指令采用水平型格式，后继微指令地址采用多路转移方式，如下图所示。

微命令字段	判别测试字段	下地址字段
←操作控制→	←顺序控制	→

（1）微指令中的三个字段分别应为多少位？

（2）画出对应这种微指令格式的微程序控制器逻辑框图。

【解】(1) 假设判别测试字段中每一位作为一个判别标志,那么由于有 4 个转移条件,故该字段为 4 位。下地址字段为 9 位,因为控存容量为 512 单元。微命令字段则是(48－4－9)＝35 位。

(2) 对应上述微指令格式的微程序控制器逻辑框图如图 5.7 所示。其中微地址寄存器对应下地址字,P 字段即为判别测试字段,控制字段即为微命令字段,后两部分组成微指令寄存器。地址转移逻辑的输入是指令寄存器的 OP 码、各种状态条件以及判别测试字段所给的判别标志(某一位为 1),其输出修改微地址寄存器的适当位数,从而实现微程序的分支转移。就是说,此处微指令的后继地址采用断定方式。

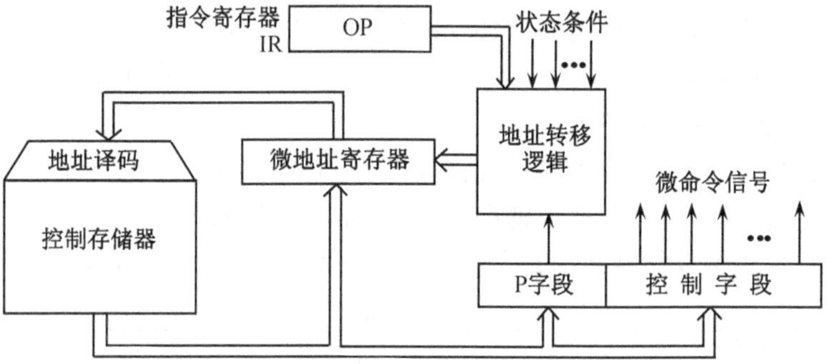

图 5.7

9. 某机运算器框图如图 5.8 所示,其 ALU 由芯片 74181 组成,$M_1 \sim M_3$ 为多路开关,采用微程序控制。若用微指令对该运算器要求的所有控制信号进行微指令编码格式设计,列出各控制字段的编码表。

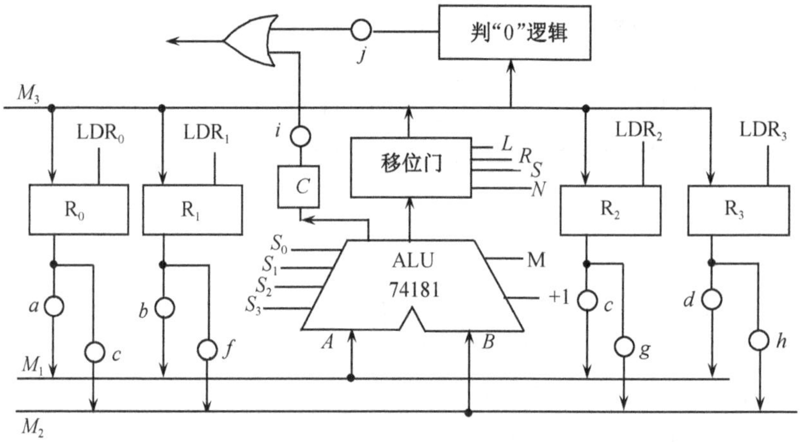

图 5.8

【解】图 5.8 中共有 24 个控制信号。当 24 个控制信号全部用微指令产生时,可采用字段译码法进行编码控制。采用的微指令格式如下(其中目的操作数字段与打入信号段可以合并公用,后者加上节拍脉冲控制即可):

3 位	3 位	5 位	4 位	3 位	2 位	
×××	×××	×××××	××××	×××	××	
目的操作数	源操作数	运算操作	移位操作	直接控制	判别字段	下址字段

各个字段的编码如表 5.1 所示。

表 5.1

目的操作数字段	源操作数字段	运算操作字段	移位操作字段	直接控制字段
001 a， LDR_0	001 e	$MS_0S_1S_2S_3$	LRSN	i，j，+1
010 b， LDR_1	010 f			
011 c， LDR_2	001 g			
100 d， LDR_3	100 h			

10. 图 5.9 示出 7 条指令的微程序流程图，其中一个方框表示一条微指令，框内字母代表微命令码。微指令地址采用断定方式并规定用 7 位二进制数表示(用八进制写出)，$P(i)$为判别测试标志，其值由微指令中转移控制字段给出，具体含义如下。

$P(0)$：按微指令下址字段执行下一条微指令

$P(1)$：按指令寄存器 IR_7，IR_6，IR_5 修改微地址寄存器后 3 位并按新地址执行下一条微指令

$P(5)$：按进位标志 C_i 修改微地址寄存器最高位并按新地址执行下一条微指令

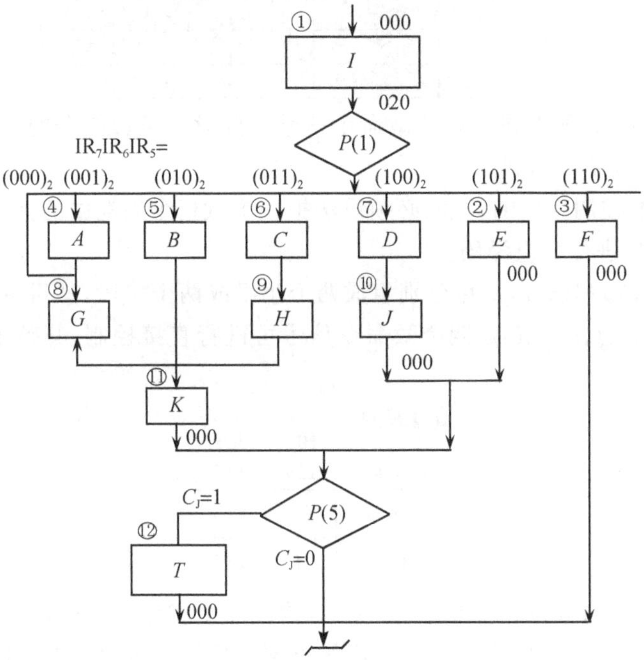

图 5.9

要求：(1) 按微指令①的微地址为起始条件，标出全部微指令的微地址(标在方框右上角)。

(2) 对标定①、②、③、⑧、⑫的五条微指令，列表写出每条微指令在控存中的地址以及每条微指令的内容。

【解】(1) ①000　②025　③026　④021　⑤022　⑥023　⑦024

⑧020　　⑨、⑩、⑪随意（但必须在控存的容量范围之内）　　⑫100

（2）五条微指令在 CM 中的地址及每条微指令内容如表 5.2 所示。

表 5.2

微指令序号	微地址	微指令组成		
		微命令码	判别标志 $P(i)$	下地址
①	000	I	1	020
②	025	E	5	000
③	026	F	0	000
⑧	020	G	0	随意
⑫	100	T	0	000

11. 某机有 8 条微指令 $I_1 \sim I_8$，每条微指令所包含的微命令控制信号如表 5.3 所示。

表 5.3

微指令	微命令信号									
	a	b	c	d	e	f	g	h	i	j
I_1	✓	✓	✓	✓	✓					
I_2	✓			✓		✓	✓			
I_3			✓						✓	
I_4				✓						
I_5			✓		✓		✓		✓	
I_6	✓							✓		✓
I_7			✓	✓				✓		
I_8	✓	✓						✓		

$a \sim j$ 分别对应 10 种不同性质的微命令信号。假设一条微指令的控制字段为 8 位，请安排微指令的控制字段格式。

【解】为了压缩控制字段的长度，必须设法把一个微指令周期中的互斥性微命令信号组合在一个小组中，进行分组译码。

经分析，(e,f,h)和(b,i,j)可分别组成两个小组或两个字段，然后进行译码，可得六个微命令信号，剩下的 a,c,d,g 四个微命令信号可进行直接控制，其整个控制字段组成如下所示：

直接控制 $a\ c\ d\ g$	01e 10f 11h	01b 10i 11j
××××	××	××
4 位	2 位	2 位

12. 某 32 位机共有微操作控制信号 52 个，构成 5 个相斥类的微命令组，各组分别包含 4 个、5 个、8 个、15 个和 20 个微命令。已知可判定的外部条件有 CY 和 ZF 两个，微指令字长 29 位。

（1）给出采用断定方式的水平型微指令格式。

（2）控制存储器的容量应为多少位？

【解】（1）微指令的格式如下所示（注意各控制字段中应包含一种不发出命令的情况，条件测试字段包含一种不转移的情况）。

D_{28} — D_{26}	D_{25} — D_{23}	D_{22} — D_{19}	D_{18} — D_{15}	D_{14} — D_{10}	D_9 D_8	D_7 — D_0
4个微命令	5个微命令	8个微命令	15个微命令	20个微命令	条件测试字段	下一地址字段
3位	3位	4位	4位	5位	2位	8位

(2) 控存容量为 $2^8 \times 29 = 256 \times 29$

13. 在流水处理中，把输入的任务分割为一系列子任务，并使各子任务在流水线的各个过程段并发地执行，从而使流水处理具有更强大的数据吞吐能力。请用定量分析法证明这个结论的正确性。

【解】衡量并行处理器性能的一个有效参数是数据带宽(最大吞吐量)，它定义为单位时间内可以产生的最大运算结果数。

设 P_1 是有总延迟时间 t_1 的非流水处理器，故其带宽为 $1/t_1$。

又设 P_m 是相当于 P_1 的 m 段流水处理器。其中每一段处理线路具有相同的延迟时间 t_C 和缓冲寄存器延迟时间 t_R，故 P_m 的带宽为

$$W_m = \frac{1}{t_C + t_R}$$

如果 P_m 是将 P_1 划分成相同延迟的若干段形成的，则 $t_1 \approx m t_C$，因此 P_1 的带宽为

$$W_1 = \frac{1}{m t_C}$$

可见，当条件 $m t_C > t_C + t_R$ 满足时，$W_m > W_1$，即 P_m 比 P_1 具有更强的带宽。

14. 流水线中有三类数据相关冲突：写后读(RAW)相关；读后写(WAR)相关；写后写(WAW)相关。判断以下三组指令各存在哪种类型的数据相关。

(1)	I_1	ADD R1,R2,R3	;$(R_2+R_3) \rightarrow R_1$
	I_2	SUB R4,R1,R5	;$(R_1-R_5) \rightarrow R_4$
(2)	I_3	STA M(x),R3	;$(R_3) \rightarrow M(x)$，M(x)是存储器单元
	I_4	ADD R3,R4,R5	;$(R_4+R_5) \rightarrow R_3$
(3)	I_5	MUL R3,R1,R2	;$(R_1) \times (R_2) \rightarrow R_3$
	I_6	ADD R3,R4,R5	;$(R_4+R_5) \rightarrow R_3$

第(1)组指令中，I_1 指令运算结果应先写入 R_1 然后在 I_2 指令中读出 R_1 内容。由于 I_2 指令进入流水线，变成 I_2 指令在 I_1 指令写入 R_1 前就读出 R_1 内容，发生 RAW 相关。

第(2)组指令中，I_3 指令应先读出 R_3 内容并存入存储单元 M(x)，然后在 I_4 指令中将运算结果写入 R_3。但由于 I_4 指令进入流水线，变成 I_4 指令在 I_3 指令读出 R_3 内容前就写入 R_3，发生 WAR 相关。

第(3)组指令中，如果 I_6 指令的加法运算完成时间早于 I_5 指令的乘法运算时间，变成指令 I_6 在指令 I_5 写入 R_3 前就写入 R_3，导致 R_3 的内容错误，发生 WAW 相关。

15. 设某处理器具有五段指令流水线：IF(取指令)、ID(指令译码及取操作数)、EXE(ALU 执行)、MEM(存储器访问)和 WB(结果寄存器写回)。现由该处理器执行如下的指令序列：

(a)SUB　R2,R1,R3　;$R_2 \leftarrow R_1 - R_3$

(b)ADD　R12,R2,R5　;$R_{12} \leftarrow R_2 + R_5$

(c)OR　R13,R6,R2　;$R_{13} \leftarrow R_6$ or R_2

(d)AND　R14,R5,R2　;$R_{14} \leftarrow R_5$ and R_2

(e)ADD　R15,R3,R2　;$R_{15} \leftarrow R_3 + R_2$

问:(1) 如果不对这些指令之间的数据相关性进行特殊处理而允许这些指令进入流水线,哪些指令将从未准备好数据的 R2 寄存器取到错误的操作数?

(2) 假定采用将相关指令延迟到所需操作数被写回寄存器堆时执行的方式解决数据相关问题,那么处理器执行这五条指令需要占用多少时钟周期?

【解】(1) 由表 5.4(a)可以看出,如果不采取特殊措施,则指令(b),(c),(d)将取到错误的操作数。

表 5.4(a)

时钟周期	1	2	3	4	5	6	7	8	9
SUB	IF	ID	EXE	MEM	WB				
ADD		IF	ID	EXE	MEM	WB			
OR			IF	ID	EXE	MEM	WB		
AND				IF	ID	EXE	MEM	WB	
ADD					IF	ID	EXE	MEM	WB

(2) 由表 5.4(b)可以看出,从第一条指令进入流水线到最后一条指令离开流水线共需 12 个时钟周期。

表 5.4(b)

时钟周期	1	2	3	4	5	6	7	8	9	10	11	12
SUB	IF	ID	EXE	MEM	WB							
ADD		IF	ID			ID	EXE	MEM	WB			
OR			IF				ID	EXE	MEM	WB		
AND				IF				ID	EXE	MEM	WB	
ADD					IF				ID	EXE	MEM	WB

16. 指令流水线有取指(IF)、译码(ID)、执行(EX)、访存(MEM)、写回寄存器堆(WB)五个过程段,共有 8 条指令连续输入此流水线。

(1) 画出流水处理的时空图,假设时钟周期 100ns。

(2) 求流水线的实际吞吐率(单位时间里执行完毕的指令数)。

(3) 求流水处理器的加速比。

【解】(1) 8 条指令连续进入流水线的时空图如图 5.10 所示。

(2) 流水线在 12 个时钟周期中执行完 8 条指令,故实际吞吐率为

$$\frac{8}{12\times 100\text{ns}}=\frac{2}{3}\times 10^{7}\text{ 条指令/s}$$

(3) k 级流水线处理 n 个任务所需的时钟周期数为

$$T_k=k+(n+1)$$

非流水处理器处理 n 个任务所需的时钟周期周期数为

$$T_e=nk$$

k 级流水线处理器的加速比为

$$C_k=\frac{T_e}{T_k}=\frac{nk}{k+(n-1)}$$

代入已知数据 $n=8,k=5$，

$$C_k=\frac{8\times 5}{5+11}=\frac{40}{16}=2.5$$

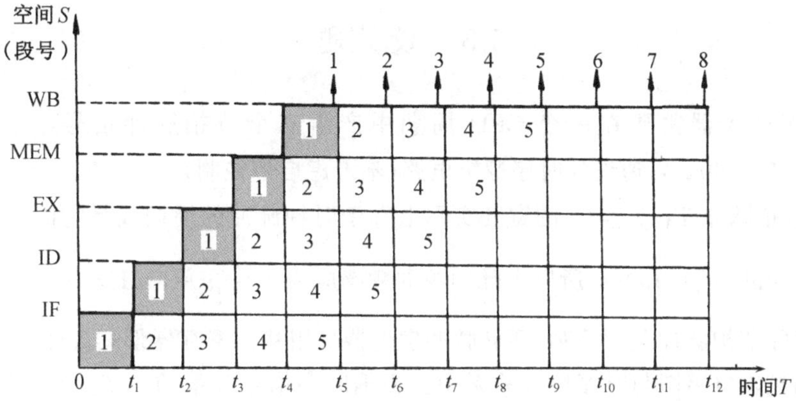

图 5.10

17. 假设一条指令的指令周期分为取指令、指令译码、执行指令三个子过程段，且这三个子过程延迟时间相等，即每个子过程延迟时间都为 T。假设某程序共同 $n=10000$ 条指令，请写出如下两种情况下 CPU 执行该程序所需的时间，画出时空图。

(1) 指令顺序执行方式。

(2) 指令流水执行方式。

【解】(1) 指令顺序执行方式如图 5.11 所示。

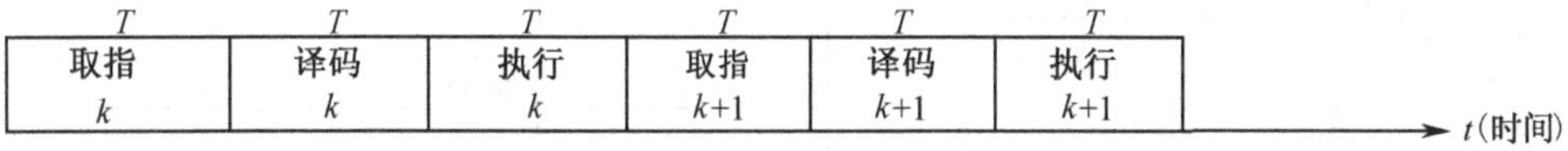

图 5.11　指令顺序执行方式

执行 n 条指令的总时间为 $t=3T\times n=3nT=30000T$

(2) 指令流水执行方式如图 5.12 所示。

执行 n 条指令的总时间为

$2T$ 时间延迟后，CPU 流水线中同时有 3 条指令在执行，故

$$t = 2T + nT = (n+2)T = (10000+2)T$$

其中,$2T$ 是填满流水线的时间。

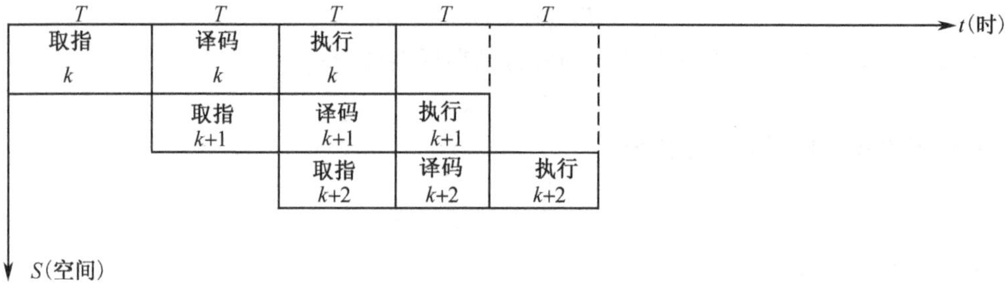

图 5.12 指令流水执行方式

5.3 设计题

1. 时序产生器需要在一个 CPU 周期中产生三个节拍脉冲信号:T_1(200ns),T_2(400ns),T_3(200ns),请设计时序逻辑电路(不考虑启停控制)。

【解】节拍脉冲 T_1,T_2,T_3 的宽度实际上等于时钟脉冲的周期或是它的倍数。此处 $T_1 = T_3 = 200\text{ns}$,$T_2 = 400\text{ns}$,所以主脉冲源的频率应为 $f = \frac{1}{T_1} = 5\text{MHz}$。

为了消除节拍脉冲上的毛刺,环形脉冲发生器采用移位寄存器形式。图 5.13 画出了题目要求的逻辑电路图与时序信号关系图。根据时序信号关系,T_1,T_2,T_3 三个节拍脉冲的逻辑表达式如下:

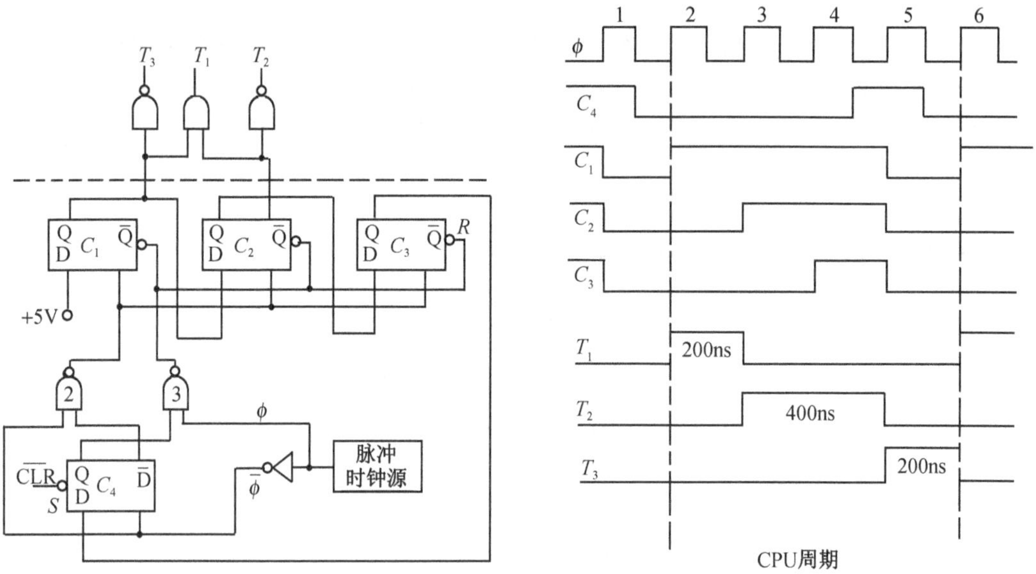

图 5.13

$$T_1=C_1\cdot\overline{C_2},\qquad T_2=C_2,\qquad T_3=\overline{T_1}$$

T_1 用与门实现，T_2 和 T_3 则用 C_2 的 $\overline{Q}$ 端和 C_1 的 Q 端加非门实现，其目的在于保持信号输出时延迟时间的一致性并与环形脉冲发生器隔离。

2. CPU 的数据通路如图 5.14 所示。运算器中 $R_0 \sim R_3$ 为通用寄存器，DR 为数据缓冲寄存器，PSW 为状态字寄存器。D-cache 为数据存储器，I-cache 为指令存储器，AR 为地址寄存器，PC 为程序计数器(具有加 1 功能)，IR 为指令寄存器。单线箭头信号均为微操作控制信号(电位或脉冲)，例如 LR0 表示读出 R_0 寄存器，SR_0 表示写入 R_0 寄存器。

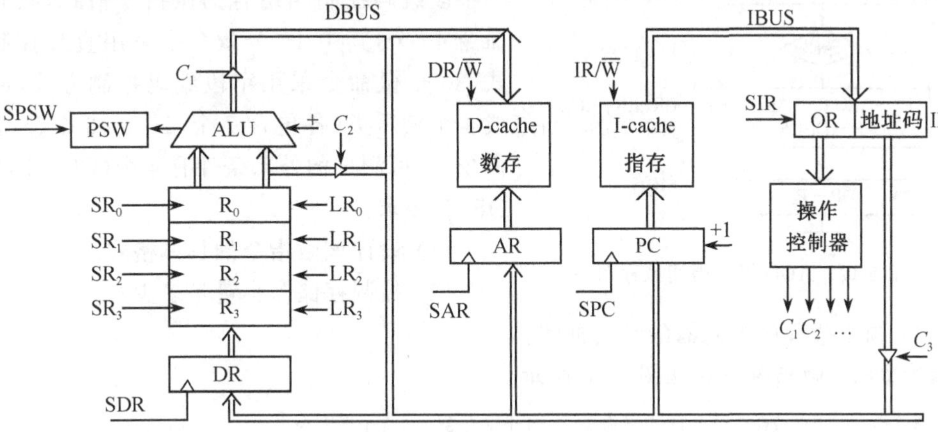

图 5.14　CPU 数据通路

机器指令"LDA　(R3)，R0"实现的功能是以(R_3)的内容为数存单元地址，读出数存该单元中的数据到 R_0 中。请设计该指令周期流程图，并在 CPU 周期框外写出所需的微操作控制信号(设一个 CPU 周期有 $T_1 \sim T_4$ 四个时钟周期信号，寄存器打入信号须注明时钟信号)。

【解】"LDA　(R3)，R0"指令周期流程图如图 5.15 所示，由 3 个 CPU 周期组成。

3. 已知条件与第 2 题相同。

机器指令"STO　R1，(R2)"实现的功能是：将寄存器 R_1 中的数据写到以(R_2)为地址的数存单元中。请设计该存数指令的指令周期流程图，并在 CPU 周期框外写出所需的微操作控制信号(一个 CPU 周期含 4 个时钟信号 $T_1 \sim T_4$，寄存器打入信号须注明 T_i 时序)。

【解】"STO　R1，(R2)"指令周期流程图见图 5.16 所示，由 3 个 CPU 周期组成。

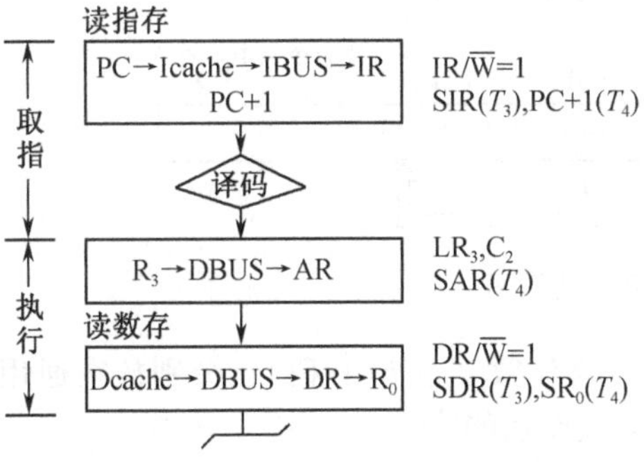

图 5.15　LDA 指令周期流程图

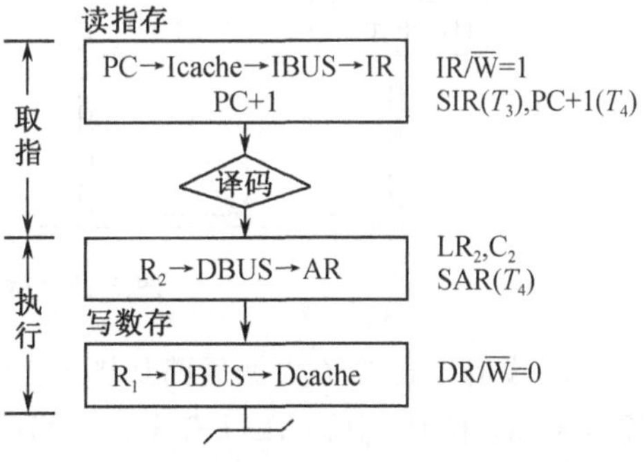

图 5.16　STO 指令周期流程图

4. 已知条件与第 2 题相同。

机器指令“ADD　R2,R0”实现的功能是：将 R_2 和 R_1 的数据进行相加，求和结果打入到寄存器 R_0 中，请设计 ADD 指令的指令周期流程图，并在 CPU 周期外写出所需的微操作控制信号(标明时序 T_i)。

【解】“ADD　R2,R0”指令周期流程图如图 5.17 所示，由 3 个 CPU 周期组成。

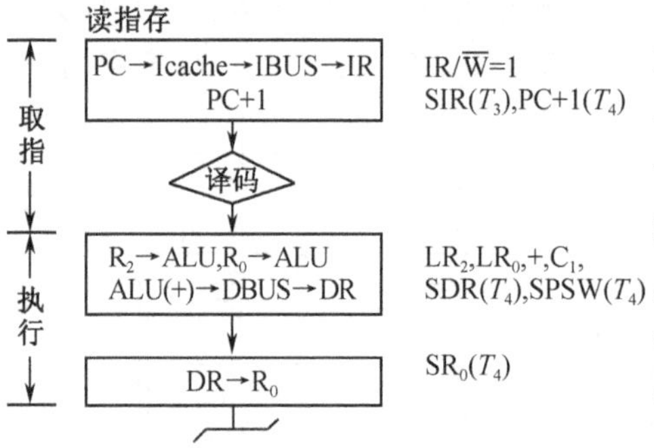

图 5.17　ADD 指令周期流程图

5. 某机字长 32 位，控制器采用微程序控制方式，微指令字长 32 位，采用水平型直接控制与字段编码控制相结合的微指令格式，共有微命令 40 个，其中 10 个微命令采用直接控制方式，30 个微命令采用字段编码控制方式，共构成 4 个相斥类(各包含 7 个、15 个、3 个、5 个微命令)。可测试的外部条件有 4 个(CF,ZF,SF,OF)。要求：

(1) 设计该微指令的具体格式。

(2) 控制存储器容量是多少？

(3) 画出微程序控制器的结构框图。

【解】(1) 微指令格式如图 5.18 所示。

10 个微命令	7 个微命令	15 个微命令	3 个微命令	5 个微命令	$P_1 \sim P_4$	
直接控制	编码控制	编码控制	编码控制	编码控制	判别字段	下址字段
10 位	3 位	4 位	2 位	3 位	3 位	7 位

图 5.18　微指令格式

(2) 微指令字长 32 位，控制字段共 22 位，判别字段 3 位，因此下址字段为 32－(22＋3)＝7 位，控制存储器容量为 2^7＝128 个单元。

(3) 微程序控制器结构框图如图 5.19 所示。

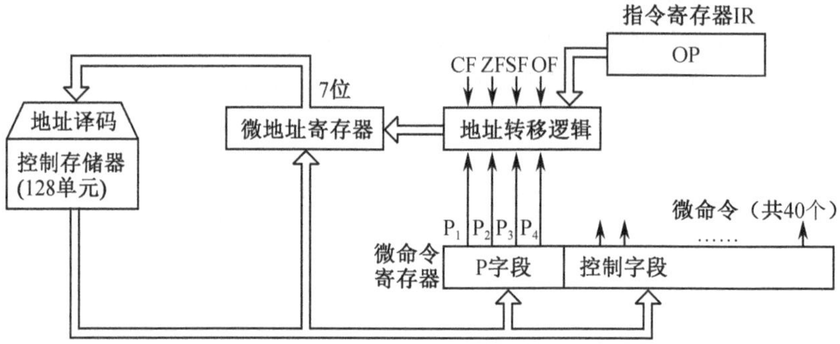

图 5.19　微程序控制器结构框图

6. 设有一运算器数据通路如图 5.20 所示，假设操作数 a 和 b(补码)已分别放在通用寄存器 R_1 和 R_2 中。ALU 有＋、－、M(传送)三种操作功能。

(1) 指出相容性微操作和相斥性微操作。

(2) 用字段直接译码法设计适用此运算器的微指令格式。

【解】(1) 相斥性微操作有如下五组：

移位器(R、L、V)

ALU(＋、－、M)

A 选通门的 4 个控制信号

B 选通门的 7 个控制信号

寄存器的输入与输出控制信号，即输入时不能输出，反之亦然

相容性微操作：

A 选通门的任一信号与 B 选通门控制信号

B 选通门的任一信号与 A 选通门控制信号

ALU 的任一信号与加 1 控制信号

寄存器的 4 个输入控制信号可以是相容性的

五组控制信号中组与组之间是相容性的

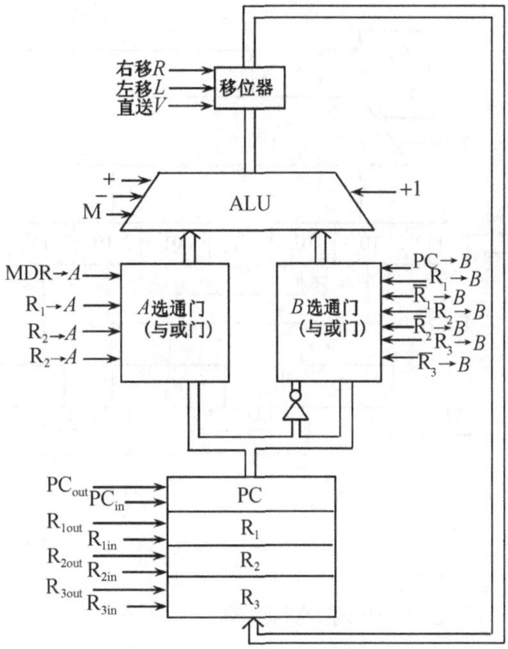

图 5.20

(2) 每一小组的控制信号由于是相斥性的，故可以采用字段直接译码法。微指令格式如下：

a	b	c	d	e	f
×××	×××	××	××	×	××××
3	3	2	2	1	4
001:MDR→A	001:PC→B	01:＋	01:R	1:＋1	0001:PC_{out}
010:R_1→A	010:R_1→B	10:－	10:L		0010:PC_{in}
011:R_2→A	011:$\overline{R_1}$→B	11:M	11:V		0011:R_{1out}
100:R_3→A	100:R_2→B				0100:R_{1in}
	101:$\overline{R_2}$→B				0101:R_{2out}
	110:R_3→B				0110:R_{2in}
	111:$\overline{R_3}$→B				0111:R_{3out}
					1000:R_{3in}

7. 运算器结构如图 5.21(a)所示，R_1，R_2，R_3 是三个寄存器，A 和 B 是两个三选一的多路开关，通路的选择分别由 AS_0、AS_1 和 BS_0、BS_0 端控制，如 BS_0BS_1＝11 时，选择 R_3，BS_0BS_1＝01 时，选择 R_1，……ALU 是算术/逻辑单元，S_1S_2 为它的两个操作控制端。其功能如下：

S_1S_2＝00 时，ALU 输出＝A

S_1S_2＝01 时，ALU 输出＝$A+B$

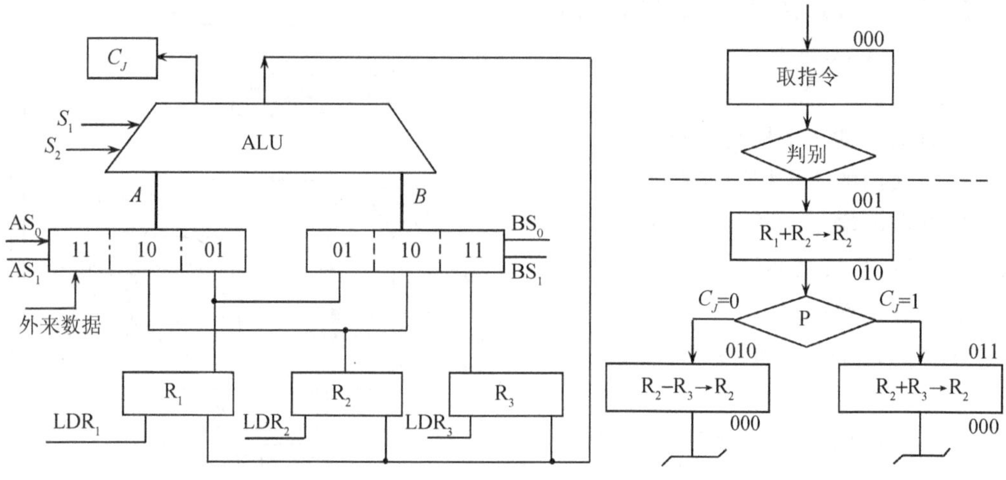

(a) (b)

图 5.21

$S_1S_2=10$ 时，ALU 输出$=A-B$

$S_1S_2=11$ 时，ALU 输出$=A \oplus B$

(1) 设计运算器通路控制的微指令格式。

(2) 假设 R_1 存放 a，R_2 存放 b，R_3 中存放修正量 3(0011)，试设计余三码编码的十进制加法微程序，并代码化。

【解】(1) 采用水平微指令格式，且用直接控制方式。顺序控制字段假设 4 位，其中一位判别测试位。

2 位	2 位	2 位	3 位	1 位	3 位
AS_0A_1	S_1S_2	BS_0BS_1	$LDR_1LDR_2LDR_3$	P	$\mu AR_1\mu AR_2\mu AR_3$
←直接控制→				←顺序控制→	

当 P=0 时，直接用 $\mu AR_1 \sim \mu AR_3$ 形成下一个微地址。

当 P=1 时，对 μAR_3 进行修改后形成下一个微地址。

(2) 余三码“十进制加法”微程序如图 5.21(b)所示。第一条微指令执行后判别有无进位。如进位标志 $C_1=1$，则和数中加上 3(0011)；如进位标志 $C_1=0$，则和数中减去 3。

每一条微指令的代码是：

001：	01	01	10	010	1	010
010：	10	10	11	010	0	000
011：	10	01	11	010	0	000

8. 图 5.22 给出了某机微程序控制器的部分微指令序列，图中，每一框代表一条微指令。分支点 a 由指令寄存器 IR_5，IR_6 两位决定，分支点 b 由条件码标志 C_0 决定。现采用

多路转移方式实现微程序的顺序控制，已知微地址寄存器长度为 8 位。要求：

（1）设计实现该微指令序列的微指令字顺序控制字段格式。

（2）给出每条微指令的二进制编码地址。

（3）画出微地址转移逻辑图。

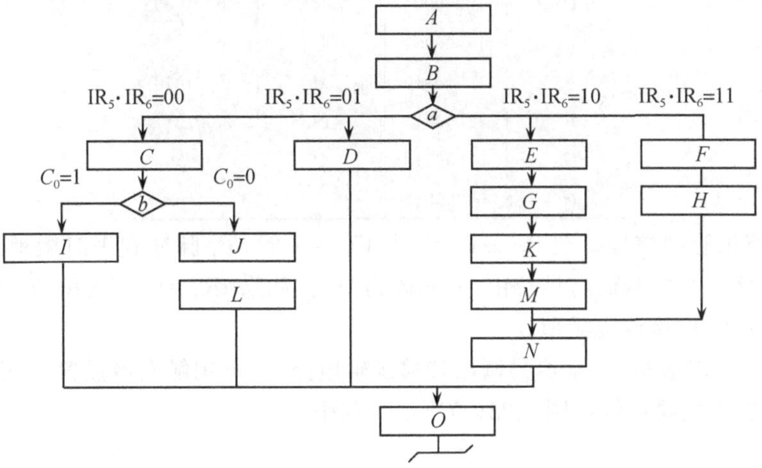

图 5.22

【解】（1）已知微地址寄存器长度为 8 位，故推知控存容量为 256 单元。所给条件中微程序有两处分支转移。如不考虑其他分支转移，则需要 2 位判别测试位 P_1，P_2（直接控制），故顺序控制字段共 10 位，其格式如下，μA_i 表示微地址寄存器的某一位。

P_1　　P_2	μA_1　$\mu A_2 \cdots \mu A_8$
判别字段	下址字段
2 位	8 位

（2）当 $P_1=0$，$P_2=0$ 时，由 $\mu A_1 \sim \mu A_8$ 寄存器的内容作为下一条微指令的地址。

当 $P_1=1$，$P_2=0$ 时，用判别标志 P_1 和指令寄存器 IR_5，IR_6 的内容来判别分支点 a 处的微程序转移。假定微指令 B 规定下地址字段为 10000000，并假定用 IR_5、IR_6 来修改微地址寄存器最后两位（μA_7，μA_8），于是 a 处得到四个转移地址：10000000（微指令 C），10000001（微指令 D），10000010（微指令 E），10000011（微指令 F）。

当 $P_1=0$、$P_2=1$ 时，用判别标志 P_2 和条件标志 C_0 来判别分支点 b 处的两路微程序转移。假定微指令 C 规定下地址字段为 11000000，并假定用 C_0 来修改 μA_6，于是 b 处得到 2 个转移地址：11000000（微指令 J），11000100（微指令 I）。

除 C，D，E，F，I，J 六条微指令的微地址需特殊安排外，其他各条微指令的微地址可随意安排，原则是微地址号不能重复，且在控存容量的限度之内。表 5.5 列出了每条微指令的二进制编码地址。

（3）转移逻辑表达式如下：

$$\mu A_8 = P_1 \cdot IR_6 \cdot T_i$$

$$\mu A_7 = P_1 \cdot IR_5 \cdot T_i$$

$$\mu A_6 = P_2 \cdot C_0 \cdot T_i$$

表 5.5

微指令	微地址	微指令	微地址
A	00000000	I	11000100
B	00000001	J	11000000
C	10000000	K	00001000
D	10000001	L	00001001
E	10000010	M	00001010
F	10000011	N	00001011
G	00000010	Q	00001100
H	00000011		

其中,T_i 为节拍脉冲信号。在 P_1 条件下,当 $IR_6=1$ 时,T_i 脉冲到来时微地址寄存器的第 8 位 μA_8 将置“1”,从而将该位由“0”修改为“1”。如果 $IR_6=0$,则 μA_8 的“0”状态保持不变。μA_7,μA_6 的修改也类似。

根据转移逻辑表达式,很容易画出转移逻辑电路图,可用触发器强置“1”端实现。

9. 某假想机主要部件如图 5.23(a)所示。其中:

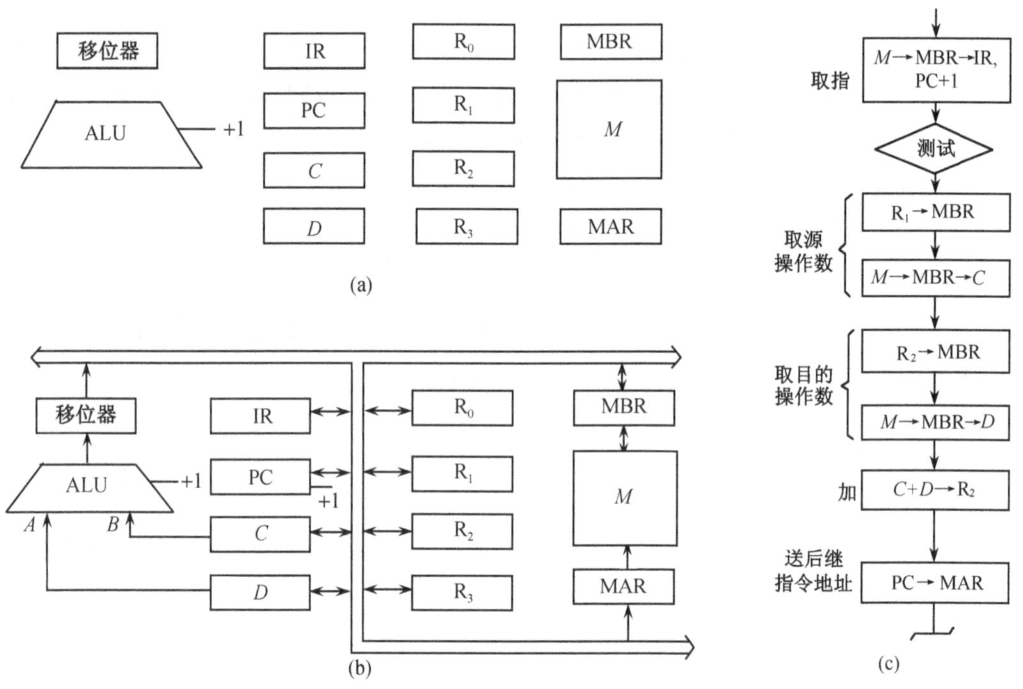

图 5.23

M——主存储器　　MBR——主存数据寄存器

IR——指令寄存器　　MAR——主存地址寄存器

PC——程序计数器　　$R_0 \sim R_3$——通用寄存器

C,D——暂存器

(1) 请补充各部件之间的主要连接线，并注明数据流动方向。

(2) 画出“ADD　R_1,(R_2)”指令周期流程图(含取指过程与确定后继指令地址)。该指令的含义是进行求和操作，源操作数在寄存器 R_1 中，目的操作数地址在 R_2 中，运算结果送往 R_2 中。

【解】(1) 将 C,D 两个暂存器直接接到 ALU 的 A,B 两个输入端上。与此同时，除 C,D 外，其余 8 个寄存器都双向接到单总线上，PC 本身应具有计数功能。其连接图示于图5.23(b)中。

(2) 根据图 5.23(b)的数据通路图，加法指令“ADD　R_1,(R_2)”的执行流程图如图 5.23(c)所示。

10. 运算器结构如图 5.24 所示，IR 为指令寄存器，R_1～R_3 是三个通用寄存器，其中任何一个可作为源寄存器或目标寄存器，A 和 B 是三选一多路开关，通路的选择分别由 AS_0,AS_1 和 BS_0,BS_1 控制(如 BS_0BS_1＝01 时选择 R_1,10 时选择 R_2,11 时选择 R_3)。S_1S_2 是 ALU 的操作性质控制端，功能如下：

S_1S_2＝00 时，ALU 输出 B

S_1S_2＝01 时，ALU 输出 $A+B$

S_1S_2＝10 时，ALU 输出 $A-B$

S_1S_2＝11 时，ALU 输出 $\overline{B}$

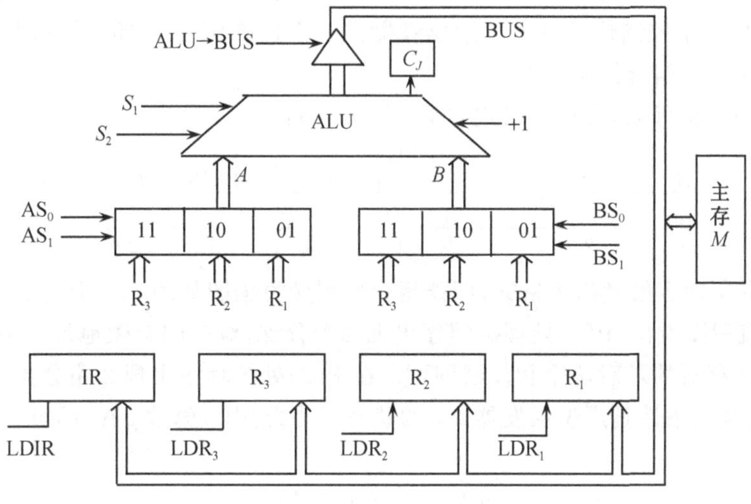

图 5.24

假设有如下四条机器指令，其操作码 OP 和功能如表 5.6 所示。

表 5.6

指令名称	OP	指令功能
MOV	00	从源寄存器传送一个数到目标寄存器
ADD	01	源寄存器内容与目标寄存器内容相加后送目标寄存器
COM	10	源寄存器内容取反后送目标寄存器
ADT	11	十进制加法指令，修正量 6 假定在 R_3,a,b 数在 R_1 和 R_2

要求：

(1) 如机器字长 8 位，请设计四条指令的指令格式。

(2) 如限定微指令字长不超过 14 位，请设计微指令格式(只考虑运算器数据通路的控制)，假设控存 CM 容量仅 16 个单元。

(3) 假定取指微指令完成从主存 M 取指令到 IR，画出四条指令的微程序流程图，标注微地址和测试标志。

(4) 假定用节拍脉冲 T_4 修改微地址寄存器，用 T_1 脉冲作为 CM 读出信号的打入信号，试画出微地址转移逻辑图。

【解】(1) 四条指令的指令格式如下，其中，ADT 指令限定源寄存器为 R_1，目标寄存器为 R_2。

7 6	5 4	3 2	1 0
OP		源	目标

(2) 从总框图看到：控制信号共有 12 个，CM 容量为 16 个单元，需占用 4 位下址字段，判别测试需要 2 位，如直接控制方式，微指令字长共 18 位。但是设计要求规定微指令字长不能超过 14 位，这就需要另想办法。

分析机器指令级的指令格式与 A，B 两个多路开关的控制方式后发现，AS_0，AS_1 和 BS_0，BS_1 四个控制信号可以直接由机器指令级上的源字段和目标字段控制，但 ADT 指令例外。为此微指令中设 A，B 两个微命令，用以产生 AS_0，AS_1，BS_0，BS_1 信号。另外，LDR_1～LDR_3 三个控制信号可由微指令级提供一个控制信号 LDR_i，然后与机器指令级上的目标字段进行组合译码后产生。

从上面的分析可知，微指令格式如下(共 14 位)：

A	B	S_1S_2	+1	ALU→BUS	LDR_i	LDIR	P_1 P_2	μA_3～μA_0
							判别	下址字段
1	1	2	1	1	1	1	2位	4位

(3) 根据所确定的微指令格式，四条指令微程序流程图如图 5.25 所示。

(4) 从流程图看出，P(1)处理微程序出现四个分支，对应四个微地址。为此用 OP 码修改微地址寄存器的最后两个触发器即可。在 P(2)处微程序出现 2 路分支，对应两个微地址，此时的测试条件是进位触发器 C_J 的状态。为此用 $\overline{C_J}$ 修改 μA_2 即可。转移逻辑表达式如下：

$$\mu A_0 = P_1 \cdot T_4 \cdot IR_6$$

$$\mu A_1 = P_1 \cdot T_4 \cdot IR_7$$

$$\mu A_2 = P_1 \cdot T_4 \cdot \overline{C_J}$$

由此可画出微地址转移逻辑，如图 5.26 所示。

11. 将图 5.27 所示的 CPU 结构用硬联线控制器实现。

(1) 请画出硬联线控制器的结构。

(2) 给出每个控制信号的逻辑表达式。

【解】(1) 由给定的硬件结构，每条指令的取指和执行过程如图 5.28 所示的流程图。现需设计每条指令的工作时序。

假设每次访问存储器需占用一个节拍电位 W 时间，其余微操作均可在一个节拍电位

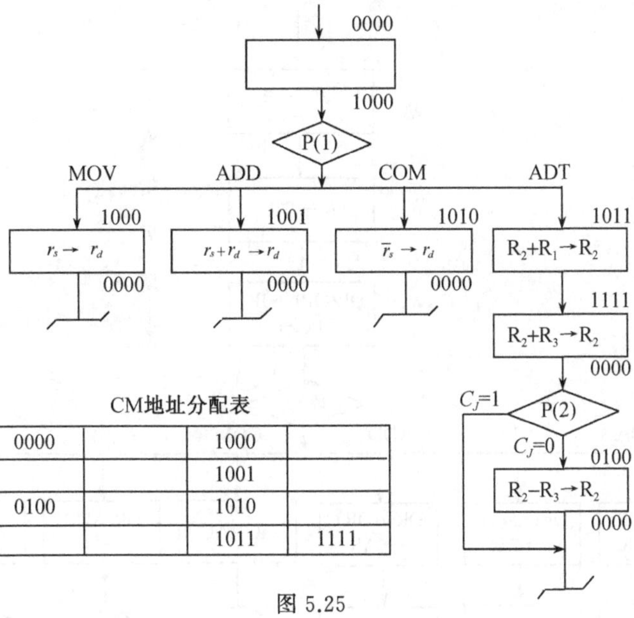

CM地址分配表

0000		1000	
		1001	
0100		1010	
		1011	1111

图 5.25

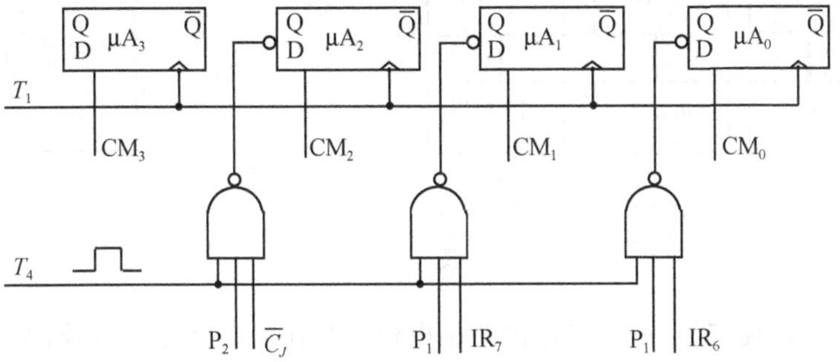

图 5.26

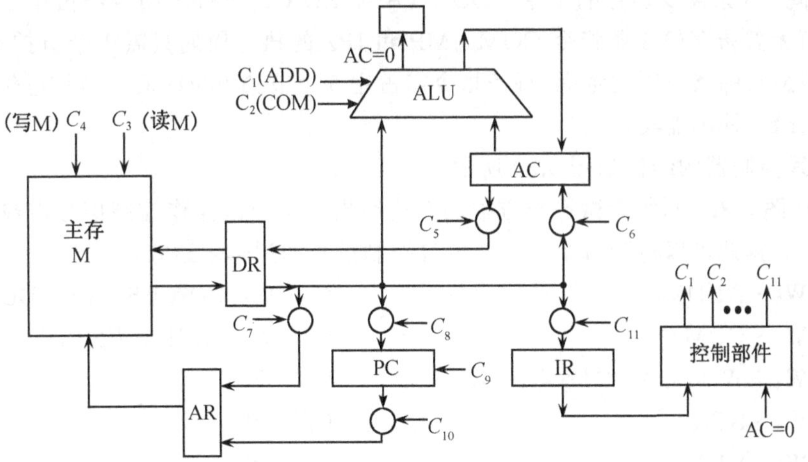

图 5.27

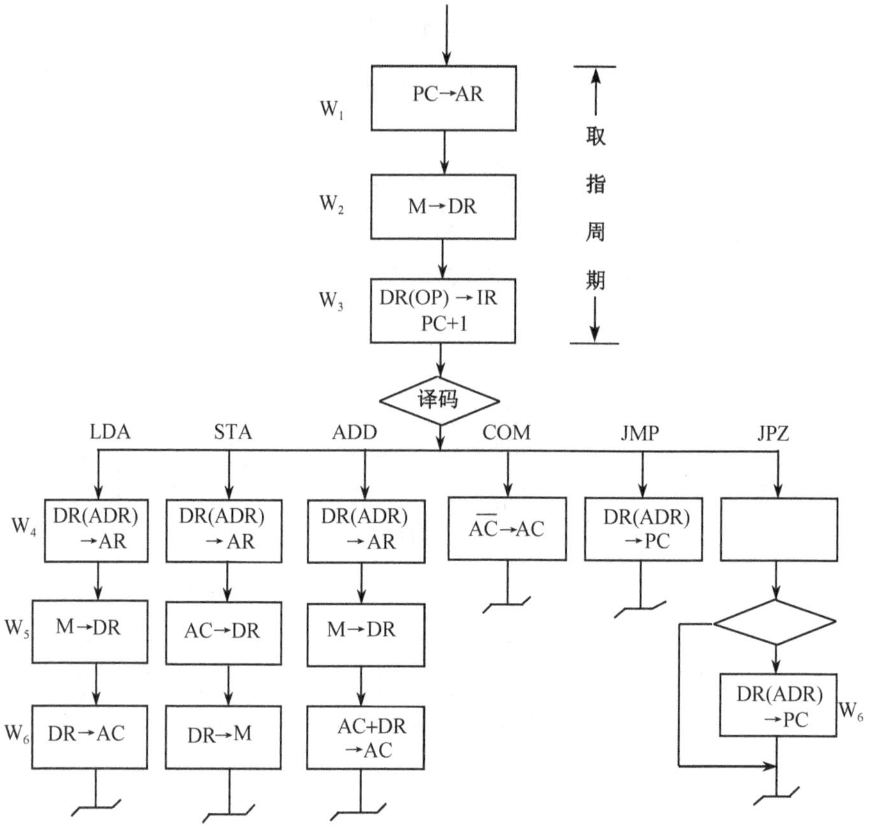

图 5.28

时间内完成。为简便起见，假定只考虑节拍电位信号作为时序控制信号，而未考虑节拍脉冲信号。

由图 5.28 给出的操作流程图可以看出，每条指令的取指周期都相同，需占用 3 个节拍电位时间。3 条需要访存的指令 ADD，STA 和 LDA 的执行周期也需占用 3 个节拍电位时间，而无需访存的 3 条指令 COM，JMP 和 JPZ 的执行周期只需 1 个节拍电位时间。因此，按照最长的指令周期考虑，每条指令需占用 6 个节拍电位时间。节拍电位发生器用模 6 时序计数/译码器实现。

硬联线控制器的结构如图 5.29 所示。

(2) 在图 5.28 中，每个微操作方框的左边给出了每个微操作控制信号需被激活的节拍电位 W_i。据此可以得到每个微操作电位控制信号的逻辑表达式：

$C_1 = W_6 \cdot ADD$

$C_2 = W_4 \cdot COM$

$C_3 = W_2 + W_5(LDA + STA + ADD)$

$C_4 = W_6 \cdot STA$

$C_5 = W_5 \cdot STA$

$C_6 = W_6 \cdot LDA$

$C_7 = W_4(LDA + STA + ADD)$

$C_8 = W_4 \cdot JMP + W_6 \cdot JPZ$

$C_9 = W_3$

$C_{10} = W_1$

$C_{11} = W_3$

对于 COM，JMP 和 JPZ 三条指令，可以在 W_4 之后令计数器清零复位，以便缩短指

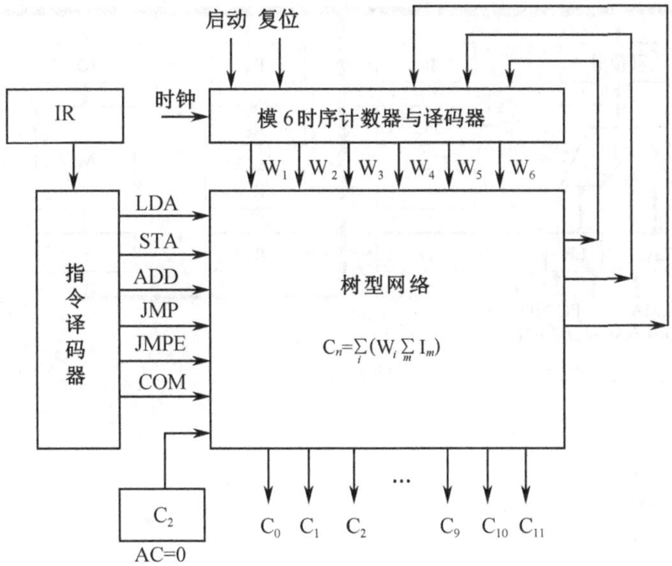

图 5.29

令的执行时间。

事实上，除上述节拍电位控制信号以外，还应当有节拍脉冲控制信号，后者一般用来作为寄存器的打入信号。为此凡是需要在一个节拍电位时间的某个时间段产生打入控制信号时，还应当加入节拍脉冲信号（进行相“与”）加以限制。从时间关系上讲，一个节拍电位包含若干个节拍脉冲。

12. 今有 4 级流水线，分别完成取指、指令译码并取数、运算、送结果四步操作，假设完成各步操作的时间依次为 100ns，100ns，80ns，50ns，请问：

（1）流水线的操作周期应设计为多少？

（2）若相邻两条指令发生数据相关，而且在硬件上不采取措施，那么第 2 条指令要推迟多少时间进行？

（3）如果在硬件设计上加以改进，至少需要推迟多少时间？

【解】（1）流水线的操作周期应按各步操作的最大时间来考虑，即流水线时钟周期 $\tau=\max\{\tau_i\}=100\text{ns}$。

（2）遇到数据相关时，就停顿第 2 条指令的执行，直到前面指令的结果已经产生，因此至少需要延迟 2 个时钟周期。

（3）如果在硬件设计上加以改进，如采用专用通路技术，就可使流水线不发生停顿。

13. 某机主要部件如图 5.30 所示。其中，LA 为 A 输入选择器，LB 为 B 输入选择器，C、D 为暂存器。

（1）请说明部件 X 和 Y 的名称与功能。

（2）指令“ADD　(R1)，(R2)+”的含义为加法操作，源操作数地址和目的操作数地址分别在寄存器 R_1 和 R_2 中，目的操作数寻址方式为自增型寄存器间址。请给出该指令的取指和执行流程。

【解】（1）X＝ALU，完成算术逻辑运算；Y＝MAR，暂存访存地址。

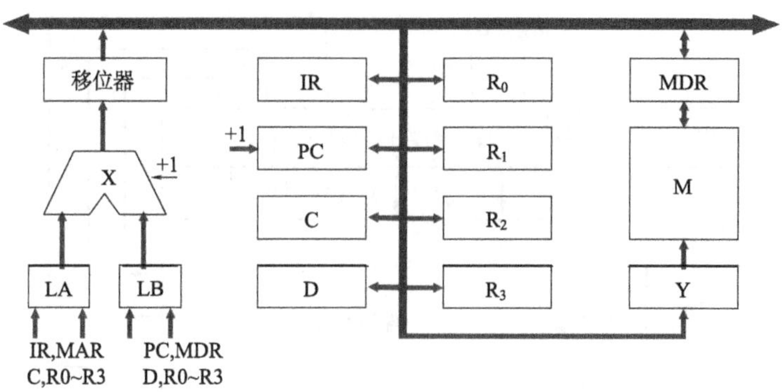

图 5.30

(2) 流程如下：

① (PC)→MAR

② Read

③ ((MAR))→MDR→IR

④ (PC)+1→PC

⑤ (R1)→MAR

⑥ Read

⑦ ((MAR))→MDR→C

⑧ (R2)→MAR

⑨ Read

⑩ ((MAR))→MDR→D

⑪ (R2)+1→ R2

⑫ C+D → MDR

⑬ Write

⑭ MDR→(MAR)

14. 某中央处理器的数据通路如图 5.31 所示。假定指令格式为双地址指令(操作码,地址 1,地址 2)。其中“ADD　A, B”指令的操作为:A←[A] + [B],[A]和[B]分别为内存地址 A 和地址 B 所存储的内容。MAR 为内存地址寄存器,MDR 为内存数据寄存器,PC 为程序计数器,IR 为指令寄存器。所有的单线箭头为控制微命令。请画出 ADD 指令的指令周期流程图,并给出每个微操作对应的微命令。

【解】指令周期流程图如图 5.32 所示。

15. 某 16 位模型机的数据通路如图 5.33 所示。R_1 和 R_2 为通用寄存器,ACC 为累加器,MDR 为内存数据缓冲寄存器,PC 为程序计数器。所有带箭头信号为控制信号。W 是写控制标志,R 是读控制标志。ALU 可以执行算术加(+)和加 1(+1)两种操作,其中加 1 操作将总线数据加 1 后送入 R_2 寄存器。

(1) 图中的 X 和 Y 是什么部件,有何作用?

(2) 若主存地址空间大小为 4M 字,则 R_1、Y、PC 三个寄存器的位数各为多少?

(3) 说明该处理器如何实现 PC+1 操作,并按顺序给出需要发出的操作控制信号;

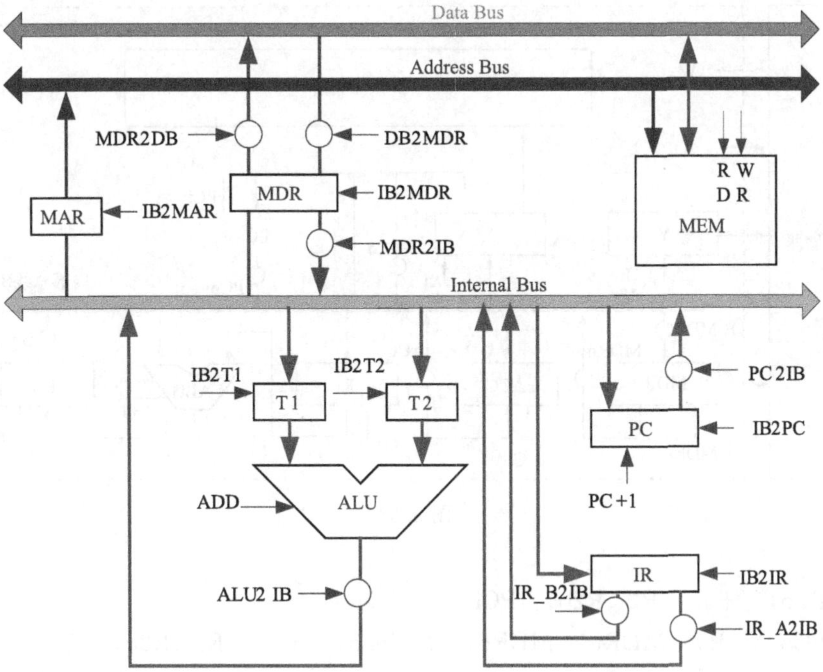

图 5.31

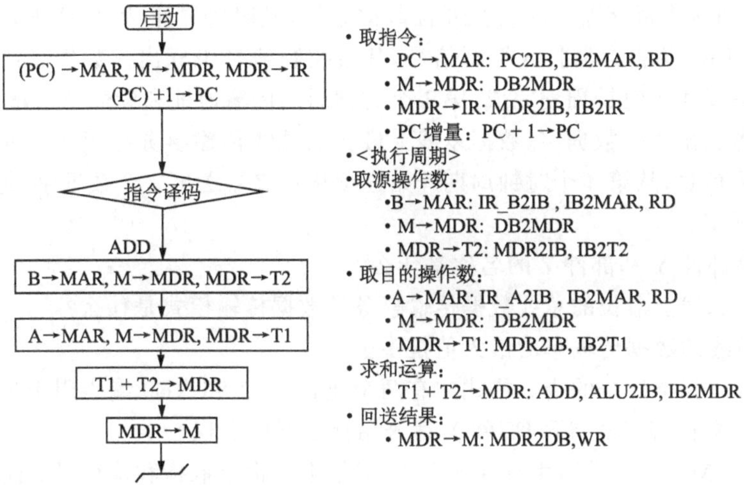

图 5.32

(4) 请按顺序给出取指令过程中需要发出的操作控制信号;

(5) 指令 ADD(m)的功能为:ACC+(m)存储单元内容,将结果送到 ACC 中。请按顺序给出该指令执行阶段需要发出的操作控制信号。

【解】(1) X=IR,存放当前正在执行的指令;Y=MAR(或 AR),存放当前访存的地址。

(2) R_1 为 16 位,Y 为 22 位,PC 为 22 位。

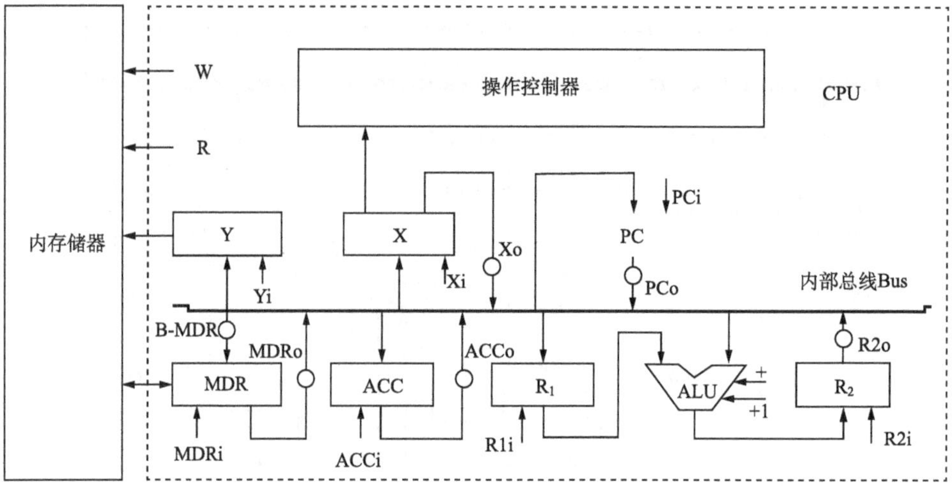

图 5.33

(3) PCo， +1， R2i、R2o， PCi

(4) PCo、Yi、R， MDRi， MDRo， Xi、PCo， +1， R2i、R2o， Pci

(5) Iro， Yi、R， MDRi， MDRo， R1i、ACCo， +， R2i、R2o， ACCi

16. 单总线结构的 16 位 CPU 数据通路如图 5.34 所示。其中，R_0、R_1、R_2、R_3 为通用寄存器，ALU 为算术逻辑运算单元，PC 为具有自加 1 功能的程序计数器，MDR 为内存数据缓冲器，T 和 S 为暂存器。DB 为 16 位数据总线，其时钟频率为 200MHz。图中 LR0、LR1、LR2 和 LR3 为寄存器打入控制信号，其余控制信号未标出。数据总线上最短的总线传输事务需要 4 个时钟周期完成，第 1 个时钟周期传输地址和读命令信息，第 4 个时钟周期从存储器送出 1 个数据字；数据总线上最长的总线传输事务在第 1 个时钟周期传输地址和读命令信息，从第 4 个时钟周期开始连续从存储器送出 4 个数据字，每个时钟周期传送一个数据字。

(1) 图中部件 Y 和部件 Z 的名称是什么？

(2) 数据总线上最长的总线数据传输事务的数据传输模式是什么？

(3) 该总线的数据传输率的最大值是多少？

(4) 已知运算类指令的指令格式中有两个比特 RD1 和 RD0 编码用于选择将数据打入哪一个通用数据寄存器，请问部件 X 适合用什么器件实现？

(5) 指令 JMP #D 采用相对寻址方式，请指出该指令取指和执行时的流程。

【解】(1) Y：指令译码器(ID)；Z：地址寄存器(或内存地址寄存器，AR、MAR)。

(2) 突发(猝发、块传送)。

(3) 16×4×200M/7=1828.6Mb=228.6MB/s。

(4) 译码器：2-4 线译码器。

(5) 取指：

PC→MAR

DB→MDR，MDR→IR

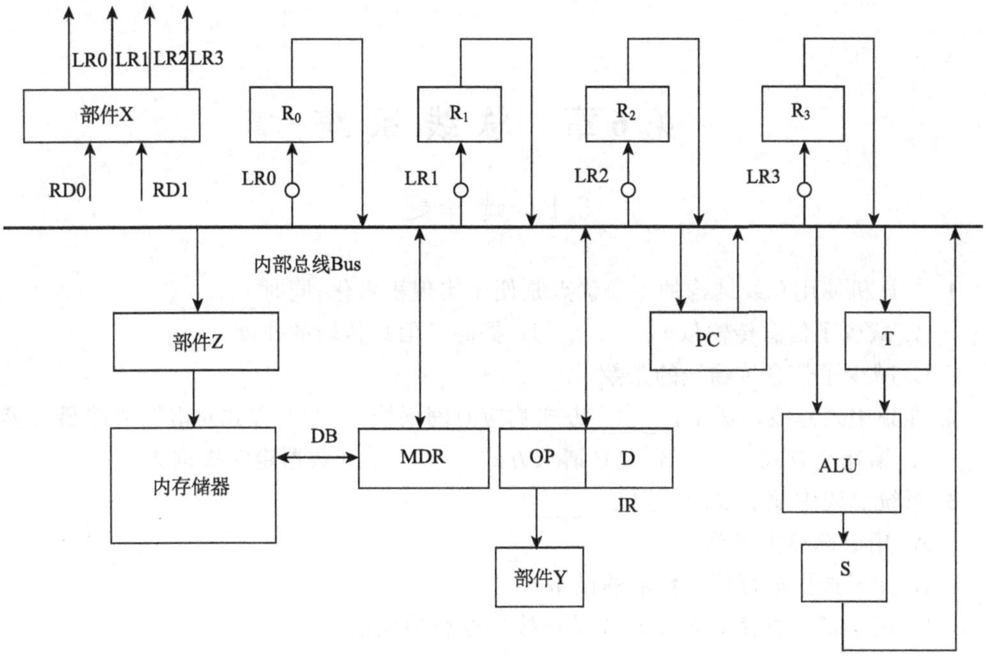

图 5.34

执行答案 1：

PC→T

IR(D)＋T→S 或 D＋T→S

S→PC

执行答案 2：

IR(D)→T

PC＋T→S

S→PC

第6章 总线系统

6.1 选择题

1. 计算机使用总线结构的主要优点是便于实现积木化，同时______。

A. 减少了信息传输量　　B. 提高了信息传输的速度

C. 减少了信息传输线的条数

2. 在集中式总线仲裁中，__①__方式响应时间最快，__②__方式对电路故障最敏感。

A. 菊花链方式　　B. 独立请求方式　　C. 计数器定时查询方式

3. 系统总线中地址线的功用是______。

A. 用于选择主存单元

B. 用于选择进行信息传输的设备

C. 用于指定主存单元和I/O设备接口电路的地址

D. 用于传送主存物理地址和逻辑地址

4. 数据总线的宽度由总线的______定义。

A. 物理特性　　B. 功能特性　　C. 电气特性　　D. 时间特性

5. 在单机系统中，三总线结构的计算机的总线系统由______组成。

A. 系统总线、内存总线和I/O总线　　B. 数据总线、地址总线和控制总线

C. 内部总线、系统总线和I/O总线　　D. ISA总线、VESA总线和PCI总线

6. 从总线的利用率来看，__①__的效率最低；从整个系统的吞吐量来看，__②__的效率最高。

A. 单总线结构　　B. 双总线结构　　C. 三总线结构

7. 下列陈述中不正确的是______。

A. 在双总线系统中，访存操作和输入/输出操作各有不同的指令

B. 系统吞吐量主要取决于主存的存取周期

C. 总线的功能特性定义每一根线上的信号的传递方向及有效电平范围

D. 早期的总线结构以CPU为核心，而在当代的总线系统中，由总线控制器完成多个总线请求者之间的协调与仲裁

8. 一个适配器必须有两个接口：一是和系统总线的接口，CPU和适配器的数据交换是__①__方式；二是和外设的接口，适配器和外设的数据交换是__②__方式。

A. 并行　　B. 串行　　C. 并行或串行　　D. 分时传送

9. 下列陈述中不正确的是______。

A. 总线结构传送方式可以提高数据的传输速度

B. 与独立请求方式相比，链式查询方式对电路的故障更敏感

C. PCI总线采用同步时序协议和集中式仲裁策略

D. 总线的带宽是总线本身所能达到的最高传输速率

10. 在______的计算机系统中，外设可以和主存储器单元统一编址，因此可以不使用I/O指令。

A. 单总线　　B. 双总线　　C. 三总线　　D. 多种总线

11. 以RS-232为接口，进行7位ASCII码字符传送，带有一位奇校验位和两位停止位，当波特率为9600波特时，字符传送率为______。

A. 960　　B. 873　　C. 1371　　D. 480

12. 下列各项中，______是同步传输的特点。

A. 需要应答信号　　B. 各部件的存取时间比较接近

C. 总线长度较长　　D. 总线周期长度可变

13. 计算机系统的输入输出接口是______之间的交接界面。

A. CPU与存储器　　B. 主机与外围设备

C. 存储器与外围设备　　D. CPU与系统总线

14. 下列各种情况中，应采用异步传输方式的是______。

A. I/O接口与打印机交换信息　　B. CPU与存储器交换信息

C. CPU与I/O接口交换信息　　D. CPU与PCI总线交换信息

15. 描述当代流行总线结构的基本概念中，正确的句子是______。

A. 当代流行的总线结构中，整个总线由地址线、数据线和控制线组成

B. 当代总线结构中，CPU和它私有的cache一起作为一个模块与总线相连

C. 系统中只允许有一个处理器模块

D. 仲裁总线包括总线请求线和终端请求线

16. 描述PCI总线基本概念中，正确的句子是______。

A. PCI总线是一个与处理器无关的高速外围总线

B. PCI总线的基本传输机制是猝发式传送

C. PCI设备一定是主设备

D. 系统中允许只有一条PCI总线

17. 描述PCI总线基本概念中，不正确的句子是______。

A. HOST总线不仅连接主存，还可以连接多个CPU

B. PCI总线体系中有三种桥，它们都是PCI设备

C. 以桥连接实现的PCI总线结构不允许多条总线并行工作

D. 桥的作用可使有的存取都按CPU的需要出现在总线上

18. 描述Future bus$^+$总线基本概念中，不正确的句子是______。

A. Future bus$^+$是一个高性能的同步总线标准

B. 基本上是一个异步数据定时协议

C. 它是一个与结构、处理器、技术有关的开发标准

D. 数据线的规模在32位、64位、128位、256位中动态可变

19. 以下描述的基本概念中，不正确的句子是______。

A. PCI总线不是层次总线

B. PCI总线采用异步时序协议和分布式仲裁策略

C. Future bus$^+$总线能支持64位地址

D. Future bus^+适合于高成本的较大规模计算机系统

参考答案：

1. C　**2.** ①B　②A　**3.** C　**4.** B　**5.** A　**6.** ①C　②C　**7.** C
8. ①A　②C　**9.** A　**10.** A　**11.** A　**12.** B　**13.** B　**14.** A　**15.** B
16. A,B　**17.** C　**18.** A,C　**19.** A,B

6.2　分析题

1. (1) 某总线在一个总线周期中并行传送 4 个字节的数据，假设一个总线周期等于一个总线时钟周期，总线时钟频率为 33 MHz，求总线带宽是多少？

(2) 如果一个总线周期中并行传送 64 位数据，总线时钟频率升为 66MHz，求总线带宽是多少？

(3) 分析哪些因素影响带宽？

【解】(1) 设总线带宽用 D_r 表示，总线时钟周期用 $T=1/f$ 表示，一个总线周期传送的数据量用 D 表示，根据定义可得

$$D_r = D/T = D \times 1/T = D \times f = 4\text{B} \times 33 \times 10^6/\text{s} = 132\text{MB/s}$$

(2) 因为 64 位＝8B，所以

$$D_r = D \times f = 8\text{B} \times 66 \times 10^6/\text{s} = 528\text{MB/s}$$

(3) 总线带宽是总线能提供的数据传送速率，通常用每秒钟传送信息的字节数(或位数)来表示。

影响总线带宽的主要因素有：总线宽度、传送距离、总线发送和接收电路工作频率限制以及数据传送形式。

2. 单机系统中采用的总线结构有三种基本类型。请分析这三种总线结构的特点。

【解】根据连接方式的不同，单机系统中采用的总线结构有以下三种基本类型：

① 单总线结构。它是用一组总线连接整个计算机系统的各大功能部件，各大部件之间的所有的信息传送都通过这组总线，其结构如图 6.1(a)所示。单总线的优点是允许I/O设备之间或 I/O 设备与内存之间直接交换信息，只需 CPU 分配总线使用权，不需要CPU 干预信息的交换。所以总线资源是由各大功能部件分时共享的。单总线的缺点是由于全部系统部件都连接在一组总线上，所以总线的负载很重，可能使其吞吐量达到饱和甚至不能胜任的程度。

② 三总线结构。即在计算机系统各部件之间采用三条各自独立的总线来构成信息通路。这三条总线是：主存总线，输入/输出(I/O)总线和直接内存访问(DMA)总线，如图6.1(b)所示。主存总线用于 CPU 和主存之间传送地址、数据和控制信息；I/O 总线供CPU 和各类外设之间通讯用；DMA 总线使主存和高速外设之间直接传送数据。一般来说，在三总线系统中，任一时刻只使用一种总线。

③ 双总线结构。它有两条总线，一条是系统总线，用于 CPU、主存和通道之间进行数据传送；另一条是 I/O 总线，用于多个外围设备与通道之间进行数据传送，其结构如图 6.1(c)所示。双总线结构中，通道是计算机系统中的一个独立部件，使 CPU 的效率大

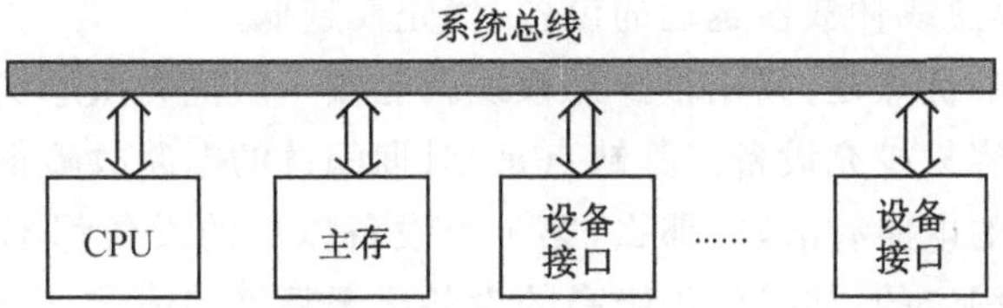

(a)

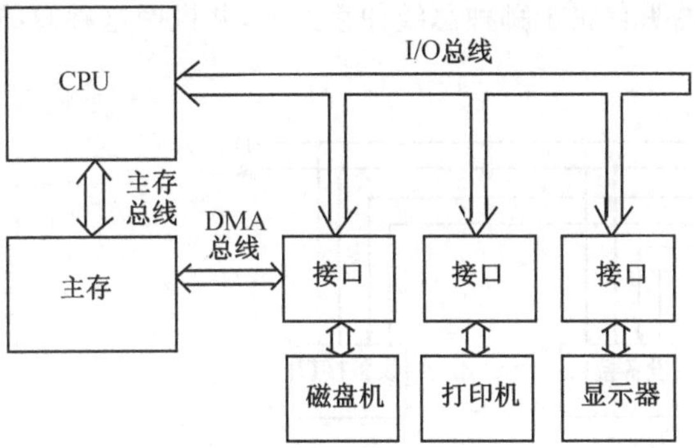

(b)

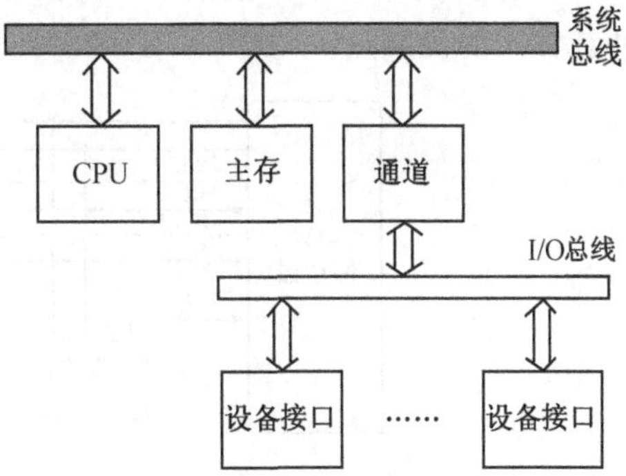

(c)

图 6.1

为提高,并可以实现形式多样而更为复杂的数据传送。双总线的优点是以增加通道这一设备为代价的,通道实际上是一台具有特殊功能的处理器,所以双总线通常在大型计算机或服务器中采用。

3. 分析图 6.2 所示电路的基本原理,说明它属于哪种总线仲裁方式,并说明这种总线方式的优缺点。

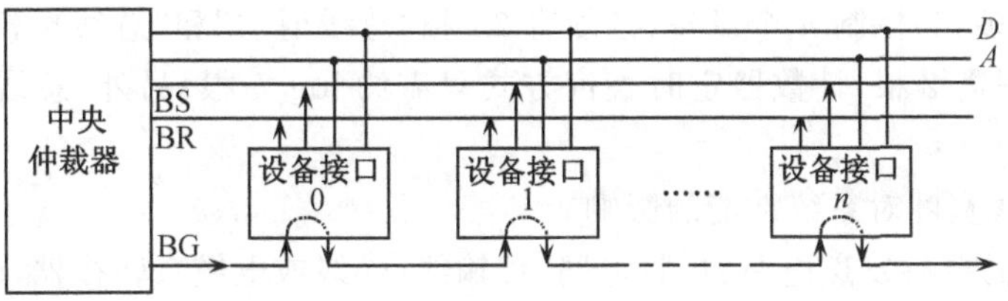

图 6.2

【解】这种电路中,除数据总线 D 和地址总线 A 外,在控制总线中有三根线用于总线使用权的分配。

BS:表示总线忙闲状态,当其有效时,表示总线正被某外设使用。

BR:总线请求线,当其有效时,表示至少有一个外设要求使用总线。

BG:总线授权线,当其有效时,表示总线仲裁部件响应总线请求(BR)。

总线授权信号(BG)是串行地从一个 I/O 接口送到下一个 I/O 接口,如果 BG 达到的接口无总线请求,则继续往下传,如果 BG 到达的接口有总线请求,BG 信号便不再往下传。这意味着该 I/O 接口获得了总线使用权。BG 信号线就像一条链一样串联所有的设备接口,故这种总线仲裁方式称为链式查询方式。在查询链中,离总线仲裁器最近的设备具有最高优先权，离总线仲裁器越远的设备，优先权越低。

链式查询方式的优点是：只用很少几根线就能按一定优先次序实现总线请求仲裁，并且这种链式结构很容易扩充设备。其缺点是：对询问链的电路故障很敏感，如果第 i 个设备的接口中有关链的电路有故障，那么，第 i 个设备以后的设备都不能进行工作。另外，查询链的优先级是固定的；如果优先级高的设备出现频繁的请求，优先级较低的设备就可能长期不能使用总线。

4. 分析图 6.3 所示电路的基本原理，说明它属于哪种总线仲裁方式，并说明这种总线仲裁方式的优缺点。

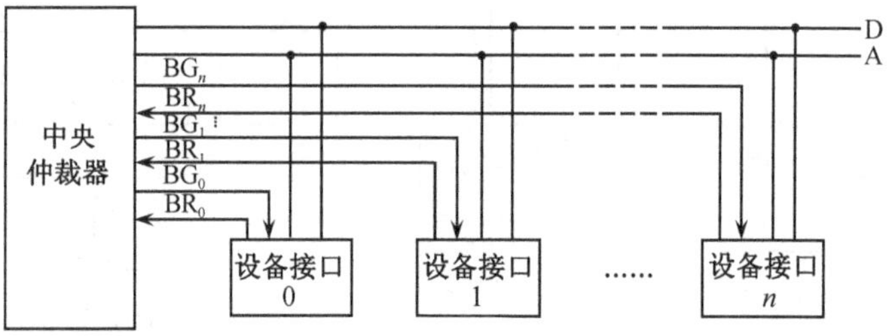

图 6.3

【解】这是属于独立请求总线仲裁方式，其工作原理如下：

每一个共享总线的设备均有一对“总线请求”(BR)和“总线授权”(BG)线。当设备要求使用总线时，便发出“总线请求”信号，总线控制部件中一般有一个排队电路，根据一定的优先次序决定首先响应哪个设备的请求，当请求的设备排上队，便收到“总线授权”(BG)信号，从而可以使用总线。

独立请求方式的优点是：响应时间快，对优先次序的控制也是相当灵活的，它可以预先固定，也可以通过程序来改变优先次序，并且可以在必要时屏蔽某些设备的请求。缺点是：控制线数量多，为控制 n 个设备，必须有 $2n$ 根“总线请求”和“总线授权”线，相比之下链式查询方式只需 2 根，计数器定时查询方式只需约 $\log_2 n$ 根；另外，总线仲裁器也要复杂得多。

5. 分析总线宽度对系统性能的影响。

【解】总线需要有发送电路、接收电路、传输线(导线或电缆)、转接器(转换插头等)和电源等。这部分比起逻辑线路的成本要高得多，而且转接器占去了系统中相当大的物理空间，往往是系统中不可靠的部分。总线的宽度越宽，相应的线数越多，则成本越高、干扰越大、可靠性越低、占用的物理空间也越大，当然传送速度和吞吐率也越高。此外，总线的长度越长，成本就越高；干扰越大，可靠性越低。为此，越是长的总线，其宽度就应尽可能减小。减小总线宽度的方法可采用线的组合、串/并行转换和编码技术。当然减少总线宽度应满足性能要求以及与所用通信类型和速率相适应为前提。

6. 何谓“总线仲裁”？一般采用何种策略进行仲裁，简要说明它们的应用环境。

【解】连接到总线上的功能模块有主动和被动两种形态。主方可以启动一个总线周期，而从方只能响应主方的请求。每次总线操作，只能有一个主方占用总线控制权，但同一时间里可以有一个或多个从方。

除 CPU 模块外，I/O 功能模块也可提出总线请求。为了解决多个主设备同时竞争总线控制权，必须具有总线仲裁部件，以某种方式选择其中一个主设备作为总线的下一次主方。

一般来说，采用优先级或公平策略进行仲裁。在多处理器系统中，对 CPU 模块的总线请求采用公平原则处理，而对 I/O 模块的总线请求采用优先级策略。

7. 比较同步定时与异步定时的优缺点。

【解】同步定时协议采用公共时钟，具有较高的传输频率。但由于同步总线必须按最慢的模块来设计公共时钟，当各功能模块存取时间相差很大时，会大大损失总线效率。

异步定时的优点是总线周期长度可变，不把响应时间强加到功能模块上，因而允许快速和慢速的功能模块都能连接到同一总线上。缺点是总线复杂，成本较高。

8. 图 6.4(a)是某计算机总线定时时序图，请判断它是哪种定时方式的时序图，并分析其控制过程，同时用细线标出信号的相互作用关系。

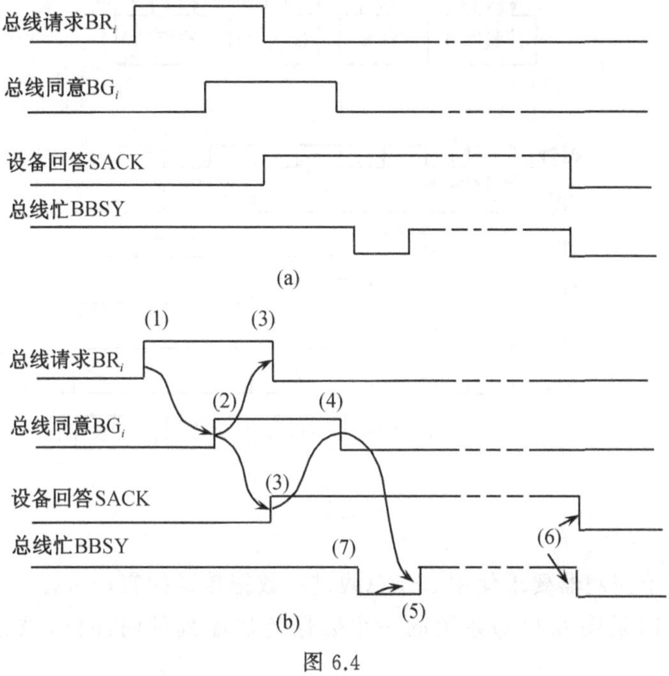

图 6.4

【解】题目给定的总线定时时序图中，没有同步时钟信号，而且有总线请求，总线授权和设备回答信号，所以，必定是异步双向全互锁总线控制方式。其控制过程如下：

① 当某个设备请求使用总线时，在该设备所属的请求线上发出信号 BR_i。

② CPU 根据优先原则授权后以 BG_i 回答。

③ 设备收到 BG_i 有效信号，下降自己的 BR_i 信息(使无效)，并上升 SACK 信号证实已收到 BG 信号。

④ CPU 接到 SACK 信号后，下降 BG_i 作为回答。

⑤ 在 BBSY 为“0”的情况下，该设备上升 BBSY 表示设备获得了总线控制权，成为控制总线的主设备。

⑥ 在设备用完总线以后，下降 BBSY 和 SACK，即释放总线。

⑦ 在上述选择主设备的过程中，现行的主从设备可能正在进行传送，在此情况下，需

要等待现行传送结束，现行主设备下降 BBSY 信号后，新的主设备才能上升 BBSY，获得总线控制权。

过程①～⑦以及各信号的相互作用关系如图 6.4(b)所示。

9. 图 6.5(a)是有四个部件(控制器)共享总线的、分布式同步 SBI 总线定时示意图，每个控制器对应一根数据传送请求线 TR，其优先权次序是 TR_0 最高，TR_3 最低；这四条线又都接到各个控制器，每个控制器内部有一个自己是否可用总线的判别电路。公共时钟信号的周期为 T，每个周期可完成一个数据传送。

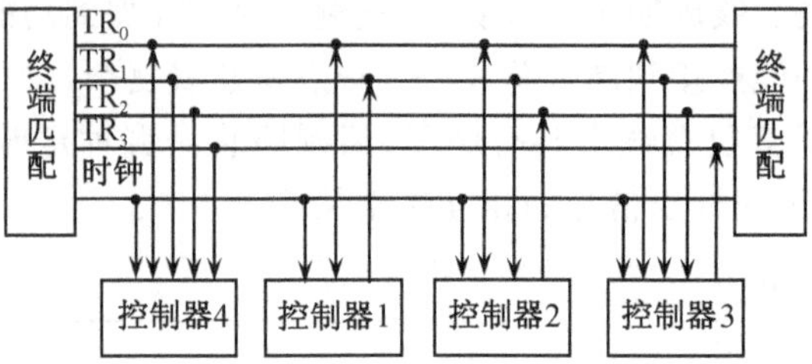

(a)

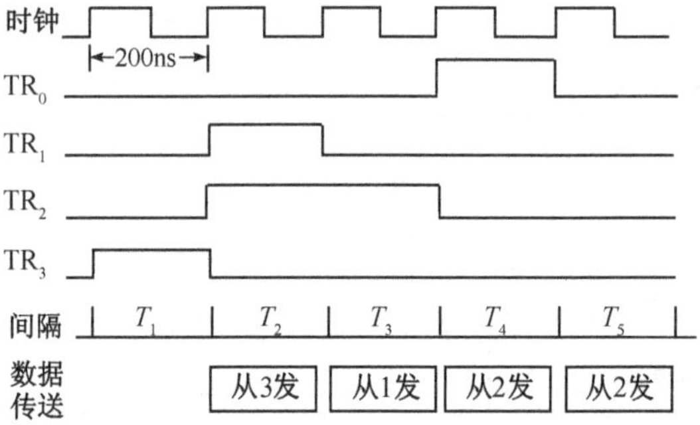

(b)

图 6.5

(1) 叙述某个控制器要求使用 SBI 总线进行数据传送的实现过程。

(2) 图 6.5(b)是图 6.5(a)系统的一个数据传送序列的时序图，试分析其总线控制过程。

【解】(1) 某个控制器要求使用 SBI 总线进行数据传送的步骤如下：

① 控制器在决定要进行数据传送的下一个周期 T，在本设备对应的请求线上发出 TR 信号。

② 在该周期末尾判断优先权更高的 TR 线状态。

③ 如果没有更高的 TR 请求，则撤掉本身的 TR 请求，在下一周期进行数据传送；如果有更高的 TR 请求，则不撤掉本身的 TR 请求，继续做步骤② 。

(2) 图 6.5(b)的时序图表示一个有三个设备先后控制总线，且设备 2 连续传送两个数据的数传序列。三个设备(控制器)控制总线的过程如下：

① 控制器 3 在 T_1 周期发总线请求 TR_3，控制器 1 和控制器 2 在 T_2 周期发总线请求 TR_1 和 TR_2。

② 在 T_1 结束时，控制器 3 的判别电路识别没有优先权更高的 TR 请求，因而撤掉

TR_3,在 T_2 周期进行数据传送。

③ 在 T_2 结束时,控制器 2 识别 TR_1 是高的,所以继续保持 TR_2 为高,等待传送机会;而控制器 1 识别没有更高级的请求,故撤去 TR_1,在 T_3 周期进行数据传送。

④ 在 T_3 结束时,控制器 2 识别没有更高级的请求,便撤掉 TR_2,在 T_4 周期进行数据传送。

⑤ 控制器 2 希望连续传送两个数据,所以在 T_4 周期传送数据的同时,升高 TR_0 以占用 T_5 周期传送第二个数据,因为 TR_0 具有最高优先权。

图 6.5(a)中,控制器 4 没有 TR_4 信号,这是因为它的优先级最低,其他控制器不必获得 TR_4 信号,控制器 4 传送数据前不需要发请求信号,在没有任何 TR 请求的下一周期便可传送数据。TR_0 不固定分配给任何控制器,只给需连续传送数据(并已获得总线控制制权)的控制器用。

10. 图 6.6 为某单总线微机系统的数据输入时序图,请说明其传送过程。

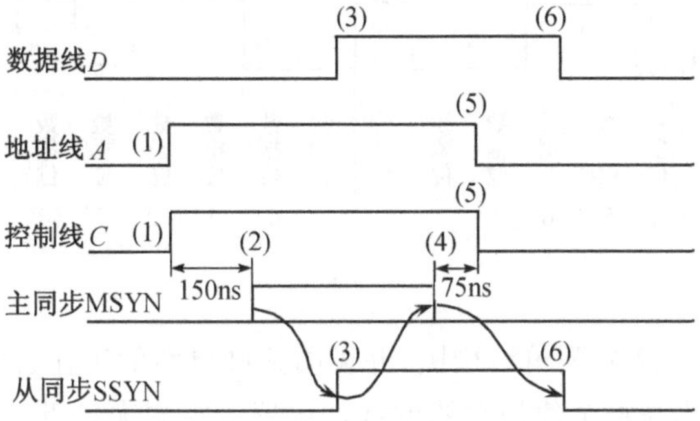

图 6.6

【解】图 6.6 是数据由从设备到主设备的传送时序图。首先主设备在地址总线上发出从设备地址,在控制线上发出读信号如图中(1)(此处读表示数据由从设备到主设备,一般指数据从内存到 CPU 和其他的 I/O 设备,而写命令则表示相反的过程)。在延迟一段时间(此处是 150ns,用于信号畸变和设备地址译码)后,主设备发出主同步信号 MSYN 如图中(2)。从设备接到 MSYN 后,开始读操作,并将读出的数据送到数据总线上,同时发从同步信号 SSYN 如图中(3)。主设备接到 SSYN 后,延迟一段时间后选通数据,并清除 MSYN 即图中(4);再等待 75ns 后清除地址线和控制线即图中(5)。从设备接到 MSYN 下降信号后,清除数据线和 SSYN 即图中(6),于是这一次数据传送结束。

11. 计算机系统采用"面向总线"的形式有何优点?

【解】面向总线结构形式的优点主要有:

① 简化了硬件的设计。从硬件的角度看,面向总线结构是由总线接口代替了专门的 I/O 接口,由总线规范给出了传输线和信号的规定,并对存储器、I/O 设备和 CPU 如何挂在总线上都作了具体的规定,所以,面向总线的微型计算机设计只要按照这些规定制作 CPU 插件、存储器插件以及 I/O 插件等,将它们连入总线即可工作,而不必考虑总线的详细操作。

② 简化了系统结构。整个系统结构清晰,连线少,底板连线可以印刷化。

③ 系统扩充性好。一是规模扩充，二是功能扩充。规模扩充仅仅需要多插一些同类型的插件；功能扩充仅仅需要按总线标准设计一些新插件。插件插入机器的位置往往没有严格的限制。这就使系统扩充既简单又快速可靠，而且也便于查错。

④ 系统更新性能好。因为 CPU、存储器、I/O 接口等都是按总线规约挂到总线上的，因而只要总线设计恰当，可以随时随着处理器芯片以及其他有关芯片的进展设计新的插件，新的插件插到底板上对系统进行更新，而这种更新只需更新需要更新的插件，其他插件和底板连线一般不需更改。

12. 请画出用异步方式连续传送字符“a”和“6”的波形图，已知数据位为 8 位，起始位 1 位，停止位 1 位，奇偶校验位 1 位（奇校验）。

【解】“a”的 ASCII 码为 61H＝01100001B，1 的个数为奇数，故校验位为 0；“6”的 ASCII 码为 36H＝00110110B，1 的个数为偶数，故校验位为 1。波形如图 6.7 所示。

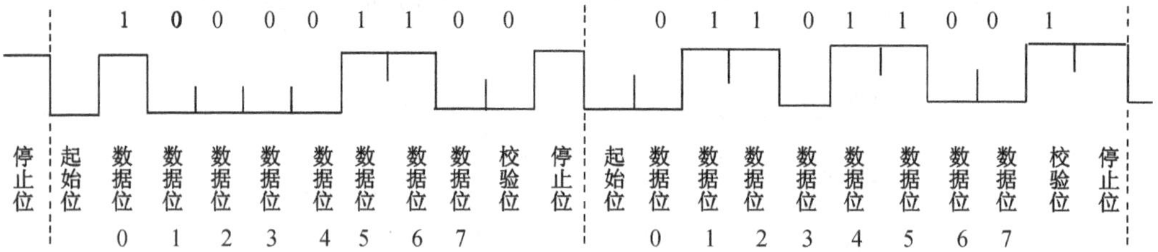

图 6.7

13. 画出链式查询电路的逻辑结构图，并说明这种电路的工作过程。

【解】链式查询方式为每个使用总线的部件设置一定的优先级，在逻辑连接上离总线控制部件（总线仲裁器）越近的部件总线优先级越高。为分配总线使用权，在控制总线中增加三根信号线作为总线控制线。

$\overline{BB}$：总线忙信号，$\overline{BB}$有效（低有效）说明总线正被占用。

$\overline{BR}$：总线请求信号，$\overline{BR}$有效（低有效）说明至少有一个总线部件正在申请总线使用权。

BG：总线授权（转让）信号。表示控制部件响应总线请求。该信号以菊花链的方式串行连接到总线上的各部件，每个部件均有 BG_I 和 BG_O。若某部件的 BG_I 无效，则它必须置 BG_O 无效。

对总线上的每个部件而言，当其需要申请总线使用权时，内部的逻辑电路将发出一个总线请求有效信号 REQ。为便于多个部件的总线请求信号实现“线或”，REQ 信号通过一个 OC 门反相器输出为$\overline{BR}$信号。同时，该 REQ 信号反相后使 BG_O 无效，以禁止 BG 信号向下传递。此时，如果从高优先级一侧传递进来的 BG_I 信号有效，则该部件接管总线，并使$\overline{BB}$信号变低（OC 输出），以禁止总线控制器分配总线使用权给其他部件。若 REQ 无效，则从高优先级一侧传递进来的 BG_I 信号将向低优先级传递。

总线上有任一部件申请总线使用权时，$\overline{BR}$信号就变为低电平。如果此时总线是空闲的，则$\overline{BB}$为高电平。当$\overline{BR}=0$ 且$\overline{BB}=1$ 时，总线仲裁器令 BG 有效。该 BG 信号以菊花链的方式在各部件之间传递。

图 6.8(a)给出了各部件内的链式查询电路的逻辑结构图。图 6.8(b)给出了总线仲裁

器逻辑结构图。

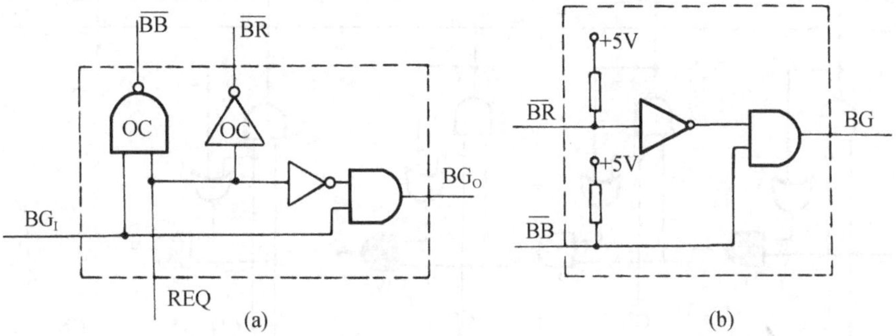

图 6.8

这种电路的工作过程如下：

① 总线空闲(或由主控者使用时)，$\overline{BR}$，$\overline{BB}$和 BG 均无效。

② 任何申请者可以通过置$\overline{BR}$=0 发出申请。

③ 当$\overline{BR}$=0 且$\overline{BB}$=1 时控制部件使 BG=1。

④ 若某部件未申请而收到 BG=1，则置 BG_O=1(BG 沿菊花链向下传递)。

⑤ 若某部件发出申请后，在$\overline{BR}$=0、$\overline{BB}$=1 和 BG_I=↑(上升沿)三者同时满足的情况下接管总线，同时使 BG_O=0，以禁止更低优先级的申请者接管总线使用权。

⑥ 任何申请者在占用总线后均使$\overline{BB}$=0，以禁止控制部件发出 BG=1。(此时即使更高优先级的部件提出总线申请，也不能得到使用权(非强占优先))

⑦ 占用总线的部件在使用总线完毕后使 BB=1，以示归还总线。

这样，按 BG 信号的串行传递，可以达到按优先级使用总线的目的。

14. 何谓分布式仲裁？

【解】分布式仲裁不需要中央仲裁器，每个潜在的主方功能模块都有自己的仲裁号和仲裁器。当它们有总线请求时，把它们唯一的仲裁号发送到共享的仲裁总线上，每个仲裁器将仲裁总线上得到的号与自己的号进行比较。如果仲裁总线上的号大，则它的总线请求不予响应，并撤销它的仲裁号。最后，获胜者的仲裁号保留在仲裁总线上，分布式仲裁是以优先级仲裁策略为基础。

15. 图 6.9 是分布式仲裁器的逻辑结构图，请对此图进行分析说明。

【解】① 所有参与本次竞争的各主设备将其竞争号 CN 取反后打到 AB 线上，以实现“线或”逻辑。AB 线上低电平表示至少有一个主设备的 CN_i 为 1；AB 线上高电平表示所有主设备的 CN_i 为 0。

② 竞争时 CN 与 AB 逐位比较，从最高位(b_7)至最低位(b_0)以一维菊花链方式进行。只有上一位竞争得胜者 W_{i+1}位为 1，且 CN_i=1，或 CN_i=0 并 AB_i 为高电平时，才使 W_i 位为 1。但 W_i=0 时，将一直向下传递，使其竞争号后面的低位不能送上 AB 线。

③ 竞争不过的设备自动撤除其竞争号。在竞争期间，由于 W 位输入的作用，各设备在其内部的 CN 线上保留其竞争号并不破坏 AB 线上的信息。

④ 由于参加竞争的各设备速度不一致，这个比较过程反复(自动)进行，才有最后稳

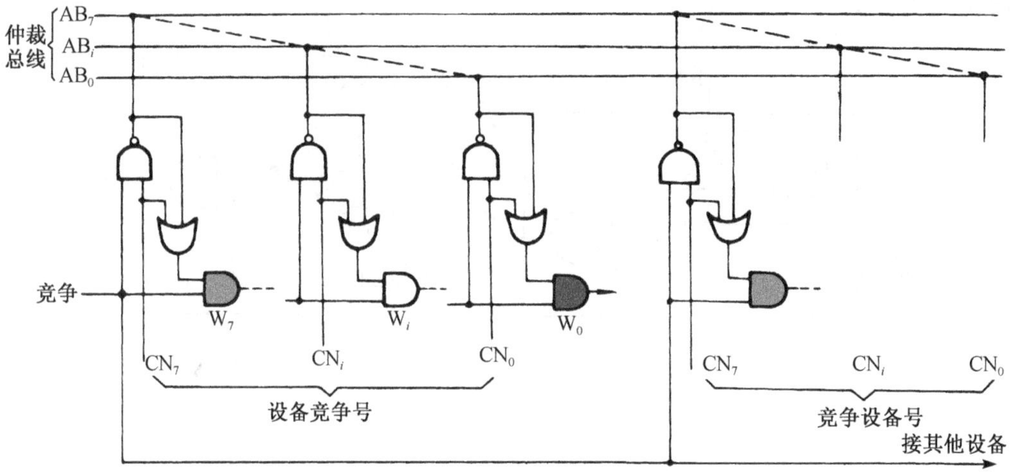

图 6.9

定的结果。竞争期的时间要足够,保证最慢的设备也能参与竞争。

16. 分析说明图 6.10 所示某 CPU 总线周期时序图。

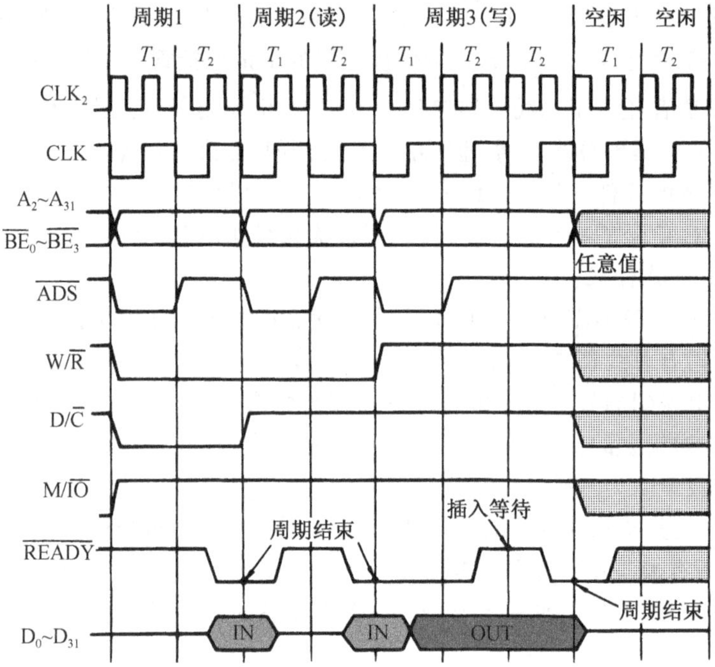

图 6.10

【解】该总线系统采用同步定时协议。总线周期是在时钟信号 CLK 和 CLK2 定时下完成的并与所有的机器周期保持时间上的同步。一个机器周期由 2 个 CLK 时钟周期组成(T_1,T_2 节拍)。机器周期 1 为读指令周期($W/\overline{R}=0$,$D/\overline{C}=0$,$M/\overline{IO}=1$)。在 T_1 时间主方 CPU 送出$\overline{ADS}$=0 信号，表示总线上的地址及控制信号有效，在 T_2 时间末尾，从方存储器读出指令并送到数据线 $D_0 \sim D_{31}$ 上，同时产生 READY=0 信号，通知 CPU 本次"读出"操作已完成。

机器周期 2 为读数据周期，除了 $D/\overline{C}=1$ 外，其余与机器周期 1 相同。

机器周期 3 为写数据周期。$W/\overline{R}=1$，写入的数据由 CPU 输出到数据线 $D_0 \sim D_{31}$ 上。假如在一个机器周期内能完成写入操作，则在 T_2 末尾由存储器产生$\overline{READY}$=0 信号。假如 T_2 末尾尚未完成写入操作(图 6.10 中所示)，则$\overline{READY}$=1，并将 T_2 延长一个时钟周期。CPU 在后一个 T_2 末尾检测$\overline{READY}$=0，于是结束写入周期。T_2 可以多次延长，直到$\overline{READY}$=0 为止。读出周期也可按此方法处理。

图中还示出总线的空闲状态，空闲状态仅有一个 T_i 节拍。只要总线继续空闲，可以连续出现多个 T_i 节拍。

17. 画出 PCI 总线结构框图，说明 HOST 总线、PCI 总线、LAGACY 总线的功能。

【解】PCI 总线结构框图如图 6.11 所示。HOST 总线连接主存、多个 CPU。

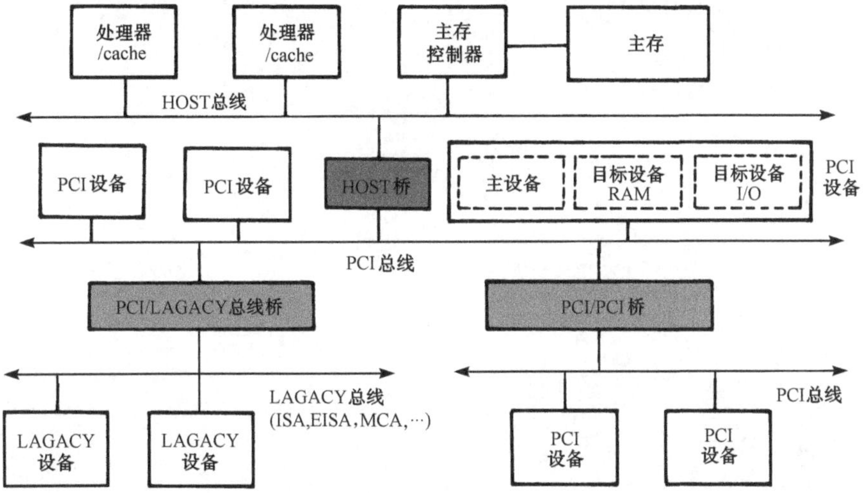

图 6.11

PCI 总线连接各种高速 PCI 设备，亦可使用 HOST 桥与 HOST 总线相连或使用 PCI/PCI 桥与已和 HOST 总线相连的 PCI 总线相连，从而得以扩充整个系统的 PCI 总线负载能力。

18. 说明 PCI 总线结构框图中三种桥的功能。

【解】桥在 PCI 总线体系结构中起着重要作用，它连接两条总线，使彼此间相互通信。桥是一个总线转换部件，可以把一条总线的地址空间映射到另一条总线的地址空间上，从而使系统中任意一个总线主设备都能看到同样的一份地址表。桥可以实现总线间的猝发式传送，可使所有的存取都按 CPU 的需要出现在总线上。由上可见，以桥连接实现的 PCI 总线结构具有很好的扩充性和兼容性，允许多条总线并行工作。

19. PCI 总线周期类型可指定多少种总线命令？实际给出多少种？请说明存储器读/

写总线周期的功能。

【解】可指定16种,实际给出12种。

存储器读/写总线周期以猝发式传送为基本机制,一次猝发式传送总线周期通常由一个地址周期和一个或几个数据周期组成。存储器读/写周期的解释,取决于PCI总线上的存储器控制器是否支持存储器/cache之间的PCI传输协议。如果支持,则存储器读/写一般是通过cache来进行;否则,则以数据块非缓存方式来传输。

第7章　外围设备

7.1　选择题

1. 计算机的外围设备是指______。

A. 输入/输出设备　　　　　　B. 外存设备

C. 远程通信设备　　　　　　D. 除了CPU和内存以外的其他设备

2. 软磁盘、硬磁盘、磁带机、光盘、固态盘属于__①__设备；键盘、鼠标器、显示器、打印机、扫描仪、数字化仪属于__②__设备；LAN适配卡、Modem属于__③__设备。

A. 远程通信　　B. 外存储器　　C. 人机界面

3. 在微型机系统中外围设备通过______与主板的系统总线相连接。

A. 适配器　　B. 设备控制器　　C. 计数器　　D. 寄存器

4. 用于笔记本电脑的外存储器是______。

A. 软磁盘　　B. 硬磁盘　　C. 固态盘　　D. 光盘

5. 带有处理器的设备一般称为______设备。

A. 智能化　　B. 交互式　　C. 远程通信　　D. 过程控制

6. CRT的分辨率为1024×1024像素，像素的颜色数为256，则刷新存储器的容量是______。

A. 512KB　　B. 1MB　　C. 256KB　　D. 2MB

7. CRT的颜色数为256色，则刷新存储器每个单元的字长是______。

A. 256位　　B. 16位　　C. 8位　　D. 7位

8. 美国视频电子标准协会定义了一个VGA扩展集，将显示方式标准化，这称为著名的______显示方式。

A. AVGA　　B. SVGA　　C. VESA　　D. EGA

9. 具有自同步能力的磁记录方式是______。

A. NRZ_0　　B. NRZ_1　　C. PM　　D. MFM

10. 磁盘驱动器向盘片磁层记录数据时采用______方式写入。

A. 并行　　B. 串行　　C. 并一串行　　D. 串一并行

11. 为了使设备相对独立，磁盘控制器的功能全部转到设备中，主机与设备间采用______接口。

A. SCSI　　B. 专用　　C. ESDI

12. 3.5英寸软盘记录方式采用______。

A. 单面双密度　　B. 双面双密度　　C. 双面高密度　　D. 双面单密度

13. 一张3.5英寸软盘的存储容量为______MB，每个扇区存储的固定数据是______。

A. 1.44MB，512B　　B. 1MB，1024B　　C. 2MB，256B　　D. 1.44MB，128B

14. 一张 CD-ROM 光盘的存储容量可达______MB,相当于______多张 1.44MB 的 3.5 英寸软盘。

A. 400,600　　B. 600,400　　C. 200,400　　D. 400,200

15. MD 光盘和 PC 光盘是______型光盘。

A. 只读　　B. 一次　　C. 重写

16. CD-ROM 光盘是______型光盘,可用作计算机的______存储器和数字化多媒体设备。

A. 重写,内　　B. 只读,外　　C. 一次,外

17. 以下描述中基本概念正确的句子是______。

A. 硬盘转速高,存取速度快　　B. 软盘转速快,存取速度快

C. 硬盘是接触式读写　　D. 软盘是浮动磁头读写

18. 下列说法中不正确的是______。

A. 语音合成器作为输入设备可以将人的语言声音转换成计算机能够识别的信息

B. 非击打式打印设备速度快、噪音低、印字质量高,但价格较高

C. 点阵针式打印机点阵的点越多,印字质量越高

D. 行式打印机的速度比串行打印机快

19. 下面关于计算机图形和图像的叙述中,正确的是______。

A. 图形比图像更适合表现类似于照片和绘画之类的有真实感的画面

B. 一般说来图像比图形的数据量要少一些

C. 图形比图像更容易编辑、修改

D. 图像比图形更有用

20. 显示器的主要参数之一是分辨率,其含义为______。

A. 显示屏幕的水平和垂直扫描频率　　B. 显示屏幕上光栅的列数和行数

C. 可显示不同颜色的总数　　D. 同一幅画面允许显示不同颜色的最大数目

21. 视频电子学标准协会制定的局部总线称为______。

A. VESA　　B. VISA　　C. PCI　　D. EISA

22. 下列说法中正确的是______。

A. 硬盘系统和软盘系统均可分为固定磁头和可移动磁头两种

B. 高数据传输率的 CD-ROM 驱动器运行速度快,但要求很高的容错性和纠错能力

C. 随着半导体集成电路的发展,外部设备在硬件系统中的价格中所占的比重越来越低

D. 在字符显示器中,点阵存储在 VRAM 中

23. 在软盘存储器中,软盘适配器是______。

A. 软盘驱动器与 CPU 进行信息交换的通道口　　B. 存储数据的介质设备

C. 将信号放大的设备　　D. 抑制干扰的设备

24. 下列各种操作的时间中,不属于活动头硬盘的存取访问时间的是______。

A. 寻道时间　　B. 旋转延迟时间　　C. 定位时间　　D. 传送时间

25. PC 机所配置的显示器,若显示控制卡上刷存容量是 1MB,则当采用 800×600 的

分辨率模式时，每个像素最多可以有______种不同颜色。

A. 256　　B. 65536　　C. 16M　　D. 4096

26. 若磁盘的转速提高一倍，则______。

A. 平均存取时间减半　　B. 平均找道时间减半

C. 存储密度可以提高一倍　　D. 平均定位时间不变

27. 活动头磁盘存储器的平均存取时间是指______。

A. 最大找道时间加上最小找道时间

B. 平均找道时间

C. 平均找道时间加上平均等待时间

D. 平均等待时间

28. 活动头磁盘存储器的找道时间通常是指______。

A. 最大找道时间

B. 最小找道时间

C. 最大找道时间与最小找道时间的平均值

D. 最大找道时间与最小找道时间之和

参考答案：

1. D　**2.** ①B　②C　③A　**3.** A　**4.** C　**5.** A　**6.** B　**7.** C　**8.** C
9. C,D　**10.** B　**11.** A　**12.** C　**13.** A　**14.** B　**15.** C　**16.** B　**17.** A
18. A　**19.** C　**20.** B　**21.** A　**22.** B　**23.** A　**24.** C　**25.** B　**26.** D
27. D　**28.** C

7.2 分析题

1. 何谓 CRT 显示分辨率？若 CRT_1 分辨率为 640×480，CRT_2 分辨率为 1024×1024，问 CRT_1 和 CRT_2 何者为优？

【解】分辨率是指显示器所能表示的像素的个数。像素越密，分辨率越高，图像越清晰。分辨率取决于显像管荧光粉的粒度、荧光屏的尺寸和 CRT 电子束的聚焦能力。同时刷新存储器要有与显示器像素相对应的存储空间，用来存储每个像素的信息。CRT_1 和 CRT_2 比较，CRT_2 的分辨率高。

2. 何谓 CRT 的灰度级？若 CRT_1 灰度级为 256，CTR_2 灰度级为 16，问 CRT_1 和 CRT_2 何者为优？

【解】灰度级是指黑白显示器中所显示的像素点的亮暗差别，在彩色显示器中则表现颜色数的不同，灰度级越多，图像层次越清楚逼真。CRT_1 和 CRT_2 比较，CRT_1 为优。

3. 为什么要对 CRT 屏幕不断进行刷新？要求的刷新频率是多少？为达此目的，必须设置什么样的硬件？

【解】CRT 发光是由电子束打在荧光粉上引起的。电子束扫过之后其发光亮度只能维持几十毫秒便消失。为了使人眼能看到稳定的图像显示，必须使电子束不断地重复扫描整个屏幕，这个过程称为刷新。按人的视觉生理，刷新频率大于 30 次/秒时才不会感到闪烁。显示设备中通常要求每秒50帧图像。为了不断提供刷新图像的信号,必须把一帧图像的信息存储在刷新存储器中。

4. 何谓刷新存储器?其存储容量与什么因素有关?假设显示分辨率为1024×1024,256种颜色的图像,问刷新存储器的容量是多少?

【解】为了不断地提供刷新图像的信号,必须把一帧图像信息存储在刷新存储器,也叫视频存储器。其存储容量由图像分辨率和灰度级决定。分辨率越高,灰度级越多,刷新存储容量越大。

刷存容量=分辨率×颜色深度=1024×1024×1B=1MB

5. 某CRT显示器可显示128种ASCII字符,每帧可显示80字×25排;每个字符字形采用7×8点阵,即横向7点,字间间隔1点,纵向8点,排间间隔6点;帧频50Hz,采取逐行扫描方式。问:

(1) 缓存容量有多大?

(2) 字符发生器(ROM)容量有多大?

(3) 缓存中存放的是字符ASCII代码还是点阵信息?

(4) 缓存地址与屏幕显示位置如何对应?

(5) 设置哪些计数器以控制缓存访问与屏幕扫描之间的同步?它们的分频关系如何?

【解】CRT显示器缓存与屏幕显示间的对应关系:

(1) 缓存容量　　80×25=2KB

(2) ROM容量　　128×8=1KB

(3) 缓存中存放的是待显示字符的ASCII代码。

(4) 显示位置自左至右,从上到下,相应地缓存地址由低到高,每个地址码对应一个字符显示位置。

(5) ① 点计数器(7+1):1分频(每个字符点阵横向7个点,间隔1个点)。

② 字符计数器(80+12):1分频(每一水平扫描线含80个字符,回归和边缘部分等消隐段折合成12个字符位置)。

③ 行计数器(8+6):1分频(每行字符占8点,行间隔6点)。

④ 排计数器(25+10):1分频(每帧25行,消隐段折合为10行)。

6. 图7.1为IBM PC机汉字显示原理图,请分析此原理图,并进行文字说明。

【解】通过键盘输入的汉字编码,首先要经代码转换程序转换成汉字机内代码。转换时要用输入码到码表中检索机内码,得到两个字条的机内码,字形检索程序用机内码检索字模库,查出表示一个字形的32个字节字形点阵送CRT进行显示。

7. 刷存的主要性能指标是它的宽带。实际工作时显示适配器的几个功能部分要争用刷存的带宽。假定总带宽的50%用于刷新屏幕,保留50%带宽用于其他非刷新功能。

(1) 若显示工作方式采用分辨率为1024×768,颜色深度为3B,帧频(刷新速率)为72Hz,计算刷存总带宽应为多少?

(2) 为达到这样高的刷存带宽,应采用何种技术措施?

【解】(1) 刷新所需带宽=分辨率×每个像素点颜色深度×刷新速度

1024×768×3B×72/s=165888KB/s=162MB/s

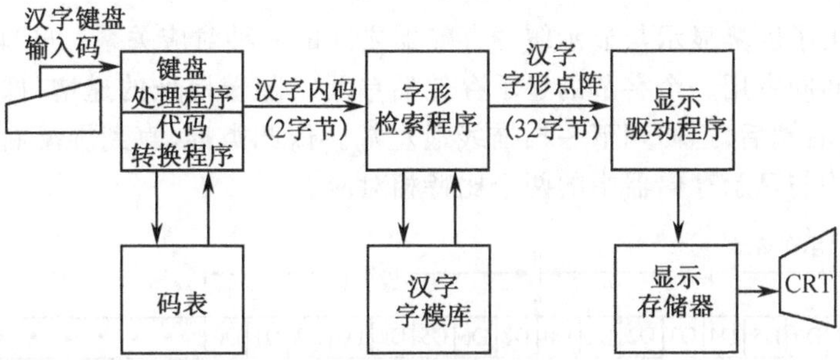

图 7.1

刷存总带宽应为　　　162MB×100/20＝324MB/s

(2) 为达到这样高的刷存带宽，可采用如下技术措施：

① 使用高速的 DRAM 芯片组成刷存；

② 刷存采用多体交叉结构；

③ 刷存至显示控制器地内部总线宽度由 32 位提高到 64 位，甚至 128 位；

④ 刷存采用双端口存储器结构，将刷新端口与更新端口分开。

8. 某光栅扫描显示器的分辨率为 1280×1024，帧频为 75Hz(逐行扫描)，颜色为真彩色(24 位)，显示存储器为双端口存储器。回归和消隐时间忽略不计。

(1) 每一像素允许的读出时间是多少？

(2) 刷新带宽是多少？

(3) 显示总带宽是多少？

【解】(1) 每一像素允许的读出时间为

$$(1/75)/(1280\times1024)=1.02\times10^{-8}(\text{s})=10.2(\text{ns})$$

(2) 刷新带宽＝分辨率×颜色深度×帧频＝(1280×1024)×3×75

＝2949 12000(字节/秒)＝281.25(M 字节/秒)

(3) 显示总带宽＝刷新带宽＝281.25M 字节/秒

9. 某彩色图形显示器，屏幕分辨率为 640×480，共有 4 色、16 色、256 色、65536 色等四种显示模式。

(1) 请给出每个像素的颜色数 m 和每个像素占用的存储器的比特数 n 之间的关系。

(2) 显示缓冲存储器的容量是多少？

(3) 若按照每个像素 4 种颜色显示，请设计屏幕显示与显示缓冲存储器之间的对应关系。

【解】(1) 在图形方式中，每个屏幕上的像素都由存储器中的存储单元的若干比特指定其颜色。每个像素所占用的内存位数决定于能够用多少种颜色表示一个像素。表示每个像素的颜色数 m 和每个像素占用的存储器的比特数 n 之间的关系由下面的公式给出

$$n=\log_2 m$$

(2) 显示缓冲存储器的容量应按照最高灰度(65536 色)设计。故容量为

$$640\times480\times(\log_2 65536)/8=614400\text{ 字节}\approx615\text{KB}$$

(3) 因同一时刻每个像素能选择 4 种颜色中的一种显示，故应分配给每个像素用于存储显示颜色的内存比特为

$$n=\log_2 m=\log_2 4=2$$

图 7.2 给出了屏幕显示与显示缓冲存储器之间的一种对应关系。屏幕上水平方向连续的四个像素共同占用一个字节的显示存储器单元。随着地址的递增，像素位置逐渐右移，直至屏幕最右端后，返回到下一扫描线最左端。依此类推，直到屏幕右下角。屏幕上的每一个像素均与显示存储器中的两个比特相对应。

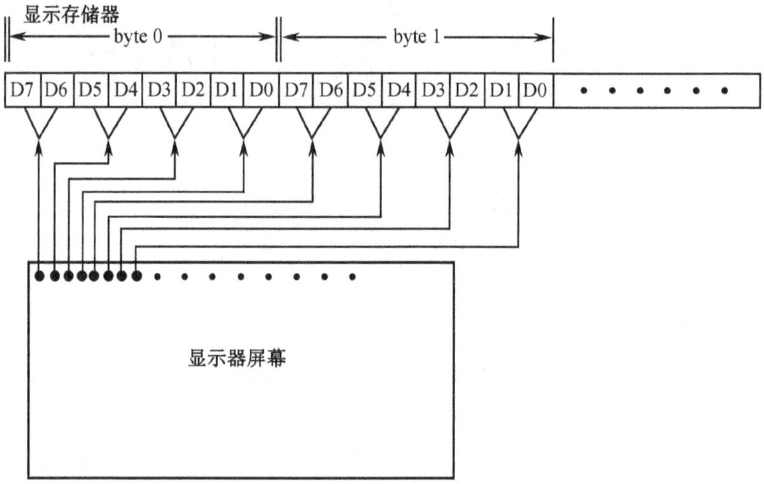

图 7.2

10. 设写入代码为 110101001，试画出 NRZ，NRZ1，PE，FM，MFM（改进调频制）的写电流波形，指出哪些有自同步能力。

【解】上述五种记录方式中具有自同步能力的有 PE，FM，MFM。

按照各种记录方式的记录规则，数据代码 110101001 的写电流波形如图 7.3 所示。

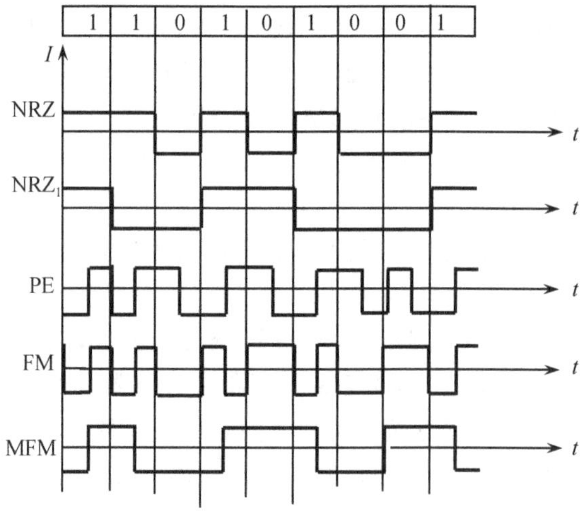

图 7.3

11. 设写入磁盘存储器的数据代码为 001101，试用 NRZ1 制记录方式画出写入电流、记录介质磁化状态、读出信号、整流及选通输出各信号波形图。

【解】NRZ1 制的特点是：见“1”时写电流改变方向，见“0”时电流维持原来方向不变。

读出时，读“1”才有读出信号，且连续读“1”时相邻的信号其极性相反。读“0”时无信号输出。各波形图如图 7.4 所示。

12. 试分析图 7.5 所示写电流波形属于何种记录方式。

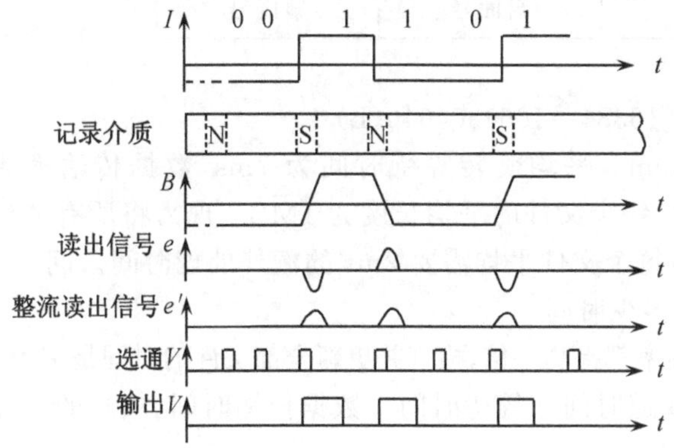

图 7.4

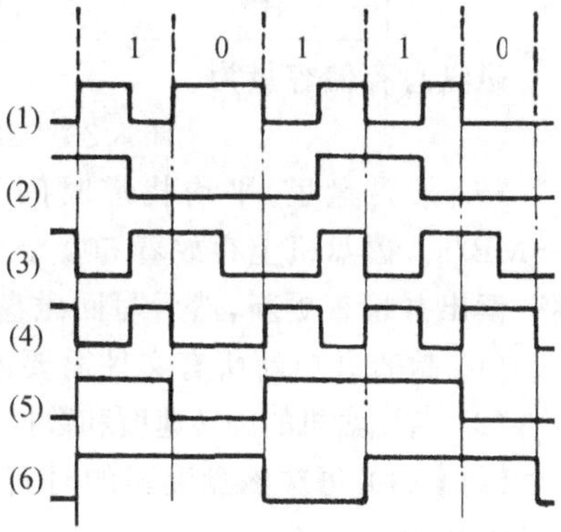

图 7.5

【解】(1) 是调频制(FM)。

(2) 是改进调频制(MFM)。

(3) 是调相制(PE)。

(4) 是调频制(FM)。

(5) 是不归零制(NRZ)。

(6) 是“见 1 就翻制”(NRZ1)。

13. 试推导磁盘存储器读写一块信息所需总时间的公式。

【解】设读写一块信息所需总时间为 t_B，平均找道时间为 t_s，平均等待时间为 t_1，读写一块信息的传输时间为 t_m，则

$$t_B=t_s+t_1+t_m$$

假设磁盘以每秒 r 转速率旋转，每条磁道容量为 N 个字，则数据传输率$=rN$(字/秒)。

又假设每块的字数为 n，因而一旦读写头定位在该块始端，就能在 $t_m\approx n/(rN)$ 秒的时间中传输完毕。

t_1 是磁盘旋转半周的时间，$t_1=(1/2r)$s。由此可得

$$t_B=t_s+\frac{1}{2r}+\frac{n}{rN}\quad(\text{s})$$

14. 一盘组共 11 片，记录面为 20 面，每面上外道直径为 14 英寸，内道直径为 10 英寸，分 203 道。数据传输率为 983040 字节/秒，磁盘组转速为 3600 转/分。假定每个记录块记录 1024 字节，且系统可挂多达 16 台这样的磁盘，请设计适当的磁盘地址格式，并计算总存储容量。

【解】设数据传输率为 C，每一磁道的容量为 N，磁盘转速为 r，则根据公式 $C=N\cdot r$，可求得

$$N=C/r=983040\div\frac{3600}{60}=16384(\text{B})$$

$$\text{扇区数}=16384\div1024=16$$

故表示磁盘地址格式的所有参数为：台数 16，记录面 20，磁道数 203 道，扇区数 16，由此可得磁盘地址格式为

20　　17	16　　9	8　　4	3　　0
台号	柱面号	盘面号	扇区号

磁盘总存储容量为

$$16\times20\times203\times16384=1064304640(\mathrm{B})$$

15. 某磁盘里，平均找道时间为 20ms，平均旋转等待时间为 7ms，数据传输率为 2.5MB/s。磁盘机上存放着 500 个文件，每个文件的平均长度为 1MB。现需将所有文件逐一读出并检查更新，然后写回磁盘机，每个文件平均需要 2ms 的额外处理时间。问：

(1) 检查并更新所有文件需要占用多少时间？

(2) 若磁盘机的旋转速度和数据传输率都提高一倍，检查并更新全部文件的时间是多少？

【解】(1) 每次磁盘读写的时间＝找道时间＋等待时间＋数据传输时间，故总的文件更新时间为

$$[(20\times10^{-3}+7\times10^{-3}+1/2.5)\times2+2\times10^{-3}]\times500=428(\mathrm{s})=7.1(\mathrm{min})$$

(2) 若磁盘机的旋转速度提高一倍，则平均旋转等待时间缩短为 3.5ms；若磁盘机的数据传输率都提高一倍，则变为 5MB/s，故总的文件更新时间为

$$[(20\times10^{-3}+3.5\times10^{-3}+1/5)\times2+2\times10^{-3}]\times500=233.5(\mathrm{s})=3.9(\mathrm{ms})$$

16. 一磁带机有 9 道磁道，带长 700m，带速 2m/s，每个数据块 1KB，块间间隔 14mm。若数据传输率为 128000B/s，试求：

(1) 记录位密度。

(2) 若带首尾各空 2m，求此带最大有效存储容量。

【解】(1) 由于数据传输率 $C=D\cdot v$，其中，D 为记录位密度，v 为线速度，故

$$D=C/v=128000\mathrm{B/s}\div2\mathrm{m/s}=64000\mathrm{B/m}$$

(2) 传送一个数据块所需时间为

$$t=\frac{1024\mathrm{B}}{128000\mathrm{B/s}}=\frac{1}{125}\mathrm{s}$$

一个数据块占用长度为

$$l=v\cdot t=2\mathrm{m/s}\times\frac{1}{125}\mathrm{s}=0.016\mathrm{m}$$

每块间隙 $l_1=0.014\mathrm{m}$，数据块总数为

$$(700-4)\div(l+l_1)=23200(\text{块})$$

故磁带存储器有效存储容量为

$$23200\times1\mathrm{KB}=23200(\mathrm{KB})$$

17. CD-ROM 光盘的外缘有 5mm 宽的范围因记录数据困难，一般不使用，故标准的播放时间为 60min。计算模式 1 和 2 情况下光盘存储容量是多少？

【解】扇区总数＝$60\times60\times75=270000$(扇区)

模式 1 存放计算机程序和数据，其存储容量为

$$270000\times2048/1024/1024=527(\mathrm{MB})$$

模式 2 存放声音、图像等多媒体数据，其存储容量为

$$270000\times2336\times1024/1024=601(\mathrm{MB})$$

第8章 输入/输出系统

8.1 选择题

1. 在不同速度的设备之间传送数据______。

A. 必须采用同步控制方式　　B. 必须采用异步控制方式

C. 可用同步方式,也可用异步方式　　D. 必须采用应答方式

2. 早期微型机中,不常用的I/O信息交换方式是______。

A. 程序查询方式　　B. 中断方式　　C. DMA方式　　D. 通道方式

3. 串行接口是指______。

A. 接口与系统总线之间串行传送,接口与I/O设备之间串行传送

B. 接口与系统总线之间串行传送,接口与I/O设备之间并行传送

C. 接口与系统总线之间并行传送,接口与I/O设备之间串行传送

D. 接口与系统总线之间并行传送,接口与I/O设备之间并行传送

4. 中断向量可提供______。

A. 被选中设备的地址　　B. 传送数据的起始地址

C. 中断服务程序入口地址　　D. 主程序的断点地址

5. 在中断系统中,CPU一旦响应中断,则立即关闭______标志,以防止本次中断响应过程被其他中断源产生另一次中断干扰。

A. 中断允许　　B. 中断请求　　C. 中断屏蔽　　D. 设备完成

6. 为了便于实现多级中断,保存现场信息最有效的方法是采用______。

A. 通用寄存器　　B. 堆栈　　C. 存储器　　D. 外存

7. CPU输出数据的速度远远高于打印机的打印速度,为解决这一矛盾,可采用______。

A. 并行技术　　B. 通道技术　　C. 缓冲技术　　D. 虚存技术

8. 硬中断服务程序的末尾要安排一条指令IRET,它的作用是______。

A. 构成中断结束命令　　B. 恢复断点信息并返回

C. 转移到IRET的下一条指令　　D. 返回到断点处

9. 一个由微处理器构成的实时数据采集系统,其采样周期为20ms,A/D转换时间为25μs,则当CPU采用______方式读取数据时,其效率最高。

A. 查询　　B. 中断　　C. 无条件传送　　D. 延时采样

10. Pentium相在实模式下支持__①__个中断源,在保护模式下支持__②__个中断和异常。

A. 128　　B. 256　　C. 512　　D. 1024

11. 在采用DMA方式高速传输数据时,数据传送是______。

A. 在总线控制器发出的控制信号控制下完成的

B. 在 DMA 控制器本身发出的控制信号控制下完成的

C. 由 CPU 执行的程序完成的

D. 由 CPU 响应硬中断处理完成的

12. 采用 DMA 方式传送数据时，每传送一个数据就要占用一个______时间。

A. 指令周期　　B. 机器周期　　C. 存储周期　　D. 总线周期

13. 周期挪用方式常用于______方式的输入/输出中。

A. 程序查询方式　　B. 中断方式　　C. DMA 方式　　D. 通道方式

14. 在中断周期中，将允许中断触发器置“0”的操作由______完成。

A. 硬件　　B. 关中断指令　　C. 开中断指令　　D. 软件

15. CPU 对通道的请求形式是______。

A. 自陷　　B. 中断　　C. 通道命令　　D. I/O 指令

16. 下列陈述中，正确的是______。

A. 磁盘是外部存储器，和输入/输出系统没有关系

B. 对速度极慢或简单的外围设备可以不考虑设备的状态直接进行接收数据和发送数据

C. 从输入/输出效率分析，DMA 方式效率最高、中断方式次之、程序查询方式最低，所以才有 DMA 方式淘汰中断方式、中断方式淘汰程序查询方式的发展过程

D. 在程序查询方式、中断方式中需要组织 I/O 接口，而 DMA 方式和通道方式就不需要了

17. 下列陈述中，正确的是______。

A. CPU 对外设的选择是基于设备编址的

B. 统一编址是指系统按照统一的设备管理方案对外设进行统一编码

C. 设备编址是 CPU 对外设的选择编码，每个设备都有唯一的编码，不会造成混淆

18. 下列陈述中，正确的是______。

A. 在程序查询方式的优点是简单，不需要考虑优先级问题

B. 优先级是中断排队链中的位置顺序，因此在构造系统时需要首先考虑系统的效率合理地安排优先级

C. 单级中断不支持中断嵌套，所以没有优先级的问题

D. 优先级是外设所代表的事件的性质

19. 下列陈述中，正确的是______。

A. 中断技术在实时系统中非常重要，在于 CPU 在任何时候都可响应中断请求，保证了系统的实时要求

B. 在单级中断中，CPU 响应中断时会设置中断屏蔽状态，这样中断过程就不会被其他中断打扰；而在多级中断系统中，为了支持多重中断，即优先级高的中断可以打断优先级低的中断，所以 CPU 响应中断时就不设置中断屏蔽状态了

C. 在多级中断系统中，为了支持中断嵌套，中断服务程序首先要开中断

20. 下列陈述中，正确的是______。

A. SCSI 总线接口是菊花链形式

B. IEEE1394 的一个重要特点是，外设是平等关系，所以它不能构成树形结构配置

C. SCSI 是并行 I/O 接口标准，而 IEEE1394 是串行标准，因此 SCSI 的传送速度比 IEEE1394 高

21. 下列陈述中，不正确的是______。

A. 缓冲技术是输入/输出系统用于平滑 CPU 和外设速度差异的基本手段

B. 中断事件对输入/输出系统而言是一种随机事件

C. 无条件传送方式的对象是速度极慢或简单的外围设备

D. CPU 可以通过通道指令管理通道

参考答案：

1. C　**2.** D　**3.** C　**4.** C　**5.** C　**6.** B　**7.** C　**8.** B　**9.** B

10. ①B　②B　**11.** B　**12.** C　**13.** C　**14.** B　**15.** D　**16.** B

17. A　**18.** D　**19.** C　**20.** A　**21.** D

8.2　分析设计题

1. 什么叫接口？接口有什么功能？基本组成包括哪些部件？

【解】接口是外部设备与主机间通信的桥梁，也称适配器。

接口的主要功能是：

① 接收主机发来的命令，控制外部设备操作。

② 反映设备工作状态，以便主机发出不同的控制命令。

③ 作为 I/O 设备与主机间传送数据的缓冲，暂时存放等待主机取走或设备取走的数据。

④ 中断逻辑，当今多数设备以中断方式与主机通信，接口中应设置中断控制逻辑。

接口基本组成包括：设备选择电路、数据缓冲寄存器、控制与状态寄存器、中断请求与屏蔽电路，在串行接口中还应包括数据格式串并行转换电路。

2. 说明外围设备的 I/O 控制方式分类及其特点。

【解】① 程序查询方式：CPU 的操作和外围设备的操作能够同步，且硬件结构比较简单。输入和输出控制和传输完全由 CPU 处理，降低了 CPU 的效率。

② 程序中断方式：一般适用于随机出现的服务，且一旦提出要求应立即进行，CPU 不需要对外设进行状态查询，节省了 CPU 的时间开销，但硬件结构稍复杂一些。

③ 直接内存访问（ DMA ）方式：数据传送不需要 CPU 的中转而在内存和外设间直接传送，数据传送速度很高，传送速率仅受到内存访问时间的限制。需要更多硬件，适用于内存和高速外设之间大批数据交换的场合。

④ 通道方式：可以实现对外设的统一管理和外设与内存之间的数据传送，完全将 CPU 从 I/O 控制工作中解放处理，大大提高了 CPU 的工作效率。

⑤ 外围处理机方式：是通道方式的进一步发展，基本上独立于主机工作，结构更接近一般处理机。

3. I/O 与 CPU 通信时，必须先对 I/O 设备进行寻址。现在常用的一种方法是将 I/O

接口与主存单元统一编址,请说明工作原理。

【解】CPU 在输出工作时,执行输出指令,把 ALU 中寄存器的数据送到指定输出设备的接口的寄存器中。如果把该设备的数据寄存器作为主存的一个单元,与主存统一编址,则 CPU 可利用写主存的命令完成输入工作。

同理,CPU 输入数据时,执行输入指令,把指定输入设备接口中的数据寄存器中的数据取到 ALU 的寄存器中即可,如果把该设备接口中数据寄存器作为主存一个单元,与主存统一编址,则 CPU 利用读主存指令即可完成输入工作。

这种方式的好处是可以省去 I/O 指令,简化指令系统;缺点是主存空间中有一部分单元指定做 I/O 接口寄存器,缩小了主存的容量。

4. 说明中断优先级的意义。

【解】中断优先级表现在两个地方:一是当多个中断源同时请求中断时,先响应优先级高的中断请求;二是优先级低的中断可以被优先级高的中断所中断。事实上,优先级就代表了系统对各个中断源所代表的事件的紧急程度的考量。

5. CPU 与外设以程序查询方式传送数据的原理是什么?

【解】由于设备的工作速度很慢,CPU 不知道何时把数据准备好送给主机,也担心 I/O送来数据时没有及时发现,而丢失数据,因此,CPU 不断把测试指令查询设备的工作是否完成、输入数据是否准备就绪,CPU 执行循环程序一直检测设备接口中的状态触发器;设备没有准备好输入数据时就一直执行这种查询设备工作状态的程序,直到输入数据准备好,程序才能输入指令,取走要输入的数据。

输出数据时的状况也是类似的:CPU 一直执行查询程序,测试输出设备输出的数据是否已经取走,输出工作是否已经完成,如果已经完成,CPU 才能再输出下一个数据。

显然在程序查询方式中,CPU 一直为 I/O 设备服务,不能做其他事情,因此 CPU 的工作效率是非常低的。

6. 什么叫中断允许?什么叫中断屏蔽?为什么要设置中断允许与中断屏蔽?

【解】CUP 执行过程中有时候不允许中断,特设立中断允许触发器,只有中断允许触发器为“1”才允许中断。如果禁止中断,可用指令将中断允许触发器置“0”,这时 CPU 就不再响应中断请求了。

中断源的优先级是固定的,不能任意改变。为了控制各种设备中断的先后顺序,特设立中断屏蔽触发器,每一个中断源都对应设立一个中断屏蔽触发器,当该屏蔽触发器为“1”时,其中断请求被屏蔽起来,不能向 CPU 申请中断。用这种方法也可改变许多设备同时请求中断时,CUP 先响应哪个设备请求的次序。

7. 何谓 DMA 方式?DMA 控制器可采用哪几种方式与 CPU 分时使用内存?

【解】直接内存访问(DMA)方式是一种完全由硬件执行 I/O 交换的工作方式。DMA 控制器从 CPU 完全接管对总线的控制。数据交换不经过 CPU,而直接在内存和 I/O设备之间进行。

DMA 控制器采用以下三种方式:

① 停止 CPU 访问内存:当外设要求传送一批数据时,由 DMA 控制器发一个信号给 CPU。DMA 控制器获得总线控制权后,开始进行数据传送。一批数据传送完毕后,DMA 控制器通知 CPU 可以使用内存,并把总线控制权交还给 CPU。

② 周期挪用：当 I/O 设备没有 DMA 请求时，CPU 按程序要求访问内存：一旦 I/O 设备有 DMA 请求，则 I/O 设备挪用一个或几个周期。

③ DMA 与 CPU 交替访内：一个 CPU 周期可分为 2 个周期，一个专供 DMA 控制器访内，另一个专供 CPU 访内。不需要总线使用权的申请、建立和归还过程。

8. 为什么 DMA 方式比中断方式具有更高的 I/O 效率？

【解】中断方式只是解决了 CPU 对 I/O 设备状态的查询和等待，但数据传送仍然需要 CPU 参与和中转，以输入为例，CPU 从外设读取数据到寄存器，再将寄存器中的数据存储到内存中；而在 DMA 方式下，数据传送在 DMA 控制器的控制下直接在内存和外设间传送，既不需要 CPU 的参与也没有了中断开销，所以 DMA 方式具有更高的 I/O 效率。

9. 通道的基本功能是什么？CPU 如何实现对通道的管理？通道如何实现对设备控制器的管理？

【解】① 通道是一个特殊功能的处理器，有自己的指令和程序专门负责数据输入输出的传输控制。它的基本功能是：执行通道指令、组织外围设备和内存进行数据传输，按 I/O 指令要求启动外设，向 CPU 报告中断等。

② CPU 是通过执行 I/O 指令以及处理来自通道的中断，实现对通道的管理。

③ 通道通过使用通道指令控制设备控制器进行数据传送操作，并以通道状态字接收设备控制器反映的外设的状态。

10. 通道有几种类型？简述其特点。

【解】① 选择通道：又称高速通道，在物理上可接多个设备，但逻辑上只能接一个设备，主要用于连接高速外设。但外设的辅助操作时间长，此期间内通道处于等待状态，利用率不高。

② 数组多路通道：不仅在物理上可接多个设备，逻辑上也可接多个设备。既保留了选择通道高速传送数据的优点，又充分利用了控制性操作的时间间隔为其他设备服务，通道效率充分得到发挥。

③ 字节多路通道：主要用于连接大量低速设备。物理上、逻辑上均可连接多个设备。不仅允许多个设备同时操作，也允许它们同时进行传输型操作。各设备与通道间的数据传送以字节为单位交替进行。

11. 根据下面的接口示意图（图 8.1），说明以程序查询方式进行数据输入输出的实现过程。

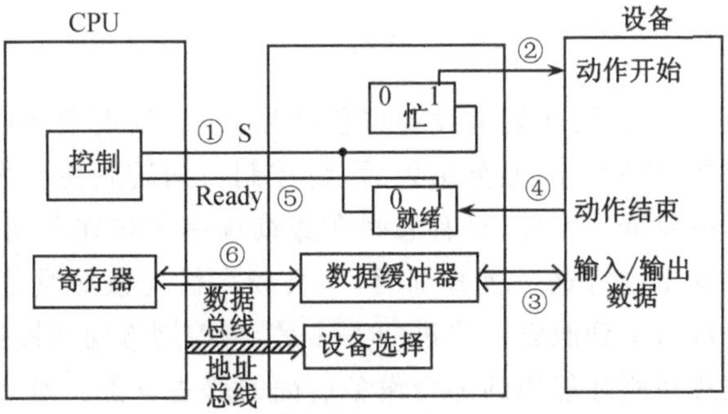

图 8.1

【解】① 先向设备发出命令字，请来求数据传送；图 8.1 中的 S 信号实现这一功能，它将“忙”触发器置“1”，启动设备，并将“就绪”触发器置“0”，表示设备尚未准备好或工作尚未完成。

② CPU 重复检查“就绪”触发器是否置“1”，这一功能是通过从 I/O 接口读入状态字实现的。

③ 设备将数据送入接口的数据寄存器(输入时)或者从接口的数据寄存器取走数据(输出时)，随后将“就绪”触发器置“1”，发出 Ready 信号。

④ CPU 检查到“就绪”触发器置“1”，即收到 Ready 信号后，从接口数据寄存器取走数据(输入时)或将数据送入接口数据寄存器(输出时)，并复位“就绪”触发器，到此完成一次输入输出。

12. 图 8.2 是以程序查询方式实现与多台设备进行数据交换的程序流程图；试分析这种处理方式(图中实线表示的方式)存在的问题以及改进措施。

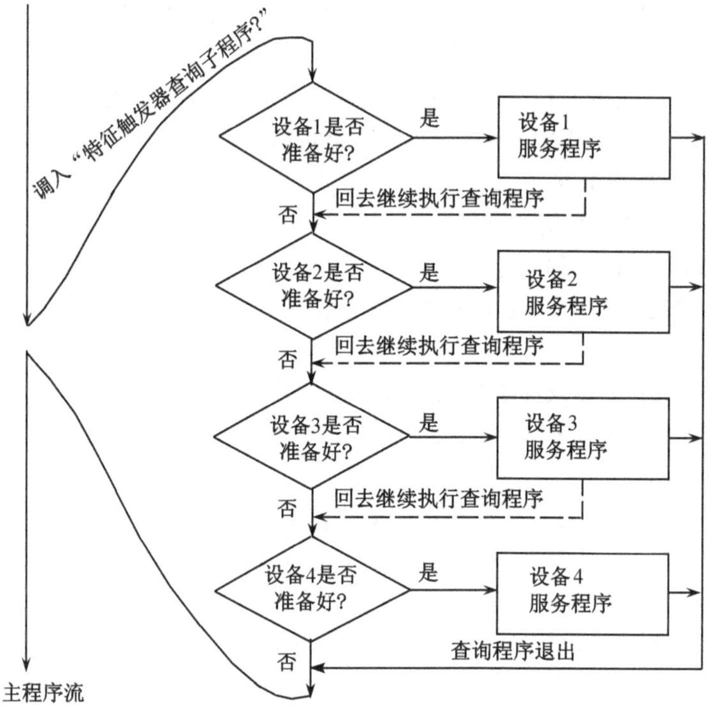

图 8.2

【解】这种处理方式一旦发现某个设备可供使用，或者发现它需要服务，控制方向就转到与这个设备有关的服务程序，服务结束后，将控制方向转到主程序，而不再继续检查任何其他设备的特征触发器。因此，只有那些在查询顺序中排在前面的特征触发器才经常被检查。在查询子程序进行这一次查询时，一台较高优先权的设备如果可以使用，所有较低优先权的设备都得不到服务。改进的方法是，将控制方向转回查询子程序(如图中虚线所示)，继续检查排在刚才能用的那台设备后面的那些设备。如果发现有新的设备可供使用，或者发现它需要服务，就把控制方向转到这个新设备的服务程序，在这个服务结束时，控制方向又转回查询子程序；从返回点开始，查询子程序又继续检查下一个最高优先权的设备能否使用;用这种方法,控制方向每转入查询子程序一次,查询序列就通过一次;只在所有的设备都已查询过了,控制方向才转向主程序。因此,没有哪一个设备长时间得不到服务,只有先后的差别,机会是相等的。

13. 分析图 8.3 程序中断方式基本接口示意图,简要说明 IM ,IR ,EI,RD ,BS 五个触发器的作用。

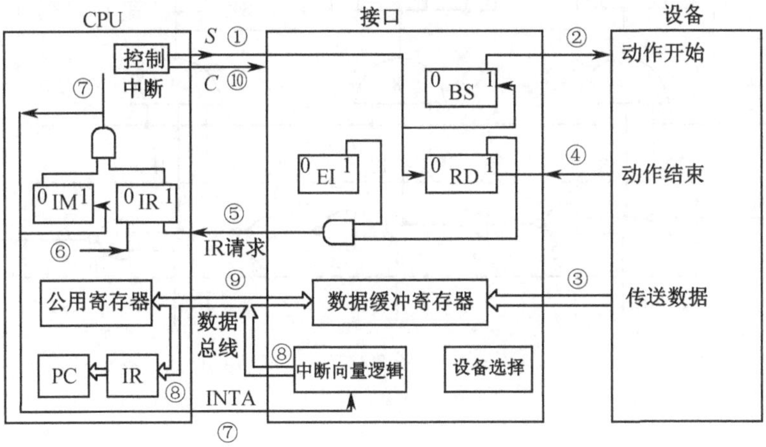

图 8.3

【解】中断屏蔽触发器(IM):CPU 是否可以响应中断的标志。IM 标志为“0”时 CPU 可响应外界中断请求。

中断请求触发器(IR):暂存中断请求线上由设备发出的中断请求信号。此标志为“1”时表示设备发出了中断请求。

允许中断触发器(EI):用程序指令来置位,控制是否允许某设备发出中断请求。EI 为“1”时,某设备可以向 CPU 发出中断请求。

准备就绪的标志(RD):一旦设备做好一次数据的接收或发送,便发出一个设备动作完毕信号,使 RD 标志为“1”。

工作触发器(BS):该标志为“ 1 ”时设备正在工作。

14. 分析图 8.4 逻辑示意图的功能。

【解】当中断允许信号 INTI 有效(为“0”)时,如果 IR1、IR2、IR3 中至少一个外设的中断请求时就会使中断请求 INTO 有效,向 CPU 提交中断请求。同时,IR1、IR2、IR3 所相应的 IS1、IS2、IS3 会有效,表示是哪个外设产生的中断请求,IS1 的条件是 IR1 有效,而 IS2 的条件是 IR1 无效且 IR2 有效,而 IS3 的条件是 IR1、IR2 无效且 IR3 有效,所以 IR1 的优先级最高、IR2 次之、IR3 最低。

当 CPU 响应中断后,INTA 有效,IR1 和 IS1 控制门 7,IR2 和 IS2 控制门 8,IR3 和 IS3 控制门 7。如果是 IR1 产生的中断,则门 7 控制编码器,向数据总线上送出 001010,这是 IR1 产生的中断的中断向量;同理,IR2 产生的中断,中断响应 INTA 有效后,向数据总线上送出中断向量 001010;IR3 产生的中断,中断响应 INTA 有效后,向数据总线上送出中断向量 001000。

本示意图说明了采用串行排队链法来实现具有公共请求线的中断源优先级识别的

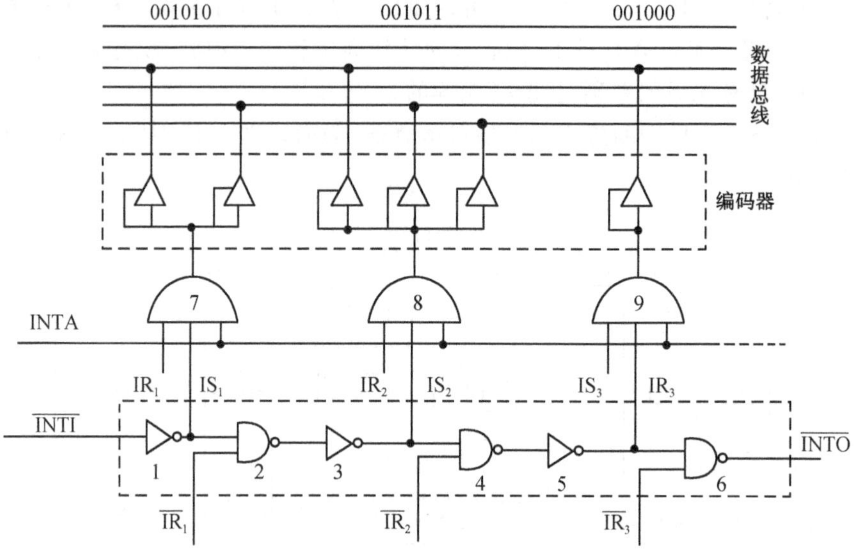

图 8.4

过程。

15. 图 8.5 是一个二维中断系统，请问：

(1) 在中断情况下，CPU 和设备的优先级如何考虑？请按降序排列各设备的中断优先级。

(2) 若 CPU 现执行设备 B 的中断服务程序，IM2，IM1，IM0 的状态是什么？如果 CPU 执行设备 D 的中断服务程序，IM2，IM1，IM0 的状态又是什么？

(3) 每一级的 IM 能否对某个优先级的个别设备单独进行屏蔽？如果不能，采取什么方法可达到目的？

(4) 若设备 C 一提出中断请求，CPU 立即进行响应，如何调整才能满足此要求？

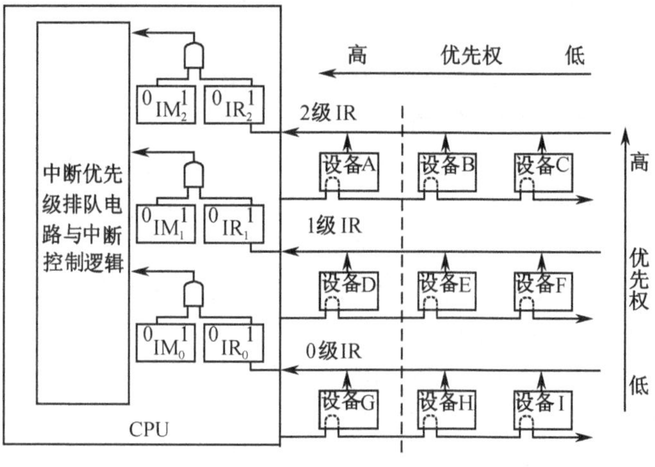

图 8.5

【解】(1) 在中断情况下,CPU 的优先级最低。各设备优先次序是：A-B-C-D-E-F-G-H-I。

(2) 执行设备 B 的中断服务程序时 IM2、IM1、IM0 ＝ 111；执行设备 D 的中断服务程序时 IM2、IM1、IM0＝011 。

(3) 每一级的 IM 标志不能对某优先级的个别设备进行单独屏蔽。可将接口中的 EI (中断允许)标志清“0”,它禁止设备发出中断请求。

(4) 要使 C 的中断请求及时得到响应,可将 C 从第二级提出,单独放在第三级上,使第二级的优先级最高,即令 IM3＝0 即可。

16. 图 8.6 所示的系统是 A、B、C 三个设备组成的单级中断结构，它要求 CPU 在执行完当前指令时转向对中断请求进行服务。现假设：

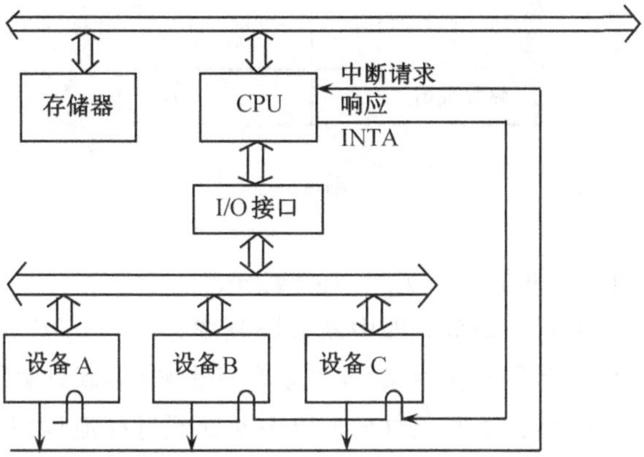

图 8.6

T_{oc}为查询链中每个设备的延迟时间；

T_A、T_B、T_C分别为设备 A、B、C 的服务程序所需的执行时间；

T_S、T_R 为保存现场和恢复现场所需时间；

主存的工作周期 T_M。

试问：

(1) 分析 CPU 处理设备 A、B、C 的服务程序所需的执行时间。

注意：“中断允许”机构在确认一个新中断之前,先要让即将被中断的程序的一条指令执行完毕。

(2) 就这个中断请求环境来说,系统在什么情况下达到中断饱和？也就是说,在确保请求服务的三个设备都不会丢失信息的条件下,允许出现中断的极限频率有多高？

(3) 如果将系统改为多级中断系统,极限频率如何变化？

【解】(1) 中断处理过程和各时间段如图 8.7 所示。

假定三个设备同时发出中断请求,那么依次分别处理设备 C、B、A 时间如下：

$$t_C = 2T_M + T_{oc} + T_S + T_C + T_R$$

$$t_B = 2T_M + 2T_{oc} + T_S + T_B + T_R$$

$$t_A = 2T_M + 3T_{oc} + T_S + T_A + T_R$$

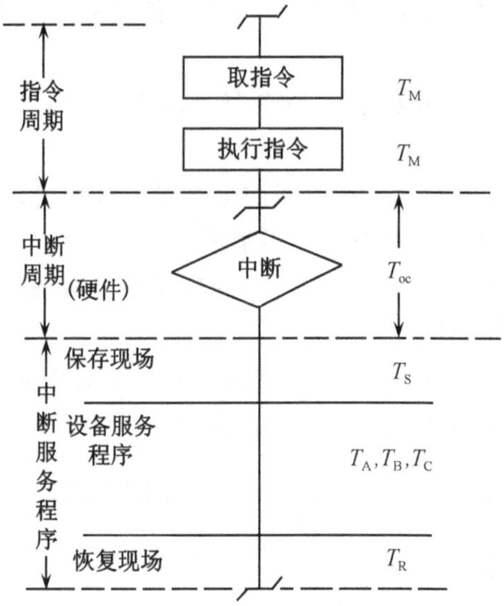

图 8.7

(2) 三个设备所花的总时间为：$T = t_C + t_B + t_A$。

T 是达到中断饱和的最小时间，即中断极限频率为 $f = 1/T$ 。

(3) 系统改为多级中断系统，对中断极限频率有影响(重新计算 t_C、t_B、t_A)。

17. CPU 响应中断应具备哪些条件？画出中断处理过程流程图。

【解】响应中断的条件：

① 在 CPU 内部设置的"中断屏蔽"触发器必须是开放的。

② 外设有中断请求时，"中断请求"触发器必须处于" 1 "状态，保持中断请求信号。

③ 外设(接口)"中断允许"触发器必须为"1"，这样才能把外设中断请求送至 CPU。

④ 当上述三个条件具备时，CPU 现行指令结束的最后一个状态周期响应中断。

中断处理过程流程图如图 8.8 所示。

18. 某机用于生产过程中的温度数据采集，每个采集器含有 8 位数据缓冲寄存器一个，比较器一个，能与给定范围比较，可发出"温度过低"或"温度过高"信号。如图 8.9 所示，主机采用外设单独编址方式，四个采集器共用一个设备码，共一个接口。

(1) 如果采用程序查询方式工作，请拟定该接口的方案。

(2) 如果采用中断方式，如何改进该接口(如何产生中断请求)。

(3) 请简述在中断方式下的工作原理。

【解】如图 8.10 所示。

(1) 接口中设置了一个状态字，用来存储四个采集器的比较结果，每个采集器对应两个 bit 位，分别表示：00-正常、10-过低、11-过高。由于四个采集器共用一个设备码，所以在接口中设置了一个控制字，来指示后续读操作的对象，使用了三个 bit 位，分别表示：100-读状态、000-读采集器 0 的缓冲、001-读采集器 1 的缓冲、010-读采集器 2 的缓冲、011-读采集器 0 的缓冲。

(2) 如果采用中断方式，需要在接口中添加一个中断逻辑。写控制字时清除中断请

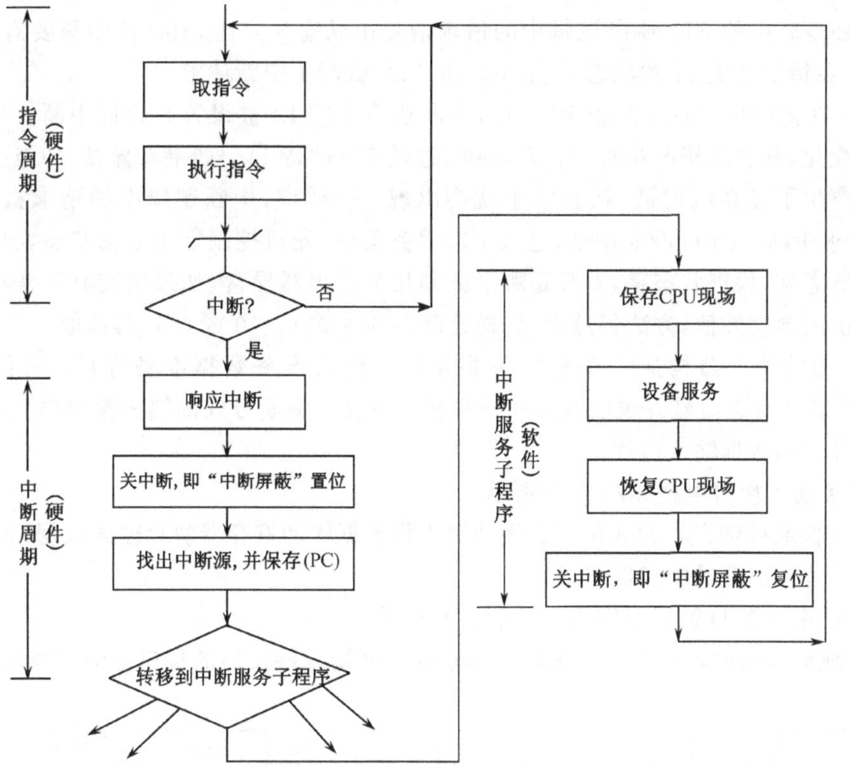

指令周期
(硬件)
取指令
执行指令
中断?
否
是
中断周期
(硬件)
响应中断
关中断,即“中断屏蔽”置位
找出中断源,并保存(PC)
转移到中断服务子程序
中断服务子程序
(软件)
保存CPU现场
设备服务
恢复CPU现场
关中断,即“中断屏蔽”复位

图 8.8

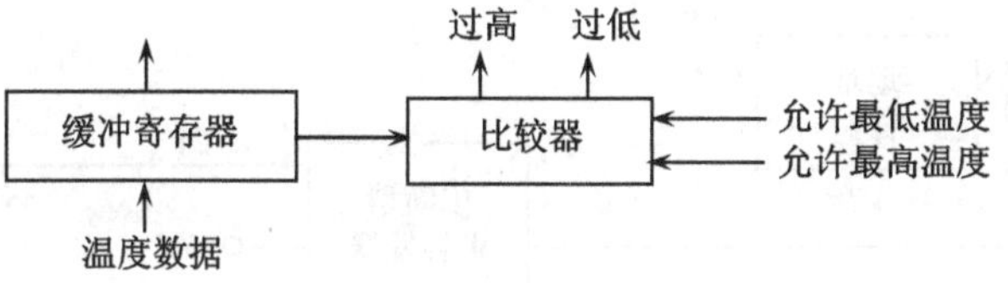

过高
过低
缓冲寄存器
比较器
允许最低温度
允许最高温度
温度数据

图 8.9

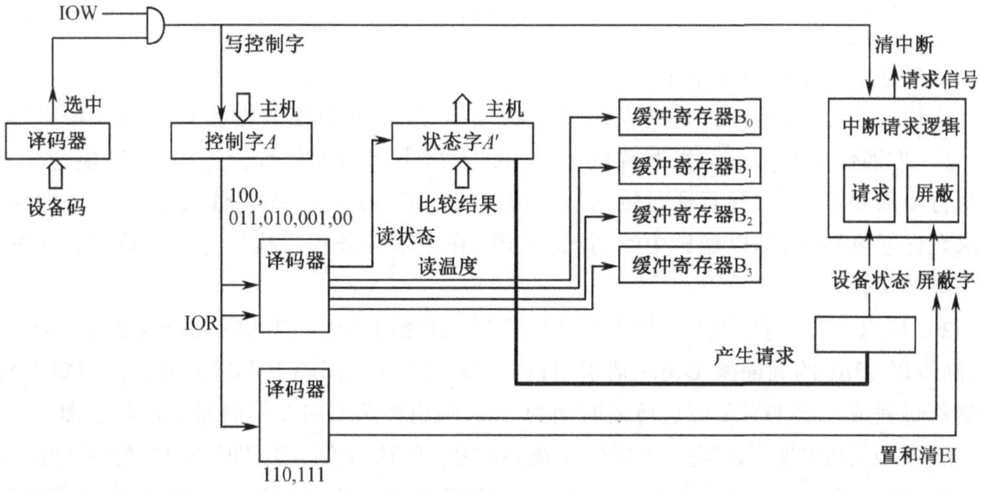

IOW
写控制字
清中断
请求信号
选中
主机
主机
译码器
控制字A
状态字A'
缓冲寄存器B0
中断请求逻辑
设备码
100,
011,010,001,00
比较结果
缓冲寄存器B1
请求
屏蔽
读状态
缓冲寄存器B2
译码器
读温度
缓冲寄存器B3
设备状态 屏蔽字
IOR
产生请求
译码器
置和清EI
110,111

图 8.10

求。控制字的三 bit 编码中增加:110-禁止中断、111 允许终端,这两个编码的译码信号将控制中断逻辑中的 EI。中断逻辑中的请求信号由状态字产生,8bit 位中只要有一个“1”(假设不会错误产生 01 的状态,只有 00、10、11),就产生中断请求。

(3) 在初始化时写入控制字“111”,中断逻辑中的 EI 被设置为允许中断。采集器监视温度变化,并实时修改状态字:正常-00、过低-10、过高-11。如果有异常,即至少有一个采集器产生了过高或过低,状态字中就会出现 一个“1”,中断逻辑中的请求被设置,向 CPU 请求中断。CPU 响应中断,进入中断服务程序,先写控制字 100 读状态,再读取,取出的是状态字;检查状态字,看看是哪个或哪几个采集器异常,如果确实有异常再读取采集器当前的温度数值,方法仍然是:先送控制字 000、001、010 或 011,再读取。

19. 用微处理器构成一个数据采集系统。输入设备数据准备好后,将给出就绪 READY 脉冲状态信号并送出八位并行数据。请设计中断方式的输入接口电路,给出逻辑框图并说明数据输入过程。

【解】输入接口电路如图 8.11 所示。

① 8 位数据锁存器和 8 位三态缓冲器用作数据缓冲寄存器暂存输入数据,这二者也可使用一片三态缓冲锁存器实现。

② 使用一个 D 触发器作为中断请求触发器。

③ 地址译码逻辑用于产生读数据和清除中断请求触发器的端口地址选择信号。

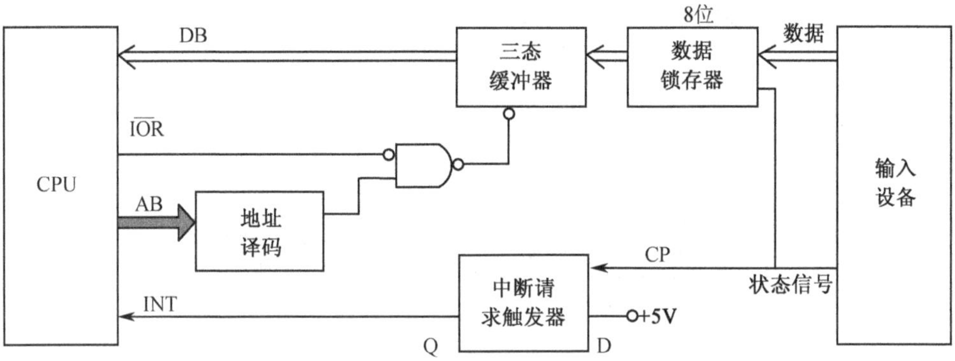

图 8.11

数据输入的工作过程如下:

当输入设备准备就绪时,它发出就绪状态信号,一方面使数据被打入数据锁存器暂存,另一方面使中断请求触发器置位,向 CPU 发出中断请求信号。如果 CPU 响应中断,则执行中断服务程序,并且通过输入指令访问数据端口打开三态门读入数据,同时将中断请求允许触发器复位,以撤销中断请求。CPU 在中断服务程序执行完毕后返回被中断的程序继续执行。

20. 磁盘、磁带、打印机三个设备同时工作:磁盘以 30μs 的间隔向控制器发 DMA 请求,磁带以 45μs 的间隔发 DMA 请求,打印机以 150μs 的间隔发 DMA 请求。假定 DMA 控制器每完成一次 DMA 传送所需时间为 5μs,画出多路 DMA 控制器工作时空图。

【解】根据传输速率,磁盘优先权最高,磁带次之,打印机最低。工作时空图如图 8.12 所示。

21. 某 I/O 系统有四个设备:磁盘(传输速率为 500000 位/秒)、磁带(200000 位/秒)、

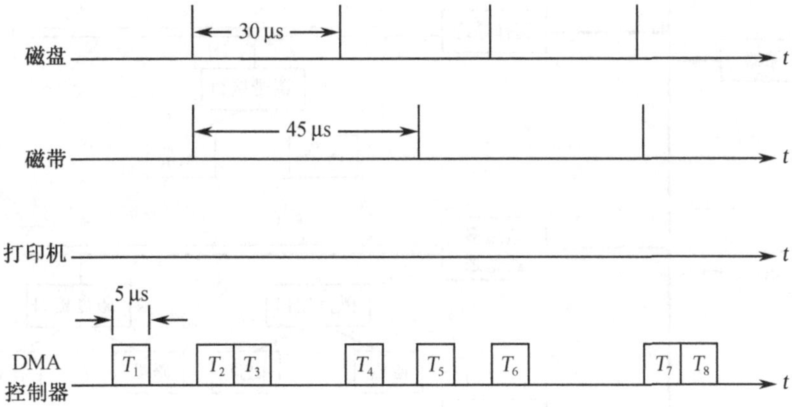

图 8.12

打印机(2000 位/秒)、CRT (1000 位/秒),试用中断方式、DMA 方式组织此 I/O 系统。画出包括 CPU 部分总线控制器在内的 I/O 方式示意图,并略作文字说明。

【解】示意图如图 8. 13 所示。根据设备传输速率不同,磁盘、磁带采用 DMA 方式,打印机、CRT 采用中断方式,因而使用了独立请求与链式询问相结合的二维总线控制方式。DMA 请求的优先权高于中断请求线。每一对请求线与响应线又是一对链式查询电路。

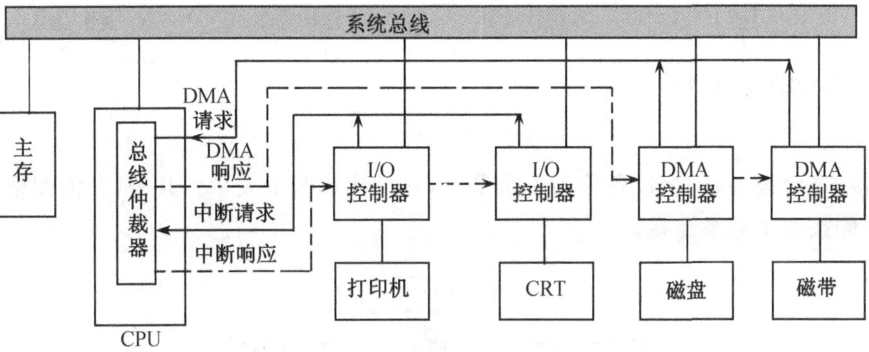

图 8.13

22. 某系统有 2 台磁带机(1 个接口可控制两台磁带机)、2 块磁盘(1 个接口只控制 1 块磁盘),还有一个终端、两台打印机,系统采用通道结构,请给出示意图。

【解】使用选择通道连接磁带机,数组多路通道连接磁盘,字节多路通道连接终端和打印机。如图 8.14 所示。

23. 若设备的优先级依次为 CD-ROM、扫描仪、硬盘,请用标准接口 SCS I 进行配置,画出配置图。

【解】SCSI 接口以菊花链形式最多连接 8 台设备。配置图如图 8.15 所示。

24. 有以下外设:硬盘、扫描仪、打印机、CD-ROM 、数字相机,请利用 IEEE1394 接口进行连接,画出配置图。

【解】配置图如图 8. 16 所示,主端口是 1394 树形配置结构的根接点。一个主端口最

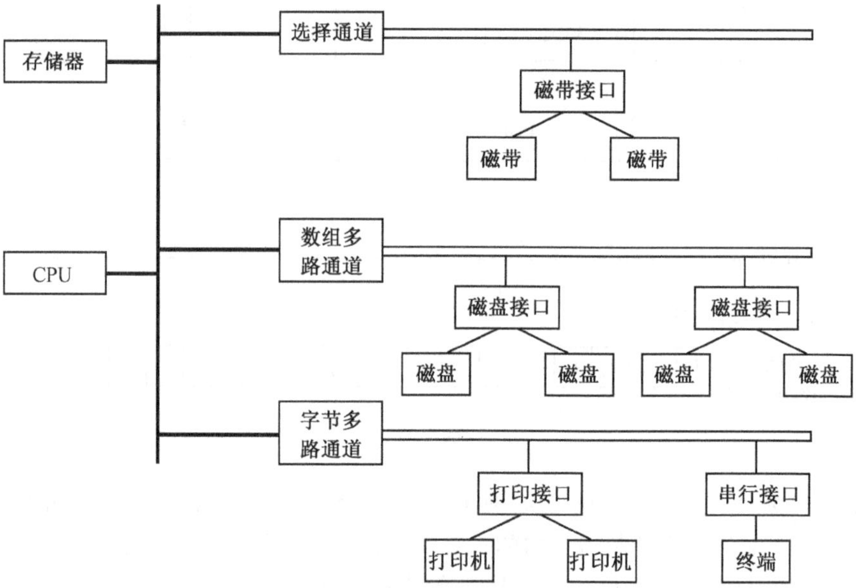

图 8.14

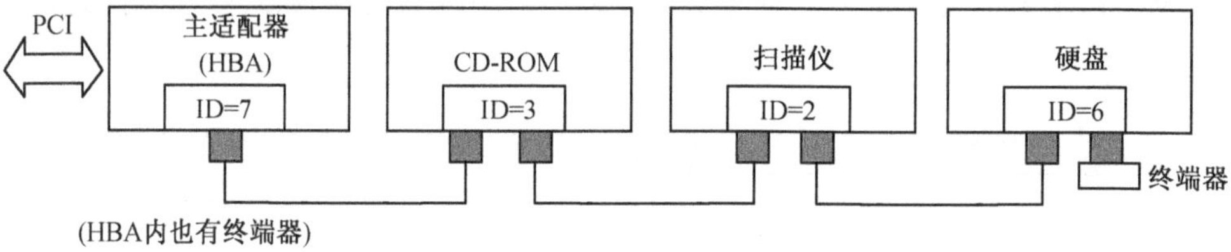

图 8.15

多可连接 63 台设备,每个设备称为一个节点,它们构成亲子关系。其中,右侧按菊花链式配置,左侧按亲子关系连接。

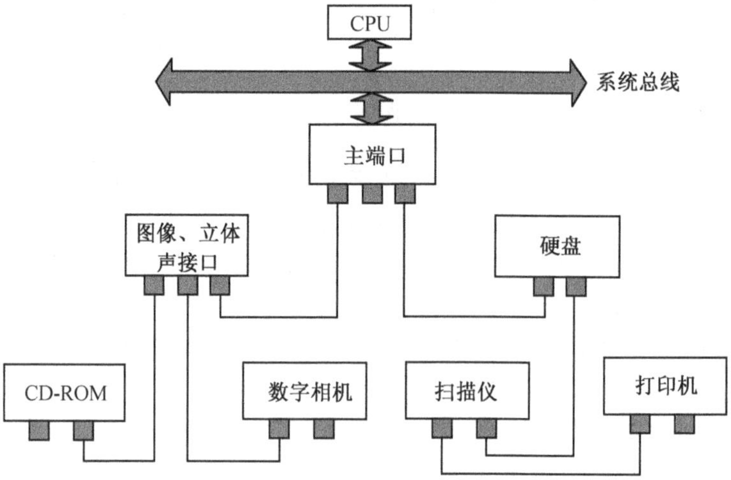

图 8.16

25. 假设磁盘采用 DMA 方式与主机交换信息，其传输速率为 2MB/s，而且 DMA 的预处理需 1000 个时钟周期，DMA 完成传送后处理中断需 500 个时钟周期。

(1)CPU 对 DMA 请求和中断请求的响应时间是否一样？为什么？

(2)如果平均传输的数据长度为 4KB，试问在硬盘工作时，50MHz 的处理器需用多少时间比率进行 DMA 辅助操作(预处理和后处理)？

【解】(1)CPU 对 DMA 请求和中断请求的响应时间不一样，因为两种方式的交换速度相差很大，因此 CPU 必须以更短的时间间隔查询并响应 DMA 请求(一个存取周期末)。

(2)DMA 传送过程包括预处理、数据传送和后处理三个阶段。

传送 4KB 的数据长度需 4KB/(2MB/s)＝0.002s

如果磁盘不断进行传输，每秒所需 DMA 辅助操作的时钟周期数为

$$(1000+500)/0.002=750000$$

故 DMA 辅助操作占用 CPU 的时间比率为

$$[750000/(50\times106)]\times100\%=1.5\%$$

第9章 并行组织与结构

9.1 选择题

1. 下面的论述中，不正确的是______。

A. 超线程技术在一颗处理机芯片内设计多个逻辑上的处理机内核

B. 多线程技术能够屏蔽线程的存储器访问延迟，增加系统吞吐率

C. 多指令流单数据流(MISD)结构从来没有实现过

D. 超标量技术是同时多线程技术在英特尔系列处理机产品中的具体实现

2. 下面关于并行处理技术的论述中，正确的是______。

A. 超标量流水线技术是指在一个处理机芯片上包含多个独立运行的内核的技术

B. 多核处理机技术是指在一个处理机芯片上设计多个逻辑处理机内核的技术

C. 超线程技术是指在操作系统的支持下，在一个处理机上同时运行多道程序的技术

D. 机群系统由一组完整的计算机(节点)通过高性能网络或局域网连接而成

3. 图9.1描述的处理机结构中，属于超线程处理机的是__①__，属于多核处理机的是__②__。

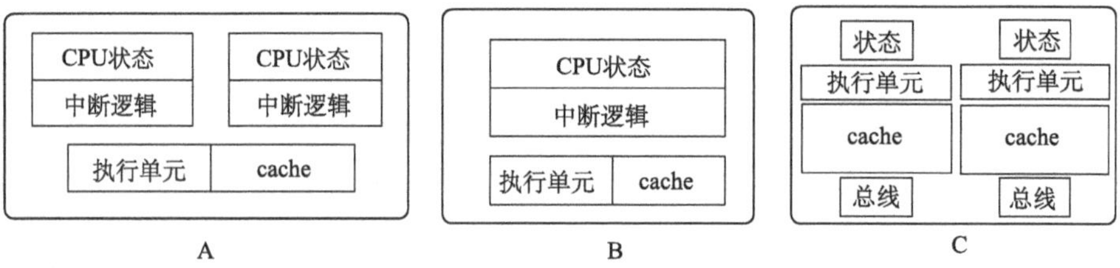

图9.1

4. 下面的论述中，不正确的是______。

A. 指令级并行处理(ILP)通过增加每个时钟周期执行的指令条数来提高处理机性能

B. 超线程技术在一颗处理机芯片内设计多个逻辑上的处理机内核，这些逻辑上的内核可以共享处理机内的二级cache等资源，但每个线程有自己独立的运算器

C. 英特尔集成众核处理机可作为中央处理机的协处理机工作

D. 多处理机系统利用任务级并行的方式提高系统性能，既把任务并行化并分配到多个处理机中去执行

5. 以下关于超线程技术的描述，不正确的是______。

A. 超线程技术可以把一个物理内核模拟成两个逻辑核心，降低处理部件的空闲时间

B. 相对而言，超线程处理机比多核处理机具有更低的成本

C. 超线程技术可以和多核技术同时应用

D. 超线程技术是一种指令级并行技术

6. 总线共享 cache 结构的缺点是______。

A. 结构简单

B. 通信速度高

C. 可扩展性较差

D. 数据传输并行度高

7. 以下表述不正确的是______。

A. 超标量技术让多条流水线同时运行，其实质是以空间换取时间

B. 多核处理机中，要利用发挥处理机的性能，必须保证各个核心上的负载均衡

C. 现代计算机系统的存储容量越来越大，足够软件使用，故称为“存储墙”

D. 异构多核处理机可以同时发挥不同类型处理机各自的长处来满足不同种类的应用的性能和功耗需求

8. 计算机系统中的并行性是指______。

A. 只有一个事件发生

B. 两个以上的事件不在同一时刻发生

C. 两个以上的事件不在同一时间间隔内发生

D. 两个以上的事件在同一时刻发生或同一时间间隔内发生

9. 从处理数据的角度看，不存在并行性的是______。

A. 字串位串　　B. 字串位并　　C. 字并位串　　D. 字并位并

10. 从执行程序的角度看，并行性等级最高的是______。

A. 指令内部并行

B. 作业或程序级并行

C. 指令级并行

D. 任务级或过程级并行

11. 按指令流(I)和数据流(D)的组织方式，单处理机系统属于______结构。

A. SISD　　B. SIMD　　C. MISD　　D. MIMD

12. 按指令流(I)和数据流(D)的组织方式，多处理机系统属于______结构。

A. SISD　　B. SIMD　　C. MISD　　D. MIMD

13. 按指令流(I)和数据流(D)的组织方式，机群系统属于______结构。

A. SISD　　B. SIMD　　C. MISD　　D. MIMD

14. 按指令流(I)和数据流(D)的组织方式，多核处理机系统属于______结构。

A. SISD　　B. SIMD　　C. MISD　　D. MIMD

15. 以下处理中进入并行处理领域的是______。

A. 指令内部微操作并行　　B. 指令级并行

C. 字串位并　　D. 任务级或过程级并行

16. 多处理机实现______级并行。

A. 指令内部　　B. 指令　　C. 处理机内部　　D. 作业或程序

17. 多处理机分类中，不属于紧耦合系统的是______。

A. SMP(对称多处理机)　　B. PVP(并行向量处理机)

C. MPP(大规模并行处理机)　　D. DSM(分布共享存储器多处理机)

18. 在以下四种类型的 MIMD 计算机中，只有______不能采用商品化的通用微机来构成并行处理系统。

A. SMP(对称多处理机)　　B. PVP(并行向量处理机)

C. MPP(大规模并行处理机)　　D. DSM(分布共享存储器多处理机)

19. 下列机器中，属于机群系统的是______。

A. 刀片服务器

B. 至强融核众核处理机系统

C. AMD 速龙(Athlon)X2 双核处理机系统

D. NetBurst 微体系结构的志强处理机系统

20. 以下描述中，概念正确的是______。

A. 机群系统是由一组完整的计算机(结点)通过高性能的网络或局域网互联而成的系统，它作为一个单独的统一资源来使用，具有单一系统形象的特点

B. 机群系统就是局域网

C. 机群系统就是 MPP

D. 机群系统就是多台异构型计算机的互联系统

21. 以下描述中，不正确的是______。

A. 根据 Amdahl 定理，程序的加速比决定于串行部分的性能

B. 多核处理机上运行的每个线程都具有完整的硬件执行环境

C. 按计算内核的对等与否，CMP 可分为同构多核和异构多核两种

D. 线程的切换比进程的切换代价大

22. 以下陈述中不属于机群系统特征的是______。

A. 机群的每个结点上驻留有完整的操作系统

B. 机群的各结点间通过共享磁盘实现信息交换

C. 机群的各结点通过低成本的商用网络互连

D. 机群的每个结点都是一个完整的计算机

23. 以下关于超线程技术的描述中，不正确的是______。

A. 超线程技术是一种低成本的多核技术

B. 超线程技术减少了处理机的闲置时间，提高了处理机的运行效率

C. 粗粒度多线程只有在遇到代价较高的长延迟操作时才由处理机硬件进行线程切换

D. 采用超线程技术可在同一时间里让应用程序使用处理机芯片的不同部分

24. 以下关于多核技术的描述中，不正确的是______。

A. 处理机片内使用共享的 L_2 cache 取代各个核私有的 L_2 cache 能够获得系统整体性能的提升

B. 多核处理机核间耦合度高，可以在任务级、线程级和指令级等多个层次充分发挥程序的并行性

C. 图形处理机(GPU)与通用 CPU 集成在一颗芯片上构成异构多核处理机

D. 与交叉开关结构相比，总线结构能够有效提高核间数据交换的带宽

25. 高效的核间通信机制是片上多核处理机高性能的重要保障，目前比较主流的片上高效通信机制有______。

A. 片上网络结构

B. 总线共享 cache 结构

C. 交叉开关互连结构

D. 共享磁盘结构

26. 多核处理机是______计算机，它有______个 CPU。

A. 空间并行，1　　B. 时间并行，多

C. 空间并行，多　　D. 时间并行，1

参考答案：

1. D　**2.** D　**3.** ①A　②C　**4.** B　**5.** D　**6.** C　**7.** C　**8.** D　**9.** A
10. B　**11.** A　**12.** D　**13.** D　**14.** D　**15.** D　**16.** D　**17.** C
18. B　**19.** A　**20.** A　**21.** D　**22.** B　**23.** A　**24.** D　**25.** A,B,C
26. C

9.2 分析计算题

1. 试比较超线程处理机与多核处理机的优劣。

【解】 超线程技术是在原有单线程处理机的基础上增加少量成本(复制必要的线程上下文相关的部件)，允许处理机在同一个周期从不同的线程取指令发射执行。不同的线程共享同一个流水线。超线程技术能够有效地提高芯片上的资源利用率，本质上仍然是多个线程共享一个处理机核。因此，采用超线程技术是否能获得的性能提升依赖于应用程序以及硬件平台。资源冲突会限制处理机的并行操作能力。

多核处理机技术把多个独立的处理机核集成到同一个芯片之上，利用片上更高的通信带宽和更短的通信时延，挖掘出线程级的更高并行性。每个线程都具有完整的硬件执行环境，故各线程之间可以实现真正意义上的并行。由于多个处理机核相互独立，故在运行多个线程时不会引起资源竞争。但多核架构中灵活性的提升是以牺牲资源利用率为代价的。

2. 如果一条指令的执行过程分为取指令、指令分析、指令执行三个子过程，且这三个子过程的延迟时间都相等。请分别画出指令顺序执行方式、指令流水执行方式的时空图。

【解】 时空图如图 9.2 所示。

3. 如果一条指令的执行过程分为取指令、指令分析、指令执行三个子过程，且取指令、分析指令 、执行指令三个过程段的时间都是 Δt，分别求指令顺序执行、指令流水执行两种方式执行 $n=2000$ 条指令所用的总时间。

【解】 ① 顺序执行方式：

$$T = 3n \times \Delta t = 3 \times 2000\Delta t = 6000\Delta t$$

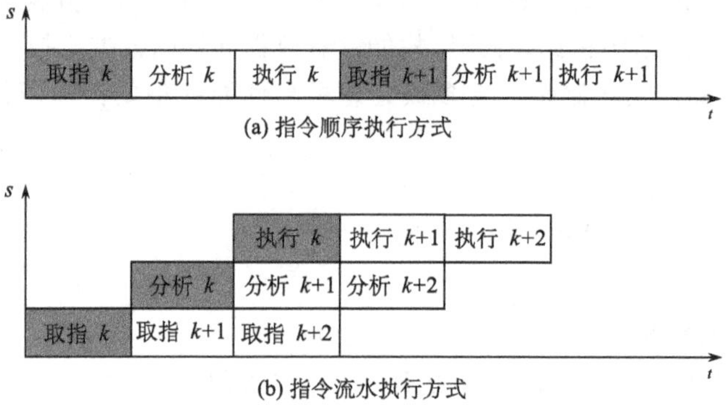

图 9.2

② 流水执行方式：

$$T=(n+2)\times\Delta t=(2000+2)\times\Delta t=2002\Delta t$$

4. 设有 $k=4$ 段指令流水线，各功能段分别为取指令、指令译码、指令执行和结果写回，分别用 S_1、S_2、S_3 和 S_4 表示，各段延迟时间均为 Δt。若连续输入 n 条指令，请画出指令流水线的时空图。

【解】在指令连续输入流水线的理想情况下，一条 k 段流水线能够在 $k+n-1$ 个时钟周期(Δt)内完成 n 条指令，如图 9.3 所示。

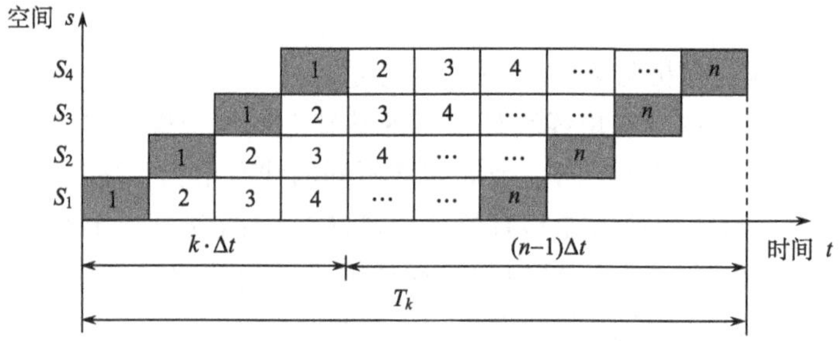

图 9.3

5. 利用第 4 题的条件和时空图，要求：

(1) 推导流水线吞吐率 P 的公式，它定义为单位时间中输出的指令数；

(2) 推导流水线加速比 S 的公式，它定义为顺序执行 n 条指令所用时间与流水执行 n 条指令所用时间之比；

(3) 推导流水线效率 E 的公式，它定为 n 条指令占用的时空区有效面积与在 k 个流水段中执行 n 条指令占用的矩形时空区总面积之比。

【解】(1) 从流水线时空图可看出，完成第 1 条指令需要用 k 个时钟周期，后续 $n-1$ 条指令可以在后续的 $n-1$ 个时钟内完成。因此流水线完成 n 条指令所需的总时间为

$$T_k=(k+n-1)\Delta t$$

根据定义，吞吐率 P 为

$$P=\frac{n}{T_k}=\frac{n}{(k+n-1)\Delta t}$$

(2) 顺序执行 n 条指令所用的总时间 T_0 为

$$T_0=(k\Delta t)\cdot n$$

根据定义,加速比 S 的公式为

$$S=\frac{T_0}{T_k}=\frac{n\cdot k\Delta t}{(k+n-1)\Delta t}=\frac{n\cdot k}{k+n-1}$$

(3) 流水线效率 E 的公式为

$$E=\frac{k\cdot n\Delta t}{k(k+n-1)\Delta t}=\frac{n}{k+n-1}$$

式中,分子部分是在 k 个流水段中执行 n 条指令占用的时空图总面积。

6. 利用第 5 题的公式,求流水线最大吞吐率 $P_{\max}$、最大加速比 $S_{\max}$、最高效率 $E_{\max}$,并说明它们的物理意义。

【解】 第 5 题得到的三个公式是在 k 个流水段中执行 n 条指令时的吞吐率、加速比和效率,当 $n\to\infty$ 时,分别得到最大值。

$$P_{\max}=\lim_{n\to\infty}\frac{n}{(k+n-1)\Delta t}=\frac{n}{n\Delta t}=\frac{1}{\Delta t}$$

也即当 $n\to\infty$ 时,流水线在每个时钟周期(Δt)内有一条指令下线。

$$S_{\max}=\lim_{n\to\infty}\frac{n\cdot k}{k+n-1}=\frac{n\cdot k}{n}=k$$

也即当 $n\to\infty$ 时,流水线的最大加速比等于流水线的段数。

$$E_{\max}=\lim_{n\to\infty}\frac{n}{k+n-1}=\frac{n}{n}=1$$

也即当 $n\to\infty$ 时,分子分母两部分的时空区面积接近于相等,流水线有最高效率。

7. 设 F 为一个计算机系统中 n 台处理机可以同时执行的程序的百分比,其余代码必须用单台处理机顺序执行。每台处理机的执行速率为 x(MIPS),并假设所有处理机的处理能力相同。

(1) 试用参数 n、F、x 推导出系统专门执行该程序时的有效 MIPS 速率表达式。

(2) 假设 $n=32$,$x=8$ MIPS,若期望得到的系统性能为 64 MIPS,试求 F 值。

【解】 (1) 设总指令数为 m,并行指令数为 $m(P)$,顺序指令数为 $m(S)$,则总执行时间 T 为

$$T=\frac{m(P)}{nx}+\frac{m(S)}{x}=\frac{mF}{nx}+\frac{m(1-F)}{x}$$

有效 MIPS 表达式为

$$\text{MIPS}=\frac{m}{T}=\frac{m}{\dfrac{mF}{nx}+\dfrac{m(1-F)}{x}}=\frac{m}{\dfrac{mF+nm-nmF}{nx}}=\frac{nx}{n(1-F)+F}$$

(2) 在上式中代入已知条件

$$64=\frac{32\times 8}{32(1-F)+F}$$

求得 $F=0.90=90\%$。

8. 某同构多核处理机由 C_0 到 C_{m-1} 共 m 个处理机核组成，采用总线共享 cache 结构连接在同一条总线上。在某个给定的时间段里，任何一个处理机核使用总线的概率都是 p。请分别求出总线空闲、只有一个核请求总线和多于一个核请求总线三种情况出现的概率。

【解】某一个处理机核提出总线请求的概率是 p，故其不发出总线请求的概率是 $1-p$。因此，所有处理机核均不提出总线请求的概率是 $(1-p)^m$，即总线空闲的概率为 $(1-p)^m$。

类似地，处理机核 C_0 提出总线请求的概率是 p，处理机核 C_1 到 C_{m-1} 均不发出总线请求的概率是 $(1-p)^{m-1}$。故处理机核 C_0 提出总线请求而处理机核 C_1 到 C_{m-1} 均不发出总线请求的概率是 $p(1-p)^{m-1}$。由于各个核使用总线的概率是相等的，所以只有一个核请求总线的概率为 $m\,p(1-p)^{m-1}$。

由于总线被使用的情况必定是总线空闲、只有一个核请求总线或多于一个核请求总线三种情况之一，故多于一个核请求总线的概率为

$$1-(1-p)^m-m\,p(1-p)^{m-1}$$

9. 假设某同构多核处理机有 n 个处理机核，各个核通过共享总线方式访问共享主存存取数据，且各个处理机核均配备私有的指令存储器空间。若平均每四条指令中有一条指令需要访问共享数据存储空间，且访存时在整个指令周期中都占用总线。

(1) 若 $n=32$，该处理机比单核处理机运行速度快多少？

(2) 若 $n=64$，该处理机比单核处理机运行速度快多少？

【解】(1) 由于 32 个核共享总线，故在 32 个指令执行时间内平均每个核将获得一次访问数据存储空间的机会，而每访问一次数据存储空间将可以执行 4 条指令。故在 32 个指令执行时间内可执行 $32\times 4=128$ 条指令。

而单核处理机在 32 个指令执行时间内可执行 32 条指令。故 32 核处理机与单核处理机相比，速度仅提高 $128/32=4$ 倍。

(2) 由于 64 个核共享总线，故在 64 个指令执行时间内平均每个核将获得一次访问数据存储空间的机会，而每访问一次数据存储空间将可以执行 4 条指令。故在 64 个指令执行时间内可执行 $64\times 4=256$ 条指令。

而单核处理机在 64 个指令执行时间内可执行 64 条指令。故 64 核处理机与单核处理机相比，速度仅提高 $256/64=4$ 倍。

10. 如果一台 SIMD 计算机和一台流水处理机具有相同的计算性能，对构成它们的主要部件分别有什么要求？

【解】一台具有 n 个处理单元的 SIMD 计算机与一台具有一条 n 级流水线并且时钟周期为前者 $1/n$ 的流水处理机的计算性能相当，两者均是每个时钟周期产生 n 个计算结果。

但是，SIMD 计算机需要数量为流水处理机 n 倍的硬件部件(即 n 个处理单元)，而流水处理机中流水线部件的时钟速率要求比 SIMD 计算机快 n 倍，同时还需要存储器的带

宽也是 SIMD 计算机的 n 倍。

11. 某程序完成标量运算，原来在英特尔至强处理机上运行。如果在该机中增加至强融核扩展卡并将该程序移至卡上运行，程序运行时间是否能大幅度缩短？为什么？

【解】程序运行时间不会大幅度缩短。

因为英特尔集成众核架构适合 SIMD 结构，但在执行标量代码时每个核相对较慢。只有运行存在大量规则数据并行的应用程序时，英特尔集成众核才能达到最优性能。而标量运算程序在集成众核上运行并不会发挥硬件的并行优势。

12. 多处理机系统和多计算机系统的差别是什么？

【解】多处理机系统和多计算机系统都属于多机系统，但多处理机系统和多计算机系统的差别是：

① 多处理机是多台处理机组成的单机系统，多计算机是多台独立的计算机。

② 多处理机中各处理机逻辑上受统一的操作系统控制，而多计算机的操作系统逻辑上是独立的。

③ 多处理机间以单一数据、向量、数组和文件交互作用，多计算机经通道或者通信线路以数据流的方式进行交互。

④ 多处理机作业、任务、指令、数据各级并行，多计算机多个作业并行。

13. Amdahl 定律给出了加快某部件执行速度所获得的系统性能加速比 S_p 的公式：

$$S_p=\frac{T_0}{T_n}=\frac{1}{(1-F_e)+\dfrac{F_e}{S_e}}$$

式中，T_0 为改进前整个任务的执行时间；T_n 为改进后整个任务的执行时间；F_e 为计算机执行某个任务的总时间中可被改进部分的时间所占的百分比；S_e 为可改进部分采用改进措施后比没有采用改进措施前性能提高的倍数。

请问：

(1) 参数 F_e、S_e、$(1-F_e)$ 和 S_p 的数值大小如何理解？

(2) 假设系统某一部件的处理速度加快到原来的 9 倍，但该部件的原处理时间仅为整个运行时间的 45%，问采用加快措施后能使整个系统的性能提高多少？

【解】(1) F_e 小于 1，S_e 大于 1，$(1-F_e)$ 表示不可改进部分，总是小于 1。

当 $F_e=0$，即没有改进部分时，$S_p=1$。

当 $F_e\neq 0$，即有改进部分时，$S_p>1$。

当 $S_e\to\infty$ 时，$S_p=1/(1-F_e)$。

(2) 根据题意，$F_e=0.45$，$S_e=9$，代入公式得

$$S_p=\frac{1}{(1-F_e)+\dfrac{F_e}{S_e}}=\frac{1}{(1-0.45)+\dfrac{0.45}{9}}\approx 1.56$$

14. 假设使用 100 台多处理机系统获得加速比为 80，求原计算程序中串行部分所占的比例是多少？

【解】设加速比为 S_p，可加速部分比例为 F_e，理论加速比为 S_e。根据 Amdahl 定律，有

$$S_p = \frac{1}{(1-F_e)+\dfrac{F_e}{S_e}}$$

为简单化，假设程序只在两种模式下运行：①使用所有处理机的并行模式；②只用一个处理机的串行模式。假设并行模式下的理论加速比 S_e 即为多处理机的台数，加速部分的比例 F_e 即并行部分所占的比例，代入上式，有

$$80 = \frac{1}{(1-F_e)+\dfrac{F_e}{100}}$$

求得并行比例 $F_e=0.9975=99.75\%$，串行比例 $1-F_e=0.25\%$。

15. 在某细粒度多线程处理机中，如果一条指令访存时在 L_1 cache 中缺失，但在 L_2 cache 中命中，总共要消耗 n 个周期。如果采用多线程隐藏 L_1 cache 的缺失，那么需要立即运行多少个线程才能避免出现死周期？

【解】如果处理 L_1 cache 缺失需要消耗 n 个周期，则至少需要立即运行 n 个线程，占用 n 个周期。在 n 个周期之后，被阻塞的线程能够获取 L_2 cache 中的访存数据并将继续运行。

16. 某异构多核处理机由 $Core_0$、$Core_1$、$Core_2$、$Core_3$ 四个核组成，四个核各自完成一次平方运算所需的时间分别为 T、$T/2$、$T/3$ 和 T。现需计算一个 256 个整数的数组的每个整数的平方值，分别按以下两种方案分配计算任务：

方案 1：$Core_0$ 计算 32 个整数，$Core_1$ 计算 128 个整数，$Core_2$ 计算 64 个整数、$Core_3$ 计算 32 个整数；

方案 2：$Core_0$ 计算 48 个整数，$Core_1$ 计算 128 个整数，$Core_2$ 计算 80 个整数、$Core_3$ 执行其他任务（不参与计算）。

忽略访存延迟的影响。

(1) 求两种方案下完成任务所需的时间。

(2) 若定义各个处理机核不空闲的时间总和与各个处理机核总执行时间总和之比为处理机的利用率，求该处理机执行以上任务时的利用率。

【解】(1) 完成任务所需的时间为各个核运行时间的最大值。

方案 1 完成任务所需的时间为

$\max(32\times T,128\times T/2,64\times T/3,32\times T)=\max(32T,64T,21T,32T)=64T$

方案 2 完成任务所需的时间为

$\max(48\times T,128\times T/2,80\times T/3,0\times T)=\max(48T,64T,26.7T,0)=64T$

(2) 处理机的利用率：

方案 1 处理机的利用率为

$$\begin{aligned}&(32\times T+128\times T/2+64\times T/3+32\times T)/(64T\times 4)\\&=(32+64+21+32)/256=58.2\%\end{aligned}$$

方案 2 处理机的利用率为（$Core_3$ 不计算在内）：

$(48\times T+128\times T/2+80\times T/3)/(64T\times 3)=(48+64+26.7)/192=72.2\%$

17. 在多处理机系统中，各个核心私有的 cache 会引起各个私有 cache 之间以及私有

cache 与共享主存之间的 cache 一致性问题。请举例说明有哪些具体原因可能会导致 cache 一致性问题。

【解】出现 cache 一致性问题的原因主要有三个:共享数据写操作、进程迁移和 I/O 传输。

① 共享数据写操作引起的不一致。例如,两台处理机 P_1和 P_2分别将共享存储器 M 中的某个数据 X 拷贝至私有 cache C_1和 C_2中后(如图 9.4(a)所示),若处理机 P_1把私有 cache C_1中的 X 的值改写为 X′,就会产生数据不一致问题:若处理机 P_1采用写直达策略,则共享主存中的数据也将变为 X′,但 C_2中还是 X;若处理机 P_1采用写回策略,则 C_1中的数据被改写,但共享主存中还是 X。

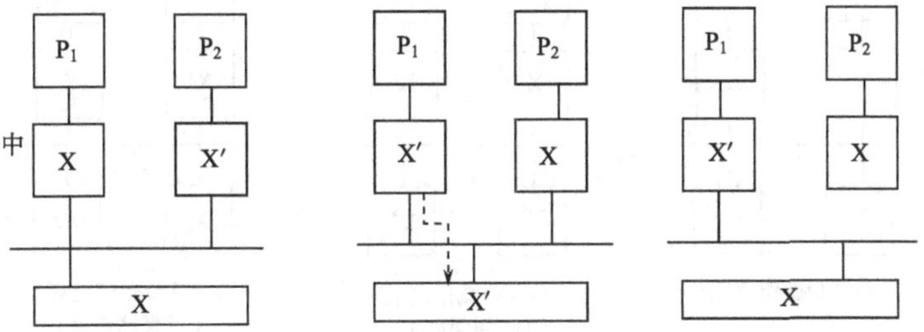

(a) 写操作之前　(b) 写操作之后(写直达策略)　(c) 写操作之后(写回策略)

图 9.4

② 进程迁移引起的数据不一致。例如,处理机 P_1将共享主存 M 中的某个数据 X 拷贝至私有 cache C_1后(如图 9.5(a)所示),若处理机 P_1把私有 cache C_1中的 X 的值改写为 X′,且 P_1采用写回策略,则修改过的 X′仍在处理机 P_1的私有 cache C_1中。当由于某种原因处理机 P_1上运行的进程被迁移到处理机 P_2上运行,则该进程运行时将从主存读取数据,此时将得到 X,而这个 X 是“过时”的(如图 9.5(b)所示),故会产生数据不一致问题。

采用写直达策略也可能导致因进程迁移引起的数据不一致。例如,两台处理机 P_1和 P_2分别将共享存储器 M 中的某个数据 X 拷贝至私有 cache C_1和 C_2中后,若处理机 P_2把私有 cache C_2中的 X 的值改写为 X′,若处理机 P_2采用写直达策略,则共享主存中的数据也将变为 X′,但处理机 P_1的私有 cache C_1中仍然是 X(如图 9.5(c)所示)。

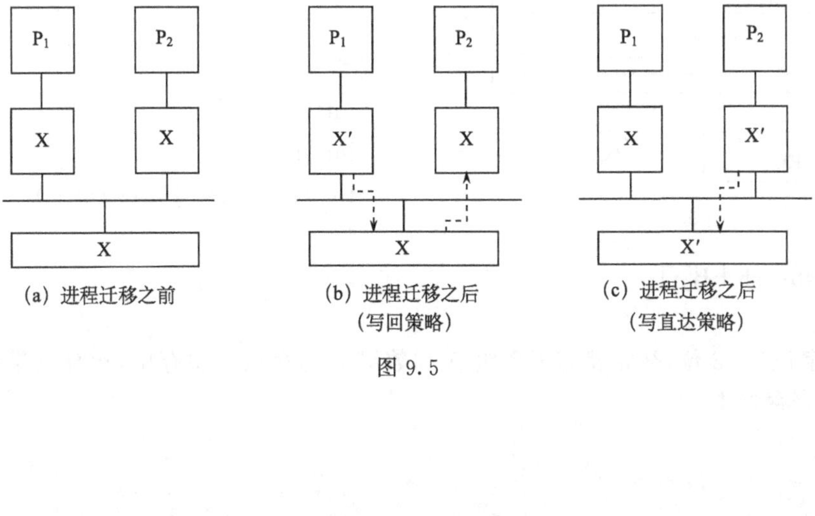

(a) 进程迁移之前　(b) 进程迁移之后(写回策略)　(c) 进程迁移之后(写直达策略)

图 9.5

③ I/O 传输所造成的数据不一致：这是因为 I/O 操作往往不经过 cache 而直接改写共享主存。例如，两台处理机 P_1 和 P_2 分别将共享存储器 M 中某个数据 X 拷贝至私有 cache C_1 和 C_2 中后（如图 9.6(a)所示），当 I/O 操作将一个新的数据 X′直接写入共享主存时（如图 9.6(b)所示），就导致了共享主存和私有 cache 之间的数据不一致。

另一种由 I/O 传输所造成的数据不一致的情况是：两台处理机 P_1 和 P_2 分别将共享存储器 M 中的某个数据 X 拷贝至私有 cache C_1 和 C_2 中后，若处理机 P_1 把私有 cache C_1 中的 X 的值改写为 X′，且处理机 P_1 采用写回策略，当 I/O 操作从共享主存读取 X 时（如图 9.6(c)所示），显然这个 X 是“过时”的。

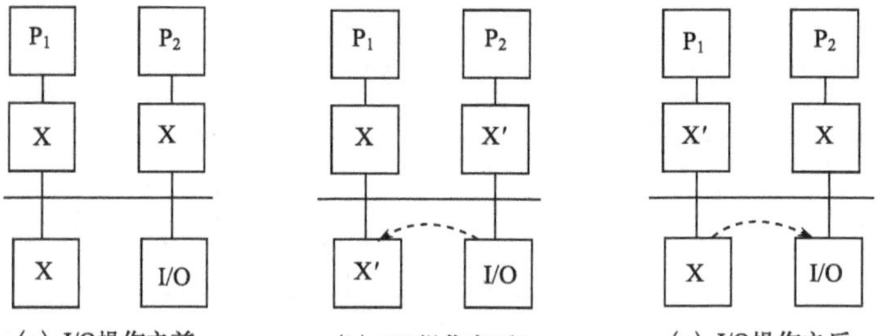

(a) I/O操作之前　(b) I/O操作之后（写回策略）　(c) I/O操作之后（写直达策略）

图 9.6

18. 某同构双核处理机结构如图 9.7 所示。处理机采用两级 cache 结构，每个核都有自己私有的 L_1 cache，两个核共享 L_2 cache。L_1 cache 行大小为 2KB，采用 2 两路组相联映射，访问延迟为 30ns/字。L_2 共享 cache 行大小为 4KB，采用直接映射方式，访问延迟为 80ns/字。主存的访问延迟为 200ns/字。处理机字长为 32 位。已知该处理机上运行的进程含两个线程，代码如下。

线程 1：

```
int A[1024];
int sa=0;
for (i=0; i < 1024; i++)
{
sa= sa+A[i];
}
```

线程 2：

```
int B[1024];
int sb=0;
for (i=0; i< 1024; i++)
{
sb=sb+B[i];
}
```

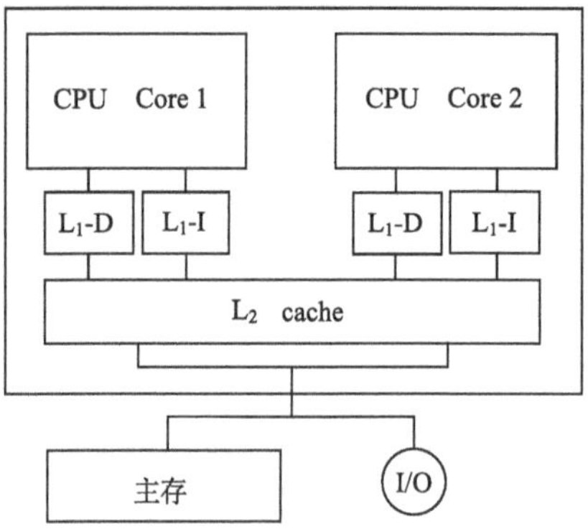

图 9.7

已知 int 字长为 32 位，初始状态下数组 A 和数组 B 均存放在主存中，运算结果存放在处理机内的寄存器中。

(1) 若主存中的数组 A 和数组 B 映射到 L_2 cache 中的不同行，且在 L_2 cache 中从该行 0 地址开始存放数组元素。请计算在最坏的情况下，进程执行完毕所需要的时间。

(2) 若主存中的数组 A 和数组 B 映射到 L_2 cache 中的同一行，且在 L_2 cache 中从该行 0 地址开始存放数组元素。请计算在最坏的情况下，进程执行完毕所需要的时间。

【解】(1) 初始状态下数组 A 和数组 B 均存放在主存中，故两个线程分别从 A[0]和 B[0]开始计算时，L_1 cache 和 L_2 cache 均缺失。此时将访问主存取数，并分别将数组 A 和数组 B 所在的主存块调入 L_2 cache 的不同行缓存，同时将每个数组的前 2K/4＝512 个字调入 L_1 cache。

此后的 511 个字的计算均命中 L_1 cache。

在两个线程分别计算 A[512]和 B[512]时，L_1 cache 缺失。此时将每个数组的后 2K/4＝512 个字从 L_2 cache 调入 L_1 cache。

此后的 511 个字的计算均命中 L_1 cache。

故对每个线程而言，其访问数组所需的时间为

$$200 + 30\times511 + 80 + 30\times511 = 30940\ (\text{ns})$$

在最坏的情况下，线程 1 和线程 2 将顺序执行。假设处理机运算足够快，则进程运行的时间取决于访问数组所需的时间，故进程执行完毕所需要的时间为

$$2\times30940=61880\ (\text{ns})$$

(2) 初始状态下数组 A 和数组 B 均存放在主存中，故当线程 A 从 A[0]开始计算时，L_1 cache 和 L_2 cache 均缺失。此时将访问主存取数，并将数组 A 所在的主存块调入 L_2 cache 的某一行缓存，同时将该数组的前 2K/4＝512 个字调入 L_1 cache。

在最坏的情况下，线程 1 和线程 2 交替执行并交替访问数组 A 和数组 B。线程 1 读取 A[0]之后，线程 2 立即读取 B[0]，此时 L_1 cache 和 L_2 cache 均缺失。线程 2 将访问主存取数，并将数组 B 所在的主存块调入 L_2 cache 的同一行缓存，同时将该数组的前 2K/4＝512 个字调入 L_1 cache，而 L_2 cache 中缓存的数组 A 的数据将被换出 L_2 cache。故线程 1 和线程 2 每次访问数组 A 或数组 B 均将访问主存，并将 L_2 中的数据替换。

因此，在最坏的情况下，进程执行完毕所需要的时间为

$$2\times200\times1024 = 409600\ (\text{ns})$$

19. 某处理机主频为 40MHz，数据总线 64 位，总线仲裁和地址传送需要 2 个时钟周期，cache 行大小为 32 字节，主存访问时间为 100ns。

(1) cache 读操作缺失的延迟时间是多少？

(2) 总线带宽是多少？

(3) 如果用该处理机组成多处理机系统，并将一个 cache 行的数据传输至另一个处理机，已知通信建立时间为 2μs，处理机间数据传输带宽为 20MB/s，那么远程操作的有效数据传输带宽是多少？

【解】(1) 时钟周期＝1/(40M) s = 25ns，一次总线传输的字节数＝64/8＝8，一个 cache 行需 32/8＝4 次总线传输。

cache 读操作缺失延迟＝总线仲裁时间＋主存读操作时间＋总线传输时间

$$= 2\times25 + 100 + 4\times25 = 250\ (\text{ns})$$

(2) 总线带宽 = 32B/250ns =128MB/s

(3) 远程操作的总延迟时间＝通信建立时间＋处理机间数据传输时间

$$=2000\text{ns} + 32\text{B}/(20\text{MB/s}) = 3600\ \text{ns}$$

有效数据传输带宽＝ 32B/3600ns＝8.89MB/s

20. 在运行 Web 服务器的计算机系统中增加 GPU 处理机是否会明显提升系统性能？为什么？

【答】GPU 适合于运行存在大量规则数据并行的应用程序。在常规 Web 服务器应用中，一般存在较多的分支跳转及线程间数据共享，这些操作靠 GPU 执行效率并不高。故对一般的 Web 应用服务器而言，增加 GPU 处理机不会明显提升系统性能。

21. 一个计算机系统包含两颗英特尔 Ivy Bridge 微架构的至强处理机，具备六个物理内核，通过超线程技术可运行 12 个处理线程，系统中另外配置四颗至强融核协处理机。请说明该系统采用了哪些并行处理技术。

【答】从整体上看，多颗至强处理机与四颗至强融核处理机构成异构多处理机架构。其中至强融核处理机是由双处理机构成的至强主处理机系统的协处理机系统。

在至强处理机内部，采用了同构多核、超线程等并行技术，可同时运行 24 个硬件线程，实现线程级并行处理。而每个核心则支持超流水线时间并行技术。

至强融核本身则在单芯片内集成了多达 57～61 个处理核心，故至强融核就是众核处理机。

第10章 考研辅导

10.1 选择题

模拟卷一

1. 2013年世界500强超级计算机排序中，中国研制的“天河二号”超级计算机位居世界第一，其浮点运算速度达到每秒______千万亿次。

A. 10.51　　B. 17.59　　C. 33.86　　D. 17.17

2. 4个整数都用8位补码表示，分别放在寄存器 $R_1=7FH$，$R_2=b8H$，$R_3=53H$，$R_4=22H$，运算结果放在8位的寄存器AC中，则下列运算中发生溢出的是______。

A. R_1-R_2　　B. R_1+R_2　　C. R_3-R_4　　D. R_3+R_4

3. 假设用Ⅰ表示单总线结构的ALU运算器，Ⅱ表示双总线结构的ALU运算器，Ⅲ表示三总线结构的ALU运算器。若三种运算器都执行定点加法操作，则操作时间快慢的排序是______。

A. Ⅰ、Ⅱ、Ⅲ　　B. Ⅱ、Ⅰ、Ⅲ　　C. Ⅲ、Ⅰ、Ⅱ　　D. Ⅲ、Ⅱ、Ⅰ

4. 假定用若干个2K×8位芯片组成8K×16位存储器，则地址0A2FH所在芯片的最大地址是______。

A. 0AFFH　　B. 0F2FH　　C. 0A3FH　　D. 0FFFFH

5. 下列有关SRAM和DRAM的叙述中，不正确的是______。

①SRAM和DRAM的存储机理相同，都采用触发器记忆

②DRAM的集成度不如SRAM的集成度高

③SRAM不需要刷新，DRAM需定期刷新

④SRAM和DRAM都是随机读写存储器

A. 仅①②　　B. 仅②③④　　C. 仅③④　　D. 仅②③

6. 下列因素中，与cache的命中率无关的是______。

A. cache的组织方式　　B. cache的容量

C. 块的大小　　D. 主存的存取时间

7. 下列选项中，体现总线标准发展历程的是______。

A. ISA→EISA→VESA→PCI　　B. PCI→EISA→ISA→VESA

C. EISA→VESA→PCI→ISA　　D. ISA→EISA→PCI→VESA

8. 常用的虚拟存储系统由______两级存储器组成，其中辅存是大容量的磁表面存储器。

A. cache-辅存　　B. 主存-辅存

C. 主存-cache　　D. 通用寄存器-主存

9. 采用DMA方式传送数据时，每传送一个数据就要占用一个______时间。

A. 指会周期　　B. 机器周期　　C. 存储周期　　D. 总线周期

10. 单级中断系统中，中断服务程序执行的顺序是______。

①保护现场 ②开中断 ③关中断 ④保存断点

⑤中断事件处理 ⑥恢复现场 ⑦中断返回

A. ①⑤⑥②⑦ B. ③①⑤⑦ C. ③④⑤⑥⑦ D. ④①⑤⑥⑦

11. 一个由微处理器构成的实时数据采集系统，其采样周期为 20ms，A/D 转换时间为 25μs，则 CPU 采用______方式读取数据时，其效率最高。

A. 查询 B. 中断 C. 无条件传送 D. 延时采样

12. 虚拟存储器中，当程序正在执行时，由______完成地址映射。

A. 程序员 B. 编译器 C. 装入程序 D. 操作系统

参考答案：

1. C **2.** B **3.** D **4.** D **5.** A **6.** D **7.** A **8.** B **9.** C
10. A **11.** B **12.** D

模 拟 卷 二

1. 下列陈述中正确的是______。

A. 只有定点运算才有可能溢出，浮点运算不会产生溢出

B. 流水线操作不能加快任何一条指令的执行过程，但能加快连续一串指令的执行过程

C. 中断向量是指中断服务程序的入口地址

D. 使用机器语言编写的程序比使用汇编语言编写的程序空间效率更高

2. 浮点加(减)法运算过程需要下述操作要素：

①零操作数检查；

②结果规格化及舍入处理；

③尾数加(减)运算；

④对阶操作；

正确的加(减)法操作流程组合是______。

A. ④③②① B. ①③④② C. ①④③② D. ②①④③

3. 某计算机字长 32 位，其存储容量为 256MB. 若按单字编址，它的寻址范围是______。

A. 32MB B. 64MB C. 2^{25}单元 D. 2^{26}单元

4. 设交叉存储器容量为 1MB，字长 64 位，模块数为 4，存储周期 200ns，数据总线宽度为 64 位，总线传送周期为 50ns。当连续读出 4 个字时，该存储器的带宽是______。

A. 320Mb/s B. 320MB/s C. 730Mb/s D. 730MB/s

5. 下列选项中正确的是______。

①PCI 总线连接各种高速的 PCI 设备

②PCI 总线是一个与处理器无关的高速外围总线

③PCI 总线采用分布式仲裁策略

④PCI 总线采用异步时序协议

A. 仅②③　　B. 仅①②　　C. 仅③④　　D. 仅①②③

6. 为便于实现多级中断，保存现场信息最有效的方法是______。

A. 通用寄存器　　B. 堆栈　　C. 无条件传送　　D. 延时采样

7. 采用虚拟存储器的主要目的是______。

A. 提高主存的存取速度

B. 扩大主存的存储空间，且能自动进行管理和调度

C. 提高外存的存取速度

D. 扩大外存的存储空间

8. CPU 中，汇编语言程序员可见的寄存器是______。

A. 存储器地址寄存器(MAR)

B. 存储器数据寄存器(MDR)

C. 程序计数器(PC)

D. 指令寄存器(IR)

9. 下面选项中，描述正确的是______。

A. RISC 机器不一定是流水 CPU

B. RISC 机器一定是流水 CPU

C. RISC 机器有复杂的指令系统

D. RISC 机器配备数量很少的通用寄存器

10. 下面选项中，描述正确的是______。

A. 微程序控制器与硬布线控制器相比，指令执行的速度要慢

B. 若采用微程序控制方式，则可用 μPC 取代 PC

C. 指令周期也称 CPU 周期

D. 控制存储器必须使用 RAM

11. 若磁盘的转速提高一倍，则______。

A. 平均存取时间减半　　B. 平均找道时间减半

C. 存储密度提高一倍　　D. 平均定位时间不变

12. 假设一台计算机的显示存储器用 DRAM 芯片实现，要求显示分辨率为 1024×768，颜色深度为 3B，帧频为 72Hz，显示总带宽的 50%用来刷新屏幕，则需要的显存总带宽至少为______。

A. 524MB/s　B. 324MB/s　C. 648MB/s　D. 864MB/s

参考答案：

1. B　**2.** C　**3.** D　**4.** C　**5.** B　**6.** B　**7.** B　**8.** C　**9.** B　**10.** A　**11.** D　**12.** B

模拟卷三

1. 世界上第一个微处理器是由 Intel 公司开发的，它的名称是______。

A. Intel 8008　　B. Intel 4004　　C. Intel 8080　　D. Intel 8086

2. 某机字长 32 位，其中 1 位表示符号位。若用定点整数表示，则最小负整数

为______。

A. $-(2^{31}-1)$　　B. $-(2^{30}-1)$　　C. $-(2^{31}+1)$　　D. $-(2^{30}+1)$

3. 下列有关运算器的描述中，正确的是______。

A. 只做加法运算　　B. 只做算术运算

C. 算术运算与逻辑运算　　D. 只做逻辑运算

4. 某 DRAM 芯片，其存储容量为 64K×16 位，该芯片的地址线、数据线分别是______。

A. 64,16　　B. 16,64　　C. 64,8　　D. 16,16

5. 某计算机主存容量为 64KB，其中 ROM 区为 8KB，其余为 RAM 区，按字节编址。现在用 4K×8 位的 EPROM 芯片和 8K×4 位的 SRAM 芯片来设计该存储器，则需要上述规格的 EPROM 芯片数和 SRAM 芯片数分别是______。

A. 1,15　　B. 2,14　　C. 1,14　　D. 2,15

6. RISC 访内指令中，操作数的物理位置一般安排在______。

A. 栈顶和次栈顶　　B. 两个主存单元

C. 一个主存单元和一个通用寄存器　　D. 两个通用寄存器

7. 当前的 CPU 由______组成。

A. 控制器　　B. 控制器、运算器、cache

C. 运算器、主存　　D. 控制器、ALU、主存

8. CPU 中跟踪指令后继地址的寄存器是______。

A. 地址寄存器　　B. 堆栈寄存器　　C. 程序计数器　　D. 指令寄存器

9. 流水 CPU 是由一系列称为“段”的处理部件组成。和具备 m 个并行部件的 CPU 相比，一个 m 段流水 CUP 的吞吐能力是______。

A. 具备同等水平　　B. 不具备同等水平

C. 小于前者　　D. 大于前者

10. 某总线在一个总线周期中并行传送 4 个字节的数据。假设一个总线周期等于一个总线时钟周期，总线时钟频率为 33MHz，则总线带宽是______。

A. 132MB/s　　B. 528MB/s　　C. 264MB/s　　D. 66MB/s

11. 单级中断系统中，CPU 一旦响应中断，立即关闭______标志，以防止本次中断服务结束前同级的其他中断源产生另一次中断进行干扰。

A. 中断允许　　B. 中断请求　　C. 中断屏蔽　　D. DMA 请求

12. 下列各项中，不属于安腾体系结构基本特征的是______。

A. 超长指令字　　B. 显示并行指令计算

C. 推断执行　　D. 超线程

参考答案：

1. B　**2.** A　**3.** C　**4.** D　**5.** B　**6.** C　**7.** B　**8.** C　**9.** A
10. A　**11.** C　**12.** D

模拟卷四

1. 世界上第一个半导体存储器是______年由仙童半导体公司开发的。

A. 1960　　B. 1969　　C. 1970　　D. 1971

2. IEEE754 标准 32 位浮点数格式中，符号位为 1 位，阶码为 8 位，尾数为 23 位，则它所能表示的最大规格化正数为______。

A. $+(2-2^{-23})\times 2^{+127}$　　B. $+(1-2^{-23})\times 2^{+127}$

C. $+(2-2^{-23})\times 2^{+225}$　　D. $2^{+127}-2^{-23}$

3. 在定点二进制运算器中，减法运算一般通过______来实现。

A. 原码运算的二进制减法器　　B. 补码运算的二进制减法器

C. 原码运算的十进制加法器　　D. 补码运算的二进制加法器

4. 某计算机字长 32 位，其存储容量为 256MB，若按字编址，它的寻址范围是______。

A. 64MB　　B. 32MB　　C. 32MW　　D. 64MW

5. 一个 32 位微处理器主存地址 32 位，采用片内 4 路组相联 cache，其存储容量为 16KB，其行大小为 4 个 32 位字。主存地址格式中所确定的标记 $s-d$、组地址 d、字地址 w 分别是______位。

A. $s-d=20, d=10, w=2$　　B. $s-d=18, d=12, w=2$

C. $s-d=22, d=8, w=2$　　D. $s-d=20, d=9, w=3$

6. 单地址指令中为了完成两个数的算术运算，除地址码指明的一个操作数外，另一个常需采用______。

A. 堆栈寻址方式　　B. 立即寻址方式　　C. 隐含寻址方式　　D. 间接寻址方式

7. 下列有关 PCI 总线基本概念描述中不正确的句子是______。

A. PCI 总线采用异步时序协议

B. PCI 总线的基本传输机制是猝发式传送

C. PCI 设备可以是主设备，也可以是从设备

D. 系统中允许有多条 PCI 总线

8. CRT 的分辨率为 1024×1024 像素，像素的颜色数为 256，则刷新存储器的容量为______。

A. 512KB　　B. 1MB　　C. 256KB　　D. 2MB

9. 为了便于实现多级中断，保存现场信息最有效的方法是采用______。

A. 通用寄存器　　B. 堆栈　　C. 存储器　　D. 外存

10. 特权指令是由______执行的机器指令。

A. 中断程序　　B. 用户程序　　C. 系统程序　　D. 外存

11. 虚拟存储技术主要解决存储器的______问题。

A. 速度　　B. 扩大存储容量　　C. 成本　　D. 前三者兼顾

12. 在安腾处理机中，控制推测技术主要用于解决______问题。

A. 中断服务　　B. 与取数指令有关的控制相关

C. 与转移指令有关的控制相关　　D. 与存数指令有关的控制相关

参考答案：

1. C　**2.** A　**3.** D　**4.** D　**5.** C　**6.** C　**7.** A　**8.** B　**9.** B
10. C　**11.** B　**12.** B

模拟卷五

1. 2013年世界500强超级计算机排序中，中国研制的超级计算机位居世界第一，其型号名称是______。

A. 红杉　B. 泰坦　C. 天河二号　D. 京

2. 下列数中最小的数是______。

A. $(101001)_2$　B. $(52)_8$　C. $(00101001)_{BCD}$　D. $(233)_{16}$

3. IEEE 754标准64位浮点数格式中，符号位为1，阶码为11位，尾数为52位，则它能表示的最小规格化负数为______。

A. $-(2-2^{-52})\times 2^{-1023}$　B. $-(2-2^{-52})\times 2^{+1023}$

C. -1×2^{-1024}　D. $-(1-2^{-52})\times 2^{+2047}$

4. 假设主存储器容量16M×32位，cache容量为64K×32位，主存与cache之间以每块4×32位大小传送数据。若用直接映射方式组织cache，它的行地址＝______位。

A. 10　B. 14　C. 8　D. 9

5. 交叉存储器实质上是一种多模块存储器，它用______方式执行多个独立的读写操作。

A. 流水　B. 资源重复　C. 顺序　D. 资源共享

6. 寄存器间接寻址方式中，操作数在______。

A. 通用寄存器　B. 主存单元　C. 程序计数器　D. 堆栈

7. 机器指令与微指令之间的关系是______。

A. 用若干条微指令实现一条机器指令

B. 用若干条机器指令实现一条微指令

C. 用一条微指令实现一条机器指令

D. 用一条机器指令实现一条微指令

8. 流水线中造成控制相关的原因是执行______指令引起。

A. 条件转移　B. 访内　C. 算逻　D. 无条件转移

9. PCI总线是一个高带宽且与处理器无关的标准总线。下面描述中不正确的是______。

A. 采用同步定时协议　B. 采用分布式仲裁策略

C. 具有自动配置能力　D. 适合于低成本的小系统

10. 下面描述中，不属于外围设备三个基本组成部分的是______。

A. 存储介质　B. 驱动装置　C. 控制电路　D. 计数器

11. 中断处理过程中，______项是由硬件完成。

A. 关中断　B. 开中断　C. 保存CPU现场　D. 恢复CPU现场

12. 64位的安腾处理机设置了四类执行单元。下面陈述中，______项不属于安腾的执行单元。

A. 浮点执行单元　　B. 存储器执行单元

C. 转移执行单元　　D. 位操作执行单元

参考答案:

1. C　**2.** C　**3.** B　**4.** B　**5.** C　**6.** B　**7.** A　**8.** A　**9.** B

10. D　**11.** A　**12.** D

模拟卷六

1. 运算器的核心功能部件是______。

A. 数据总线　B. ALU　C. 状态条件寄存器　D. 通用寄存器

2. 某单片机字长 16 位,其存储容量是 64KB。若按字节编址,它的寻址范围是______。

A. 2^{16}　B. 2^{15}　C. 64KB　D. 32KB

3. 某 SRAM 芯片,其容量为 1M×8 位,除电源和接地端外,控制端有 E 和 R/$\overline{W}$,该芯片的管脚引出线数目是______。

A. 20　B. 28　C. 30　D. 32

4. 双端口存储器所以能进行高速读写操作,是因为采用______。

A. 高速芯片　B. 新型器件

C. 流水技术　D. 两套相互独立的读写电路

5. CPU 执行一段程序时,cache 完成存取的次数为 1900 次,主存完成存取的次数为 100 次,则 cache 的命中率是______。

A. 0.92　B. 0.95　C. 0.85　D. 0.93

6. 微程序控制器为了确定下一条微指令的地址,通常采用断定方式,其基本思想是______。

A. 用程序计数器 PC 来产生后继指令地址

B. 用微程序计数器 μPC 来产生后继微指令地址

C. 通过微指令下地址字段和判别字段测试产生后继微指令地址

D. 通过指令中制定一个专门字段来控制产生后继微指令地址

7. 某计算机的指令流水线由 4 个功能段组成,指令流经各功能段的时间(忽略各功能字段之间的缓存时间)分别为 100ns、90ns、80ns 和 60ns,则该计算机的 CPU 时钟周期至少是______。

A. 100ns　B. 90ns　C. 80ns　D. 60ns

8. CPU 中跟踪指令后继地址的寄存器______。

A. 地址寄存器　B. 程序计数器　C. 指令寄存器　D. 通用寄存器

9. 某寄存器中的数值为指令码,只有 CPU 的______才能识别它。

A. 指令译码器　B. 判断程序　C. 微指令　D. 时序信号

10. 为实现多级中断,保存现场信息最有效的方法是采用______。

A. 通用寄存器　B. 堆栈　C. 主存　D. 外存

11. 采用 DMA 方式传送数据时,每传送一个数据,就要占用一个______的时间。

A. 指令周期　　B. 机器周期　　C. 存储周期　　D. 总线周期

12. 下面一组顺序执行的安腾处理机的指令中，在指令之后加入停止标志的是______。

A. ld8 r7=[r2]　　B. add r6=r8,r9

C. SUB r3=r1,r4　　D. add r5=r3,r7

参考答案：

1. B　**2.** A　**3.** C　**4.** D　**5.** B　**6.** C　**7.** A　**8.** B　**9.** A　**10.** B　**11.** C　**12.** C

模拟卷七

1. 定点 8 位字长的字，采用 2 的补码形式表示 8 位二进制整数(其中一位符号位)，可表示的数的范围为______。

A. $-127\sim+127$　　B. $-2^{-127}\sim+2^{-127}$

C. $2^{-128}\sim2^{+127}$　　D. $-128\sim+127$

2. 已知 x 和 y 是两个整数，用补码乘法求得 $[x\times y]_{补}=11000011$，则补码乘积的十进制数值为______。

A. -61　　B. $+61$　　C. $+165$　　D. -165

3. 主存容量 16M×32 位，cache 容量为 64K×32 位，主存与 cache 之间以每块 4×32 位大小传送数据。若采用每组 2 行的组相联方式组织 cache，则标记 $s-d=$______位。

A. 8　　B. 9　　C. 10　　D. 13

4. 双端口存储器在______情况下会发生读写冲突。

A. 左右端口地址码不同　　B. 左右端口地址码相同

C. 左右端口数据码不同　　D. 左右端口数据码相同

5. 用于对某个寄存器中操作数的寻址方式为______。

A. 直接　　B. 间接　　C. 寄存器　　D. 寄存器间接

6. 程序控制类的指令功能是______。

A. 进行算术运算和逻辑运算

B. 进行主存与 CPU 之间的数据传送

C. 进行 CPU 和 I/O 设备之间的数据传送

D. 改变程序执行的顺序

7. 安腾处理机的典型指令格式为______位。

A. 32　　B. 64　　C. 41　　D. 48

8. 冯·诺依曼计算机中指令和数据均以二进制形式存放在存储器中，CPU 区分它们的依据是______。

A. 指令操作码的译码结果　　B. 指令和数据的寻址方式

C. 指令周期的不同阶段　　D. 指令和数据所在的存储单元

9. 下列关于 RISC 和 CISC 的描述中，不正确的是______。

A. RISC 大多数指令在一个时钟周期内完成

B. RISC 一定是流水的

C. CISC 一定是流水的

D. RISC 普遍采用硬布线控制器

10. CRT 的颜色为 256 色,则刷新存储器每个单元的字长是______。

A. 256 位　　B. 16 位　　C. 8 位　　D. 7 位

11. 在下列发生中断请求的条件中,______是必须满足的。

A. 一条指令执行结束　　B. 一次 I/O 操作结束

C. 机器内部发生故障　　D. 一次 DMA 操作结束

12. 虚拟存储器中段页式存储管理方案的特性为______。

A. 空间浪费大,存储共享不易,存储保护容易,不能动态连接

B. 空间浪费小,存储共享容易,存储保护不易,不能动态连接

C. 空间浪费大,存储共享不易,存储保护容易,能动态连接

D. 空间浪费小,存储共享容易,存储保护容易,能动态连接

参考答案:

1. D　**2.** A　**3.** B　**4.** B　**5.** C　**6.** D　**7.** C　**8.** C　**9.** C

10. C　**11.** A　**12.** D

模拟卷八

1. 设 $[x]_{补}=10001$,$[y]_{补}=10011$,用带求补器的补码阵列乘法器求得的 $[x\times y]_{补}$ =______。

A. 011000011　　B. 111000011　　C. 011100011　　D. 111100011

2. 请从下列浮点运算器描述中指出描述不正确的句子______。

A. 浮点运算器可用两个松散连接的定点运算器部件(阶码和尾数部件)来实现

B. 阶码部件可实现加、减、乘、除四种运算

C. 阶码部件只进行阶码相加、相减和比较操作

D. 尾数部件进行加法、减法、乘法和除法运算

3. 用 8K×8 位 SRAM 芯片设计一个 64K×32 位的存储器,需要的 SRAM 芯片数目是______片。

A. 64　　B. 32　　C. 16　　D. 24

4. 假设主存容量 16M×32 位,cache 容量为 64M×32 位,主存与 cache 之间以每块 4×32 位大小传送数据。若采用全相联映射方式组织 cache,块内字地址 w=______位。

A. 2　　B. 3　　C. 4　　D. 5

5. 安腾处理机的指令格式中,操作数寻址采用______。

A. R-R-S 型　　B. R-R-R 型　　C. R-S-S 型　　D. S-S-S 型

6. 根据操作数所处的物理位置,寻址方式中执行速度最快的指令是______型。

A. RR　　B. RS　　C. SS　　D. 立即

7. 指令周期是指______。

A. CPU 从内存取出一条指令的时间

B. CPU 执行一条指令的时间

C. CPU 从内存取出一条指令加上执行该指令的时间

D. 时钟周期时间

8. 相对于微程序控制器，硬布线控制器的特点是______。

A. 指令执行速度慢，指令功能的修改和扩展容易

B. 指令执行速度慢，指令功能的修改和扩展难

C. 指令执行速度快，指令功能的修改和扩展容易

D. 指令执行速度快，指令功能的修改和扩展难

9. 关于 RISC 和 CISC 的描述中，不正确的是______。

A. RISC 大多数指令在一个时钟周期内完成

B. RISC 的内部通用寄存器数量相对 CISC 多

C. CISC 的指令数、寻址方式、指令格式种类相对 RISC 多

D. RISC 普遍采用微程序控制器

10. CRT 的颜色为 256 色，则刷新存储器每个单元的字长是______。

A. 256 位　　B. 16 位　　C. 8 位　　D. 7 位

11. IEEE 1394 所以能实现数据传递的实时性，是因为______。

A. 除异步传送外，还提供同步传送方式

B. 提高了时钟频率

C. 除优先权仲裁外，还提供均等仲裁，紧急仲裁两种总线仲裁方式

D. 能够进行热插拔

12. 在下列描述的汇编语言基本概念中，不正确的表述是______。

A. 对程序员的训练要求来说，需要硬件知识

B. 汇编语言对机器的依赖性高

C. 用汇编语言编写程序的难度比高级语言小

D. 汇编语言编写的程序执行速度比高级语言慢

参考答案：

1. A　**2.** B　**3.** B　**4.** A　**5.** B　**6.** D　**7.** C　**8.** D　**9.** D

10. C　**11.** C　**12.** C

模 拟 卷 九

1. 用 $n+1$ 位字长（其中 1 位符号位）表示定点整数时，所能表示的数值范围是______。

A. $0 \leqslant |N| \leqslant 2^{n+1}-1$　　B. $0 \leqslant |N| \leqslant 2^{n}-1$

C. $0 \leqslant |N| \leqslant 2^{n-1}-1$　　D. $0 \leqslant |N| \leqslant 1-2^{-n}$

2. 已知 $x=+10011, y=+01010$，用补码加法求 $[x+y]_{补}=$______。

A. 011111　　B. 111101　　C. 011101　　D. 011110

3. 假设某计算机的存储系统由 cache 和主存组成。某程序执行过程中访存 1000 次，其中访问 cache 未命中 50 次，则 cache 的命中率是______。

A. 5%　　　B. 9.5%　　　C. 50%　　　D. 95%

4. 设交叉存储器容量为1MB,字长64位,模块数为4,存储周期为200ns,数据总线宽度为64位,总线传送周期为50ns。当连续读出4个字时,该存储器的带宽是______。

A. 320Mb/s　　　B. 730Mb/s　　　C. 320MB/s　　　D. 730MB/s

5. RISC访内指令中,操作数的物理位置一般安排在______。

A. 栈顶和次栈顶　　　B. 两个主存单元

C. 一个主存单元和一个通用寄存器　　　D. 两个通用寄存器

6. 64位双核安腾处理机采用了______技术。

A. 流水　　　B. 时间并行

C. 资源重复　　　D. 流水+资源重复

7. 微程序控制器中,机器指令与微指令的关系是______。

A. 每一条机器指令由一条微指令来执行

B. 每一条机器指令由一段用微指令编码的微程序来解释执行

C. 一段机器指令组成的程序可由一条微指令来执行

D. 一条微指令由若干条机器指令组成

8. CPU中跟踪指令后继地址的寄存器是______。

A. 地址寄存器　　　B. 程序计数器　　　C. 指令寄存器　　　D. 通用寄存器

9. 假设某系统总线在一个总线周期中并行传输4字节信息,一个总线周期占用2个时钟周期,总线时钟频率为10MHz,则总线带宽是______。

A. 10MB/s　　　B. 20MB/s　　　C. 40MB/s　　　D. 80MB/s

10. 采用DMA方式传送数据时,每传送一个数据,就要占用一个______的时间。

A. 指令周期　　　B. 机器周期　　　C. 存储周期　　　D. 总线周期

11. 将IEEE 1394串行标准接口与SCSI并行标准接口进行比较,指出下面陈述中不正确的项是______。

A. 前者数据传输率高　　　B. 前者数据传送的实时性好

C. 前者使用6芯电缆,体积小　　　D. 前者不具有热插拔能力

12. I/O控制方式中,主要由程序实现的是______。

A. DMA方式　　　B. 通道方式　　　C. 程序查询方式　　　D. 中断方式

参考答案:

1. B　**2.** B　**3.** D　**4.** B　**5.** C　**6.** D　**7.** B　**8.** B　**9.** B
10. C　**11.** D　**12.** C

模 拟 卷 十

1. 冯·诺依曼机工作的基本方式的特点是______。

A. 多指令流单数据流　　　B. 按地址访问并顺序执行指令

C. 堆栈操作　　　D. 存储器按内容选择地址

2. 设基数$R=10$,$x=10^{E_x}\times M_x=10^2\times 0.3$,$y=10^{E_y}\times M_y=10^3\times 0.2$,小数点后第1位有效表示规格化数,用浮点乘法求$x\times y=$______。

A. $10^5 \times 0.06$　　B. $10^4 \times 0.6$　　C. $10^6 \times 0.006$　　D. $10^3 \times 6$

3. 根据操作数的物理位置,寻址方式中执行速度最慢的指令是______型。

A. RR　　B. RS　　C. SS　　D. 立即

4. 某计算机字长 32 位,其存储容量为 256MB,若按单字编址,它的寻址范围是______。

A. 64 MB　　B. 32MB　　C. 2^{25}单元　　D. 2^{26}单元

5. 主存储器和 CPU 之间增加 cache 的目的是______。

A. 解决 CPU 和主存之间的速度匹配问题

B. 扩大主存储容量

C. 扩大 CPU 中通用寄存器的数量

D. 既扩大主存储器容量,又扩 CPU 中通用寄存器的数量

6. 某机器字长 16 位,主存按字节编址,转移指令采用相对寻址,由两个字节组成,第一字节为操作码字段,第二字节为相对位移量字段。假定取指令时,每取一个字节 PC 自动加 1。若某转移指令所在主存地址为 6000H,相对位移量字段的内容为 08H,则该转移指令成功转移后的目标地址是______。

A. 6006H　　B. 6007H　　C. 6008H　　D. 600AH

7. 下列关于微操作的描述中,不正确的是______。

A. 同一 CPU 周期中,相容性微操作可以并行执行

B. 同一 CPU 周期中,相斥性微操作可以并行执行

C. 不同的 CPU 周期,相斥性微操作可以串行执行

D. 不同的 CPU 周期,相容性微操作可以串行执行

8. 下列关于 RISC 的描述中,不正确的是______。

A. RISC 普遍采用微程序控制器

B. RISC 大多数指令在一个时钟周期内完成

C. RISC 的内容通用寄存器数量相对 CISC 多

D. RISC 的令数、寻址方式和指令格式种类相对 CISC 少

9. 在集中式总线仲裁中,对电路故障最敏感的是______方式。

A. 菊花链查询　　B. 独立请求　　C. 计数器定时查询

10. PCI 总线是一个高带宽且与处理器无关的标准总线。下面描述中不正确的是______。

A. 采用同步定时协议　　B. 采用分布式仲裁策略

C. 具有自动配置能力　　D. 适合于低成本的小系统

11. 下列选项中,能引起外部中断的事件是______。

A. 键盘输入　　B. 除数为 0　　C. 浮点运算下溢　　D. 访存缺页

12. 某中断系统中每抽取一个输入数据就要中断 CPU 一次。中断处理程序接收取样的数据,将其放到存储器内保留的缓冲区内。该中断处理需要 x 秒。另一方面,缓冲区内每存储 N 个数据,主程序就将其取出进行处理,花费 y 秒。因此该系统可以跟踪到每秒______次的中断请求。

A. $N/(N \times X + Y)$　　B. $N/(X + Y)N$

C. $\min[1/X, N/Y]$　　　　　　D. $(N+1)/(N\times X+Y)$

参考答案：

1. B　**2.** B　**3.** C　**4.** D　**5.** A　**6.** D　**7.** B　**8.** A　**9.** A
10. B　**11.** A　**12.** A

10.2 计算题

1. 设有两个浮点数 x 和 y，它们分别为

$$x=2^{E_x}\cdot M_x \qquad y=2^{E_y}\cdot M_y$$

其中，E_x 和 E_y 分别为数 x 和 y 的阶码，M_x 和 M_y 为数 x 和 y 的尾数。

请分别写出两个浮点数进行加法、减法、乘法、除数的运算公式。

【解】 浮点加法 $z=x+y=(M_x 2^{E_x-E_y}+M_y)2^{E_y}\quad E_x\leqslant E_y$

浮点减法 $z=x-y=(M_x 2^{E_x-E_y}-M_y)2^{E_y}\quad E_x\leqslant E_y$

浮点乘法 $z=x\times y=2^{(E_x+E_y)}\cdot(M_x\times M_y)$

浮点除法 $z=x\div y=2^{(E_x-E_y)}\cdot(M_x\div M_y)$

2. 设基数 $R=10$，$x=10^{E_x}\times M_x=10^2\times 0.3$，$y=10^{E_y}\times M_y=10^3\times 0.2$，求 $x+y$，$x-y$ 的值(结果用规格化数表示，设小数点后第 1 位为有效位)。

【解】 $E_x=2$，$E_y=3$，$E_x<E_y$，对阶时小阶向大阶看齐

$$x+y=(M_x\cdot 10^{E_x-E_y}+M_y)\times 10^{E_y}=(0.3\times 10^{2-3}+0.2)\times 10^3$$
$$=230=0.23\times 10^3$$
$$x-y=(M_x\cdot 10^{E_x-E_y}-M_y)\times 10^{E_y}=(0.3\times 2^{2-3}-0.2)\times 10^3$$
$$=-170=(-0.17)\times 10^3$$

3. 设基数 $R=10$，$x=10^{E_x}\times M_x=10^2\times 0.4$，$y=10^{E_y}\times M_y=10^3\times 0.2$，求 $x\times y$，$x\div y$ 的值(结果用规格化数表示，设小数点后第 1 位为有效位)

【解】 $E_x=2$，$E_y=3$，$M_x=+0.4$，$M_y=+0.2$

$$x\times y=10^{(E_x+E_y)}\times(M_x\times M_y)=10^{2+3}\times(0.4\times 0.2)=8000=0.8\times 10^4$$
$$x\div y=10^{(E_x-E_y)}\times(M_x\div M_y)=10^{2-3}\times(0.4\div 0.2)=0.2=0.2\times 10^0$$

4. 对于一个给定的程序，I_N 表示执行程序中的指令总数，t_{CPU} 表示执行该程序所需 CPU 时间，T 为时钟周期，f 为时钟频率(T 的倒数)，N_c 为 CPU 时钟周期数。设 CPI 表示每条指令的平均时钟周期数，MIPS 表示 CPU 每秒钟执行的百万条指令数，请写出如下四种参数的表达式：

(1) t_{CPU}；(2)CPI；(3)MIPS；(4)N_c。

【解】(1)$t_{CPU}=N_c\times T=N_c/f=I_N\times \mathrm{CPI}\times T=(I_N\times \mathrm{CPI})/f$

$$=\left(\sum_{i=1}^{n}\mathrm{CPI}_i\times I_i\right)\times T$$

(2)$\mathrm{CPI}=N_c/I_N=\sum\limits_{I=1}^{n}\left(\mathrm{CPI}_i\times\dfrac{I_i}{I_N}\right)$，$I_i/I_N$ 表示 i 指令在程序中所占比例

(3) $\text{MIPS}=\frac{I_N}{t_{CPU}\times 10^6}=\frac{f}{\text{CPI}\times 10^6}$

(4) $N_c=\sum_{i=1}^{n}(\text{CPI}_i\times I_i)$

式中，I_i 表示 i 指令在程序中执行的次数；CPI_i 表示 i 指令所需的平均时钟周期数；n 为指令种类。

5. 用一台 40MHz 处理机执行标准测试程序，它包含的混合指令数和相应所需的平均时钟周期数如下表所示：

指令类型	指令数	平均时钟周期数
整数运算	45000	1
数据传送	32000	2
浮点运算	15000	2
控制传送	8000	2

求：有效 CPI、MIPS 速率、程序执行时间 t_{CPU}。

【解】 $\text{CPI}=\sum_{i=1}^{n}\left(\text{CPI}_i\times\frac{I_i}{I_N}\right)$

$$=\frac{45000\times1+32000\times2+15000\times2+8000\times2}{45000+32000+15000+8000}=1.55\text{(周期/指令)}$$

$$\text{MIPS}=\frac{f}{\text{CPI}\times10^6}=\frac{40\times10^6}{1.55\times10^6}=25.81\text{(百万条指令/秒)}$$

程序执行时间为

$$t_{CPU}=\frac{45000\times1+32000\times2+15000\times2+8000\times2}{40\times10^6}=3.875\times10^{-3}\text{(s)}$$

6. 用 CISC 和 RISC 设计的机器分别是 VAX 机(CPU_1)和 IBM 机(CPU_2)，使用一个典型的测试程序，产生如下的机器特征结果：

处理器	时钟频率	性能	CPU 时间
CPU_1	5MHz	1MIPS	$12x$ s
CPU_2	25MHz	18MIPS	x s

最后一列表示，在 CPU 时间上 VAX 机是 IBM 机的 12 倍长。

(1)运行于两个机器上的测试程序机器代码的指令计数相对大小是多少？

(2)两个机器的 CPI 各是何值？

【解】 (1)根据公式 $I_N=\text{MIPS}\times t_{CPU}\times10^6$，分别求得

VAX 机　$I_{N1}=1\times12x\times10^6=12x\times10^6$(条)

IBM 机　$I_{N2}=18\times x\times10^6=18x\times10^6$(条)

$$\frac{I_{N1}}{I_{N2}}=\frac{12x\times10^6}{18x\times10^6}=\frac{2}{3}$$

(2)根据公式 $t_{CPU}=(I_N\times\text{CPI})/f$

$$CPI_1 = t_{CPU1} \times f / I_{N1} = \frac{12x \times 5 \times 10^6}{12x \times 10^6} = 5(条/秒)$$

$$CPI_2 = t_{CPU2} \times f / I_{N2} = \frac{x \times 10^6}{18x \times 10^6} = \frac{1}{8}(条/秒)$$

7. 有两台机器,它们对条件转移指令的处理采用不同的设计方案:①CPU_A 采用一条比较指令来设置相应的条件码,由紧随其后的一条转移指令对此条件码进行测试,以确定是否进行转移。因此实现一次条件转移要执行比较和测试两条指令。②CPU_B 采用比较和测试两种功能合在一起的方法,这样实现条件转移只需一条指令。

假设在这两台机器的指令系统中,执行条件转移指令需 2 个时钟周期,而其他指令只需 1 个时钟周期。又假设 CPU_A 中,条件转移指令占总执行指令条数的 20%。由于每条转移指令都需要一条比较指令,所以比较指令也将占 20%。由于 CPU_B 在转移指令中包含了比较功能,因此它的时钟周期就比 CPU_A 要慢 25%。问 CPU_A 和 CPU_B 哪个工作速度更快些?

【解】 设 CPU_A 的时钟周期长度为 T_A,CPU_B 的时钟周期长度为 T_B。

$$CPI_A = 0.2 \times 2 + 0.8 \times 1 = 1.2$$

$$t_{CPU_A} = I_{NA} \times 1.2 \times T_A$$

CPU_B 中由于没有比较指令,转移指令由原来占 20%上升为 20%÷80%=25%,它需要 2 个时钟周期,而其余的 75%指令只需 1 个时钟周期,所以

$$CPI_B = 0.25 \times 2 + 0.75 \times 1 = 1.25$$

CPU_B 中由于没有比较指令,因此 $I_{NB} = 0.8 \times I_{NA}$。又因 $T_B = 1.25 T_A$,所以

$$\begin{aligned} t_{CPU_B} &= I_{NB} \times CPI_B \times T_B \\ &= 0.8 I_{NA} \times 1.25 \times 1.25 T_A \\ &= 1.25 I_{NA} \times T_A \end{aligned}$$

可见 $t_{CPU_A} < t_{CPU_B}$,故 CPU_A 比 CPU_B 运行得更快些。

8. 上题中如果 CPU_B 的时钟周期只比 CPU_A 的慢 10%,那么哪一个 CPU 会工作得更快些?

【解】 $t_{CPU_A} = 1.2 I_{NA} \times T_A$,因为 $T_B = 1.1 T_A$,故

$$t_{CPU_B} = 0.8 I_{NA} \times 1.25 \times 1.1 T_A = 1.1 I_{NA} \times T_A$$

由于 $t_{CPU_B} < t_{CPU_A}$,故 CPU_B 比 CPU_A 运行得更快些。

9. 如果一条指令的执行过程分为取指令、指令分析、指令执行三个子过程,且这三个子过程的延迟时间都相等。请分别画出指令顺序执行方式、指令流水执行方式的时空图。

【解】 时空图如图 10.1 和图 10.2 所示。

图 10.1 指令顺序执行方式

10. 上题中,若取指令、分析指令、执行指令三个过程段的时间都是 Δt,求两种方式执行 $n=2000$ 条指令所用的总时间。流水方式速度提高多少倍?

【解】 顺序执行方式:$t_1 = 3n \times \Delta t = 3 \times 2000\Delta t = 6000\Delta t$

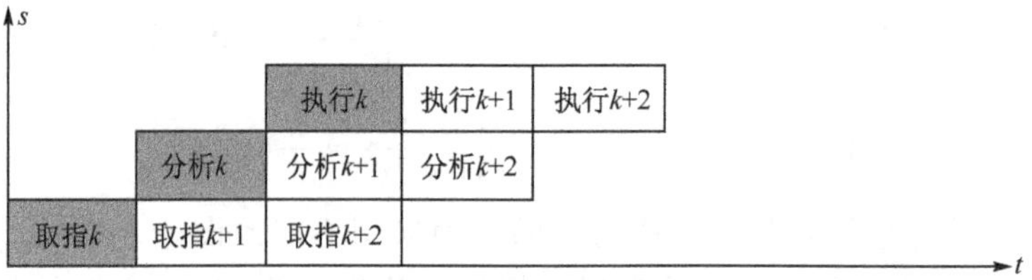

图 10.2　指令流水执行方式

流水执行方式：$t_2=(n+2)\times\Delta t=(2000+2)\times\Delta t=2002\Delta t$

流水方式比顺序方式速度提高 $t_1/t_2=3$ 倍。

11. 设有 $k(=4)$ 段指令流水线，它们是取指令、指令译码、指令执行、存回结果，分别用 S_1、S_2、S_3、S_4 过程段表示，各段延迟时间均为 Δt。若连续输入 n 条指令，请画出指令流水线的时空图。

【解】　当输入到流水线中的指令是连续的理想情况下，一条 k 段流水线能够在 $k+n-1$ 个时钟周期(Δt)内完成 n 条指令，如图 10.3 所示。

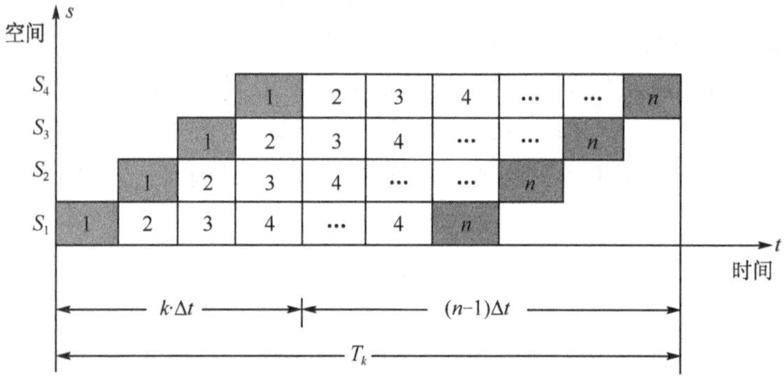

图 10.3　流水线时空图

12. Amdahl 定律给出加快某部件执行速度所获得的系统性能加速比 S_p 的公式：

$$S_p=\frac{T_0}{T_n}=\frac{1}{(1-F_e)+F_e/S_e}$$

式中，T_0 为改进前整个任务的执行时间；T_n 为改进后整个任务的执行时间；F_e 为计算机执行某个任务的总时间中可被改进部分的时间所占的百分比；S_e 为改进部分采用改进措施后比没有采用改进措施前性能提高的倍数。

(1) 参数 F_e、S_e、$(1-F_e)$、S_p 的数值大小如何理解？

(2) 假设系统某一部件的处理速度加快 9 倍，但该部件的原处理时间仅为整个运行时间的 45%，问采用加快措施后能使整个系统的性能提高多少？

【解】　(1)F_e 小于 1，S_e 大于 1，$(1-F_e)$表示不可改进部分，总是小于 1。

当 $F_e=0$，即没有改进部分时，$S_p=1$。

当 $F_e\neq 0$，即有改进部分时，$S_p>1$。

当 $S_e\rightarrow\infty$时，$S_p=1/(1-F_e)$。

(2) 根据题意，$F_e=0.45$，$S_e=9$，代入公式得

$$S_p=\frac{1}{(1-F_e)+F_e/S_e}=\frac{1}{0.55+0.45/9}\approx 1.56$$

13. 设 F 为一个计算机系统中 n 台处理机可以同时执行的程序的百分比，其余代码必须用单台处理机顺序执行。每台处理机的执行速率为 x(MIPS)，并假设所有处理机的处理能力相同。

(1) 试用参数 n、F、x 推导出系统专门执行该程序时的有效 MIPS 速率表达式。

(2) 假设 $n=32$，$x=8$MIPS，要求得到的系统性能为 64MIPS，试求 F 值。

【解】 (1)设总指令数为 m，并行代码数为 $m(P)$，顺序代码数为 $m(S)$，则总执行时间 T 为

$$T=\frac{m(P)}{nx}+\frac{m(S)}{x}=\frac{mF}{\mathrm{ns}}+\frac{m(1-F)}{x}$$

有效 MIPS 表达式为

$$\frac{m}{T}=\frac{nx}{n(1-F)+F}$$

(2)表达式中代入已知条件，求得 $F=0.96=96\%$。

14. 一个转速为 15000 转/分的磁盘，其平均找道时间为 4ms，每条磁道 500 个扇区，每扇区存 512B 数据。假设欲读取一个由 2500 个扇区组成的总长为 1.28MB 的文件，文件紧凑存储于磁盘上，即文件占据相邻 5 个磁道的全部扇区(5 道×500 扇/道=2500 扇)。请估算它的总传送时间。

【解】 读取第 1 个磁道所用时间 t_1 为

$$\begin{aligned}t_1&=\text{平均找道时间}+\text{平均旋转时间}+\text{读 500 扇区时间}\\&=4\text{ms}+2\text{ms}+4\text{ms}=10\text{ms}\end{aligned}$$

假设其余磁道基本上不再需要找道时间(即 I/O 操作读取后续磁道只考虑旋转延迟)，即读后续每个磁道的所用时间 t_2 为

$$\begin{aligned}t_2&=\text{平均旋转时间}+\text{读 500 扇区时间}\\&=2\text{ms}+4\text{ms}=6\text{ms}\end{aligned}$$

读出整个文件的总时间 t 为

$$t=t_1+4\times t_2=10\text{ms}+24\text{ms}=34\text{ms}=0.034\text{s}$$

15. 已知条件同上题，但是文件各扇区随机散布在磁盘上，请估算它的总传送时间。

【解】 整个文件是随机存取而不是顺序存取。

读每个扇区的时间 t_1 为

$$\begin{aligned}t_1&=\text{平均找道时间}+\text{旋转延迟时间}+\text{读 1 个扇区时间}\\&=4\text{ms}+2\text{ms}+0.008\text{ms}=6.008\text{ms}\end{aligned}$$

读出整个文件的总时间 t 为

$$t=2500\times t_1=2500\times 6.008\text{ms}=15020\text{ms}=15.02\text{s}$$

16. 一个磁盘系统定义如下参数：

T_s——磁头定位在磁道上的平均找道时间；

r——磁盘的旋转速度(单位:转/秒)；

n——每个扇区的位数；

N——一条磁道的容量(单位:位)；

T_a——存取一个扇区的时间。

请推导 T_a 与其他参数的函数关系表达式。

【解】 T_a 是存取一个扇区的时间(不考虑平均找道时间和平均旋转延迟时间)

一条磁道的信息定量为 N 位,磁盘旋转 r 转时,传送一条磁道上的信息总量为 rN 位,花时间 1s;那么传送一个扇区的时间可用比例关系式求得,即 $\frac{rN}{1}=\frac{n}{T_a}$,所以 $T_a=\frac{n}{rN}$(s)。

17. 考虑一个单片磁盘,它有如下参数:旋转速率是 7200 转/分,一面上的磁道数是 30000,每道扇区数是 600,找道时间是每横越百条磁道花费 1ms。访问开始时磁头位于磁道 0,收到一个存取随机磁道随机扇区的请求。问:

(1) 平均找道时间是多少?

(2) 平均旋转延迟时间是多少?

(3) 一扇区的传送时间是多少?

(4) 满足此请求的总的平均时间是多少?

【解】 (1) 平均找道时间 t_s(从 0 道$\rightarrow\frac{30000}{2}$道所花时间)

$$t_s=\frac{30000}{2}\div 100=150(\text{ms})=15\times 10^{-2}(\text{s})$$

(2) 平均旋转延迟时间 t_r(旋转半周所用时间)

$$t_r=\frac{1}{2r}=\frac{1}{2}\times\frac{1}{7200/60}=\frac{1}{24}\times 10^{-2}(\text{s})$$

(3) 设一个扇区有几位,则一条磁道重量

$$N=600n\ 位$$

则一个扇区的传送时间 t_a

$$t_a=\frac{n}{rN}=\frac{n}{7200/60\times 600n}=\frac{1}{72000}=\frac{1}{72}\times 10^{-3}(\text{s})$$

(4) 总的平均时间

$$T=t_s+t_r+t_a=\left(15\times 10^{-2}+\frac{1}{24}\times 10^{-1}+\frac{1}{72}\times 10^{-3}\right)\text{s}$$

10.3 分析题

1. 动态 RAM 每毫秒必须刷新 64 次,每次刷新操作需 150ns,一个存储周期需要 250ns。问:存储器总操作时间的百分之几用于刷新?

【解】 假定 RAM 采用异步刷新方式,每次读操作后立即刷新,那么存储器总操作时间 T=存取周期+刷新时间=(250ns+150ns)×64,刷新时间为 150ns×64,所以刷新操作所用时间比例为

$$150\times64/400\times64=37.5\%$$

2. 图 10.4 表示一个 DRAM 经由总线的读操作时序，存取时间 t_1 到 t_2 为 60ns，刷新时间 t_2 到 t_3 为 40ns。问：

(1) 存储周期是多少？

(2) 假定这个 DRAM 用 1 位输出，它所支持的最大数据传输率是多少？

(3) 使用这些 DRAM 芯片构成 32 位宽的存储器系统，其产生的数据传输率是多少？

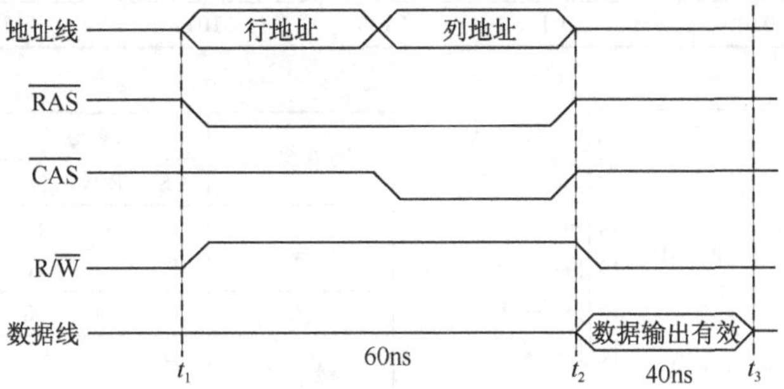

图 10.4　简化的 DRAM 读时序

【解】 (1) 存储周期 $T=60\text{ns}$(读出时间)$+40\text{ns}$(刷新时间)$=100\text{ns}$

(2) 1 位数据传输率为　$位/T=\dfrac{位}{100\times10^{-9}}=10^7$ 位/s

(3) 32 位宽的存储器系统数据传输率为 32×10^7 位/s

3. 微型机的存储器用 64K×1 位 DRAM 芯片构成，其芯片的位元阵列组织成 256 行。系统要求周期性地刷新存储器，每行必须每隔 4ms 刷新一次。

(1)连续刷新请求之间的时间周期是什么？

(2)所需刷新地址计数器是多少位？

【解】 (1)　　$4\text{ms}\div256$ 行$=0.015\times10^{-3}$ s/行$=15\times10^{-6}$ s/行$=15\mu$s/行

连续刷新请求之间的时间周期是 15μs。

(2)$2^8=256$(行)，刷新地址计数器是 8 位。

4. 图 10.5 是一个 SRAM 芯片，其存储容量为 16×4 位。设 A_3 为地址线高位，D_3 为数据线高位，请回答下述问题：

(1)列出图 10.5(c)中给出的每个 $\overline{CS}$ 输入脉冲下，该芯片的操作模式。

(2)列出在脉冲 n 后，字地址 0～6 的存储内容。

(3)对输入脉冲 $h\sim m$，数据输出线的状态是什么？

【解】 (1) 对应每个 $\overline{CS}$ 输入脉冲下的芯片操作模式如下表所示：

$\overline{CS}$	n	m	l	k	j	i	h	g	f	e	d	c	b	a
操作模式	禁止读	读	读	读	读	读	读	读	写	写	写	写	写	写

(2) $\overline{CS}$ 输入脉冲 n 后，字地址 0～6 的存储内容($D_3\sim D_0$)如下表所示：

$\overline{CS}$	h	i	j	k	l	m
字地址	0000	0001	0010	0011	0100	0101
存储内容	0100	0101	0100	1011	1110	0011

(3) 对输入脉冲 $h \sim m$，数据输出线 $O_3 \sim O_0$ 的状态如下表所示：

$\overline{CS}$	h	i	j	k	l	m
$O_3 \sim O_0$	0100	0101	0100	1011	1110	0011

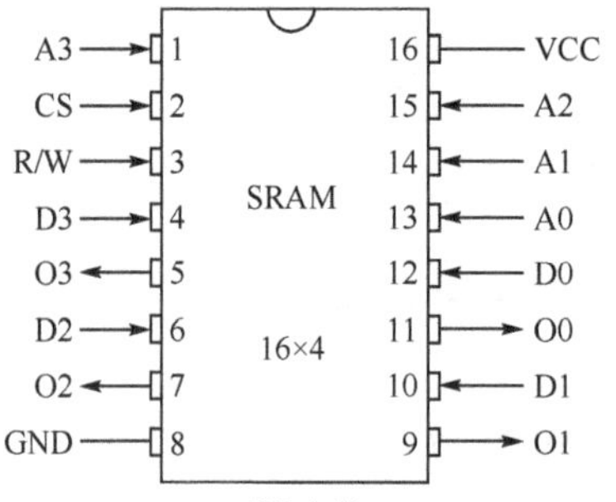

(a)引脚安排

操作模式	输入			输出
	CS	R/W	D_n	O_n
写	L L	L L	L H	L H
读	L	H	X	数据
禁止写	H H	L H	L H	H L
禁止读	H	H	X	H

H=高电平　　L=低电平　　X=无关

(b)真值表

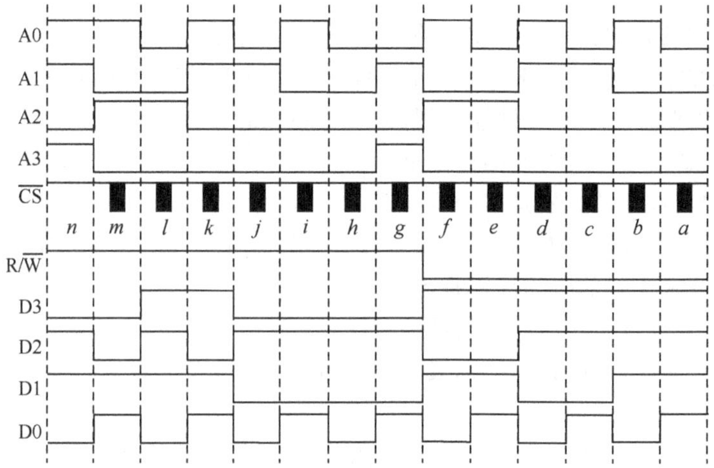

(c)脉冲序列

图 10.5　SRAM 操作模式的工作波形

5. 一个由主存和 cache 组成的二级存储系统，参数定义如下：T_a 为系统平均存取时间，T_1 为 cache 的存取时间，T_2 为主存的存取时间，H 为 cache 命中率，请写出 T_a 与 T_1、T_2、H 参数之间的函数关系式。

【解】

$$T_a = H \times T_1 + (1-H) \times T_2$$

6. 一个由主存和两级 cache 组成的三级存储系统，参数定义如下：T_a 为系统平均存取时间，T_1 为 L_1 cache 存取时间，H_1 为 L_1cache 命中率；T_2 为 L_2 cache 存取时间，H_2 为组合的 L_1/L_2 cache 命中率；T_3 为主存存取时间。请写出 T_a 与 T_1、T_2、T_3、H_1、H_2

各参数之间的函数关系式。

【解】 $T_a = H_1 T_1 + H_2(T_1 + T_2) + (1 - H_1 - H_2)(T_1 + T_2 + T_3)$

$= (T_1 + T_2 + T_3) - H_2 T_2 - (H_1 + H_2) T_3$

7. CPU 支持二级存储器结构：其中 L_1 cache 包含 1000 个字，存取时间 0.01μs，L_2 cache 包含 100000 个字，存取时间 0.1μs。假定要存取的一个字在 L_1 cache，则 CPU 能直接存取它；如果它在 L_2 cache，则这个字首先传送到 L_1 cache，然后再由 CPU 存取它。为了简化，不考虑 CPU 确定这个字是在 L_1 还是 L_2 所需的时间。假定 95%的字都是在 L_1 cache 中找到，求存取一个字的平均时间是多少？

【解】 L_1 cache 的存取时间 $T_1 = 0.01\mu s$，命中率 $H_1 = 0.95$

L_2 cache 的存取时间 $T_2 = 0.1\mu s$，命中率 $H_2 = 1 - 0.95 = 0.05$

存取一个字的平均时间 T_a 为

$T_a = H_1 \times T_1 + H_2 \times (T_1 + T_2)$

$= 0.95 \times 0.1\mu s + 0.05 \times (0.01 + 0.1)\mu s = 0.015(\mu s)$

8. 假设 cache 一个行大小为 32 字节，主存传送 4 字节的字用 30ns 时间。cache 的任一行被换出之前至少它已被写过一次。如果写策略采用回写式或写直达式，那么一行换出之前改写的平均次数是多少时，前者比后者更有效？

【解】 回写式 cache，换出一行所需时间为 8×30ns=240ns。

写直达式 cache，行的每次更新都要用 30ns 将字写到主存。

因此，若行换出之前写入平均超过 8 次的话，回写式更有效。

9. 一个组相联 cache 由 64 个行组成，每组 4 行。主存储器包含 4K 个块，每块 128 字。请表示内存地址的格式。

【解】 块大小 = 行大小 = 2^w 个字 = 128 = 2^7，$w = 7$

每组的行数 = $k = 4$

cache 的行数 = $kv = \mathrm{K} \times 2^d = 4 \times 2^d = 64$，$d = 4$

组数 $v = 2^d = 2^4 = 16$

主存的块数 = $2^s = 4\mathrm{K} = 2^2 \times 2^{10} = 2^{12}$，$s = 12$

标记大小 $(s - d)$ 位 = 12 − 4 = 8 位

主存地址长度 $(s + w)$ 位 = 12 + 7 = 19 位

主存寻址单元数 $2^{s+w} = 2^{19}$

故 $k=4$ 各组相联的内存地址格式如下：

标记 $s-d$	组号 d	字号 w
8 位	4 位	7 位

10. 直接映射方式的内存地址格式如下所示：

标记 $s-r$	行 r	字 w
8 位	14 位	2 位

若主存地址用十六进制数表示为：111111，BBBBBB，请用十六进制格式表示直接映射方式 cache 的标记、行、字的值。

【解】 (1)$(111111)_{16}=(0001\quad 0001\quad 0001\quad 0001\quad 0001\quad 0001)_2$

标记 $s-r=(0001\quad 0001)_2=(11)_{16}$

行 $r=(00010001000100)_2=(0444)_{16}$

字 $w=(01)_2=(1)_{16}$

(2)$(\mathrm{BBBBBB})_{16}=(1011\quad 1011\quad 1011\quad 1011\quad 1011\quad 1011)_2$

标记 $s-r=(1011\quad 1011)_2=(\mathrm{BB})_{16}$

行 $r=(10111011101110)_2=(\mathrm{2EEE})_{16}$

字 $w=(11)_2=(3)_{16}$

11. 组相联映射方式的内存地址格式如下所示：

标记 $s-d$	组 d	字 w
9 位	13 位	2 位

若主存地址用十六进制表示为 333333，AAAAAA，请用十六进制格式表示组相联映射 cache 的标记、组、字的值。

【解】 (1) $(333333)_{16}=(0011\quad 0011\quad 0011\quad 0011\quad 0011\quad 0011)_2$

标记 $s-d=(0011\quad 00110)_2=(066)_{16}$

组 $d=(0110011001100)_2=(\mathrm{0CCC})_{16}$

字 $w=(11)_2=(3)_{16}$

(2) $(\mathrm{AAAAAA})_{16}=(1010\quad 1010\quad 1010\quad 1010\quad 1010\quad 1010)_2$

标记 $s-d=(1010\quad 10101)_2=(155)_{16}$

组 $d=(010\quad 1010\quad 1010\quad 10)_2=(\mathrm{0AAA})_{16}$

字 $w=(10)_2=(2)_{16}$

12. 有一个计算机，主存容量 1MB，字长 1B，块大小 16B，cache 容量 64KB。若 cache 采用直接映射式，请给内存地址 01234，CABBE 给出相应的标记、cache 行号、字号。

【解】 块大小=行大小=16 字节$=2^4$ 字节$=2^w$ 字节，$w=4$ 位

主存寻址单元数 $2^{s+w}=1\mathrm{M}=2^{20}$，$s+w=20$，$s=16$ 位

cache 的行数 $m=2^r=\dfrac{64\mathrm{KB}}{16\mathrm{B}}=4\mathrm{K}=2^{12}$，$r=12$ 位

标记 $s-r=16-12=4$ 位

内存地址格式如下所示：

标记 $s-d$	行号 r	字号 w
4 位	12 位	4 位

(1)内存地址$(01234)_{16}=(0000\quad 0001\quad 0010\quad 0011\quad 0100)_2$

其对应的标记 $s-r=(0000)_2$

cache 行号 $r=(0001\quad 0010\quad 0011)_2$

字号 $w=(0100)_2$

(2)内存地址$(\mathrm{CABBE})_{16}=(1100\quad 1010\quad 1011\quad 1011\quad 1110)_2$

其对应的标记 $s-r=(1100)_2$

cache 行号 $r=(1010\quad 1011\quad 1011)_2$

字号 $w=(1110)_2$

13. 有一个处理机，主存容量 1MB，字长 1B，块大小 16B，cache 容量 64KB。若 cache 采用直接映射式，请给出 2 个不同标记的内存地址，它们映射到同一个 cache 行。

【解】 块大小＝行大小＝16 字节＝2^4 字节＝2^w 字节，$w=4$ 位

主存寻址单元数 $2^{s+w}=1\text{M}=2^{20}$，$s+w=20$ 位，$s=16$ 位

cache 的行数 $m=2^r=\dfrac{64\text{KB}}{16\text{B}}=4\text{K}=2^{12}$，$r=12$ 位

标记 $s-r=16-12=4$ 位

内存地址格式如下所示：

标记 $s-r$	行号 r	字号 w
4 位	12 位	4 位

按此地址格式，假设同一个行地址号为 ABBE($r+w$)，而标记 $s-r=4$ 位，用十六进制表示有 0～F 共 16 个数，故可有 16 个不同的标记映射到同一个 cache 行，即有

0ABBE，1ABBE，2ABBE，3ABBE，…，FABBE

14. 有一个处理机，主存容量 1MB，字长 1B，块大小 16B，cache 容量 64KB。若 cache 采用全相联映射，对内存地址 B0010、CABBE 给出相应的标记和字号。

【解】 块大小＝行大小＝2^4 字节＝2^w 字节，$w=4$ 位

主存寻址单元数 $2^{s+w}=1\text{M}=2^{20}$，$s+w=20$ 位，$s=16$ 位

主存的块数 $2^s=2^{16}$

标记大小 $s=16$ 位

内存地址格式如下所示：

标记 s	字号 w
16 位	4 位

(1) 对内存地址 $(\text{F0010})_{16}=(1111\quad 0000\quad 0000\quad 0001\quad 0000)_2$

对应的标记 $s=(1110\quad 0000\quad 0000\quad 0001)_2$，字号 $w=(0000)_2$

(2) 对内存地址 $(\text{CABBE})_{16}=(1100\quad 1010\quad 1011\quad 1011\quad 1110)_2$

对应的标记 $s=(1100\quad 1010\quad 1011\quad 1011)_2$

字号 $w=(1110)_2$

15. 主存储器容量为 2^{16}B，字节寻址，块(行)的大小为 8B。假设采用直接映射方式的 cache(划分成 32 行)。请问：

(1) 16 位存储器地址如何划分成标记、行号、字节号？

(2) 如下 4 种地址的内容将存入 cache 哪些行？

$(1111)_{16}$，$(\text{C334})_{16}$，$(\text{D01D})_{16}$，$(\text{AAAA})_{16}$

(3) 假设地址 $(0001\quad 1010\quad 0001\quad 1010)_2$ 的字节内容存入 cache，那么与它同存一行的其他字节的地址各是什么？

(4) 存储器总共有多少字节保存于 cache 中？

【解】 (1)块大小＝行大小＝2^w 个字节＝8 个字节＝2^3 字节，$w=3$ 位

主存容量＝2^{s+w}个字节＝2^{16}个字节

主存地址长度＝$s+w=16$ 位

$s=16-w=16-3=13$ 位

cache 的行数＝$32=2^5=m=2^r$，$r=5$ 位(32 行)

标记大小 $s-r=13-5=8$ 位

内存地址格式如下所示：

标记 $s-r$	行号 r	字节号 w
8 位	5 位	3 位

(2)

cache 行	被分配的主存块的确定地址				
2	0001	0001	0001	0001	$(1111)_{16}$
6	1100	1100	0011	0100	$(C334)_{16}$
3	1101	0000	0001	1101	$(D01D)_{16}$
21	1010	1010	1010	1010	$(AAAA)_{16}$

(3)主存地址$(0001\ \ 1010\ \ \underline{0001\ \ 1010})_2$ 的字节内容存入 cache 第 3 行。所有映射到 cache 第 3 行的主存块字节的地址是(十进制表示，共 32 个)

$$3, m+3, 2m+3, 3+3, \cdots, 2^s-m+3, s=13, m=32$$

(4)存储器总共有 $2^{s+w}=2^{16}$个字节保存于 cache 中。

16. 一个处理器系统由操作员键入命令来控制。平均 8 小时键入的命令数是 60。

(1)假设处理器每 100ms 扫描一次键盘，那么 8 个小时内键盘被检查了多少次？

(2)若采用中断 I/O 方式，处理器访问键盘的次数降低到上问的百分之几？

【解】 (1)查询 I/O 方式中，8 个小时内键盘被检查的次数为

$$\frac{8\text{ 小时}}{100\text{ms}}=\frac{8\times60\times60\text{s}}{100\times10^{-3}\text{s}}=288000(\text{次})$$

(2)若采用中断 I/O 方式，处理器 8 小时访问键盘的次数也为 60。所占上问查询方式的百分数为$\dfrac{60}{288000}\times100\%=\dfrac{1}{48}\%=0.02\%$。

17. 一个微处理器系统对某个设备使用中断 I/O 方式，该设备以平均 8KB/s 的速率连续传送数据。假设中断处理用 100μs(即转移到中断服务例程 ISR，执行它和返回到主程序所花的时间)。若每字节中断一次，确定处理器时间的百分之几被这个 I/O 设备所消耗？

【解】 设备传输率＝8KB/s＝8K 字节/s

设备传送一个字节(B)所需时间为 $1/8\text{K}=\left(\dfrac{1}{8\times1024}\right)\text{s}$

CPU 一次中断所花时间为 $100\mu\text{s}=100\times10^{-6}\text{s}=1\times10^{-4}\text{s}$

设备时间所占百分比为$\frac{1}{8\times 1024}\text{s}\Big/(1\times 10^{-4}\text{s})=0.012\%$

18. 一微处理器每20ms扫描一次输出设备的状态，这通过定时器每20ms提醒一次处理器的方式实现。设备接口包括两个端口，一个用于状态，一个用于数据输出。处理器时钟频率是8MHz。它扫描和服务此设备用多长时间？为简单起见，所有相关指令的周期都取12个时钟周期。

【解】 处理器时钟频率是8MHz，所以时钟周期

$$T=\frac{1}{8\text{MHz}}=\frac{1}{8\times 10^{6}}=\frac{1}{8}\times 10^{-6}(\text{s})$$

处理器扫描一次输出设备的间隔

$$20\text{ms}=20\times 10^{-3}=2\times 10^{-2}(\text{s})$$

访问设备接口需要2条I/O指令(一个查询接口状态，一个输出数据)，所需时间为

$$2\times 12T=2\times 12\times \frac{1}{8}\times 10^{-6}\text{s}=3\times 10^{-6}\text{s}$$

因此扫描和服务此设备的总时间t为

$$t=2\times 10^{-2}\text{s}+3\times 10^{-6}\text{s}$$

19. 一个8位微处理器系统具有两个I/O设备。这个系统的I/O控制器使用分立的控制寄存器和状态寄存器。两个设备都是一次一个字节地处理数据。第一个设备有2条状态线和3条控制线，第二个设备有3条状态线和4条控制线。请问：

(1)为实现每个设备的状态读取和控制，I/O模块需要有多少个8位寄存器？

(2)假定第一个设备是个只输出设备，寄存器数目又是多少？

(3)为控制两个设备需要多少不同的地址？

【解】 (1)两个I/O设备既能输入又能输出，第一个设备需要1个2位状态寄存器，1个3位控制寄存器，2个8位数据寄存器。第二个设备需要1个3位状态寄存器，1个4位控制寄存器，2个8位数据寄存器。共需4个8位数据寄存器，1个8位状态寄存器(可合并)1个8位控制寄存器(可合并)。若不合并，各增加1个状态寄存器和1个控制寄存器(不需要8位)。

(2)若第一个设备只实现输出，只需1个8位数据寄存器。在此情况下，两个I/O设备共需3个8位数据寄存器，1个8位状态寄存器(可合并)，1个8位控制寄存器(可合并)。

(3)为控制两个设备(每个既能输入又能输出)，需要4个不同的地址码(设备号)。

20. 一个DMA模块采用周期窃取方法把字符传输到存储器，设备的传输率是9600位/秒，处理器以1×10^{6}条指令/秒的速度获取指令(1MIPS)。由于DMA模块，处理器将减慢多少？

【解】 DMA模块以周期窃取方法传输字符的时空图如图10.6所示。

设备的字符传输率为

9600位/s=(9600位÷8位)字符/s=1200字符/s， 1个字符=8位

传输一个字符相当于一次DMA操作，所花时间$T=(1/1200)\text{s}$

在T时间内CPU不获取指令的数目为

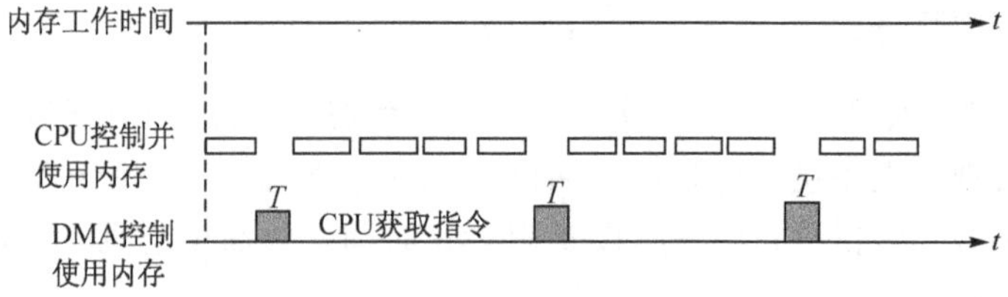

图 10.6 周期窃取方式 DMA

$$T \times 1 \times 10^6/\text{s} = \frac{1}{1200} \times 10^6 = 833 \text{ 条}$$

由于 DMA 模块执行字符传输，CPU 将减慢执行指令 833 条。

21. 一个系统中经由总线的一次数据传送需要 500ns。总线控制的传递，无论 CPU 到 DMA 模块，还是 DMA 模块到 CPU，两个方向上都是 250ns。一个有 50KB/s 数据传输率的 I/O 设备使用 DMA。数据是一次传送一个字节(B)。

若使用停止 CPU 访内模式 DMA，即块传送之前 DMA 模块获得总线控制权并一直维持对总线的控制直到整块都传送完毕。传送 128 字节块时，设备占用了总线多长时间？

【解】 DMA 获得总线控制权和交回总线控制权所用时间为

$$t_1 = 250\text{ns} \times 2 = 500\text{ns} = 5 \times 10^{-7}\text{s} = 50 \times 10^{-6}\text{s}$$

DMA 数据传输率为 50KB/s，传送一个字节时间为$\frac{1}{50 \times 10^3}$s

DMA 工作(访存)128 个字节块所用时间为

$$t_2 = 128 \times \frac{1}{50 \times 10^3} = 25.6 \times 10^{-4}(\text{s})$$

总线传送 128 个字节块数据时所占时间为

$$t_3 = 500\text{ns} \times 128 = 64000\text{ns} = 64 \times 10^{-6}\text{s}$$

故设备占用总线总时间 t 为

$$t = t_1 + t_3 = 50 \times 10^{-6} + 64 \times 10^{-6} = 114 \times 10^{-6}(\text{s})$$

22. 一个 DMA 控制器采用停止 CPU 访内方式工作，一旦数据块传送开始，每个 DMA 周期用 3 个总线时钟周期。一个 DMA 周期可在存储器和 I/O 设备之间传送一个字节。

(1)若 DMA 控制器的时钟频率是 5MHz，传送一个字节需要多少时间？

(2)可达到的最大数据传输率是多少？

(3)假如存储器不是足够快，每个 DMA 周期必须 2 个等待状态，实际数据传输率是多少？

【解】 (1)DMA 时钟频率为 5MHz，存储器存取周期

$$T_1 = \frac{1}{5\text{MHz}} = \frac{1}{5 \times 10^6} = \frac{1}{5} \times 10^{-6}(\text{s})$$

设总线时钟周期为 T_2，即

$$T_1 = 3T_2 = \frac{1}{5} \times 10^{-6}\text{s}$$

所以

$$T_2=\frac{1}{15}\times10^{-6}\,\mathrm{s}$$

故传送一个字节所需总时间为

$$T=T_1+T_2=\left(\frac{1}{5}+\frac{1}{15}\right)\times10^{-6}=\frac{4}{15}\times10^{-6}(\mathrm{s})$$

(2) 可达到的最大数据传输率为

$$\frac{8\text{ 位}}{T}=30\times10^{6}\text{ 位/秒}$$

(3) 存储器存取周期

$$T_1=\left(\frac{1}{5}+\frac{1}{5}+\frac{1}{5}\right)\times10^{-6}=\frac{3}{5}\times10^{-6}(\mathrm{s})$$

总线时钟周期

$$T_2=\frac{3}{15}\times10^{-6}\,\mathrm{s}$$

传送一个字节所需总时间

$$T=T_1+T_2=\left(\frac{4}{5}\right)\times10^{-6}\,\mathrm{s}$$

数据传输率变为

$$\frac{8\text{ 位}}{T}=10\times10^{6}\text{ 位/秒}$$

23. 一个 DMA 控制器服务于 4 条远程通信链路(每个 DMA 通路接一个链路),每条链路的速率是 64Kb/s。问:

(1)应以突发模式还是周期窃取模式来运行此控制器?

(2)为服务各 DMA 通路,应采用何种类型 DMA 控制器和优先权策略?

【解】 (1)由于每条链路的速率是固定的而且是相同的,应采用周期窃取模式来运行此 DMA 控制器。

(2)为服务各 DMA 通路,应采用选择型 DMA 控制器方案,如图 10.7 所示。优先权策略是固定优先级(平等轮流服务)。

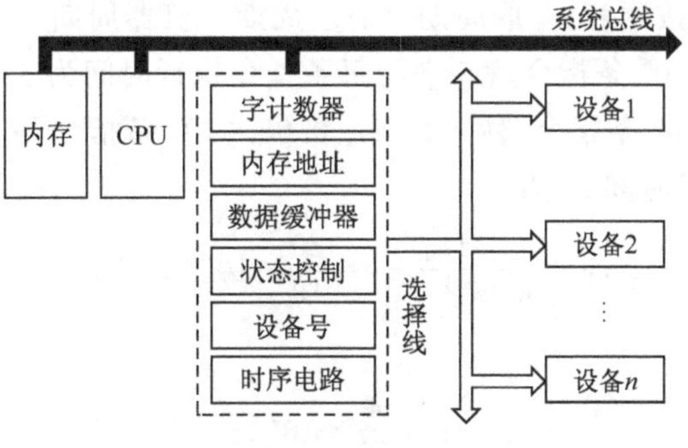

图 10.7 选择型 DMA 控制器

24. 一个 32 位的计算机有 2 个选择通道和 1 个多路通道。每个选择通道连接 2 台磁盘和 2 台磁带。多路通道连接 2 台行式打印机和 10 个 VDT 终端。各设备的传输速度如下：

磁盘驱动器　800KB/s　　磁带驱动器　200KB/s

行式打印机　6.6KB/s　　VDT 终端　1KB/s

请估算这个计算机系统最大的总的 I/O 传输速度是多少？

【解】 选择通道连接高速设备磁盘、磁带，多路通道连接低速的行式打印机和 VDT 终端。

1 个选择通道物理上连接 2 个磁盘，但这些设备只能串行工作，另一个选择通道连接 2 台磁带。而 2 个选择通道可以并行工作。多路通道同一时间能处理 2 台打印机和 10 台 VDT 设备的数据传输。因此系统最大的总的 I/O 传输速度 V_r 为

$$
\begin{aligned}
V_r &= (800\text{KB/s}+800\text{KB/s})+2\times 6.6\text{KB/s}+10\times 1\text{KB/s} \\
&= 1600\text{KB/s}+13.2\text{KB/s}+10\text{KB/s}=1623.2\text{KB/s}
\end{aligned}
$$

25. 一个 CPU、一个 I/O 设备、一个存储器 M 通过共享总线互连，总线宽度为 1 个字。CPU 执行的最大速度为 10^6 条指令/秒，平均一条指令需 5 个机器周期，且 3 次使用存储器总线。存储器读/写操作需 1 个机器周期。假设 CPU 连续执行后台程序，它需用指令执行速度 95% 的速度，但不要求有任何 I/O 指令。又假定机器周期等于总线周期。现在要求 I/O 设备用来传送一个数据块到存储器 M，或由 M 到 I/O 设备。

(1)如果采用 I/O 查询方式，I/O 设备传输每一个字需 CPU 执行两条指令，估算经过 I/O 设备的最大可能的数据传输率。

(2)如果采用 DMA 方式，估算数据传输率。

【解】 (1)按题意，画出系统组成框图如图 10.8 所示。

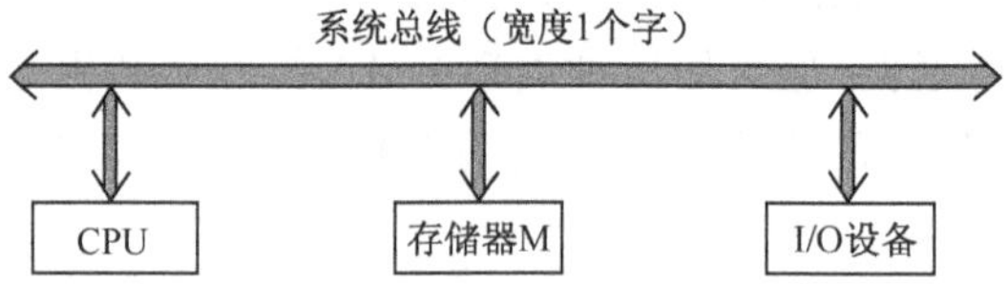

图 10.8　共享总线系统设计方案

设机器周期为 T，按题意，存取周期＝总线周期＝机器周期＝T

CPU 最大速度为 10^6 条指令/秒，平均每条指令执行时间为 $5T$

后台程序速度为 10^6 条指令/秒×95%＝0.95×10^6 条指令/秒

后台每条指令执行时间 t_1 为

$$t_1=\frac{1}{0.95\times 10^6}\text{s}=\frac{20}{19}\times 10^{-6}\text{s}=5T$$

所以

$$T=\frac{4}{19}\times 10^{-6}\text{s}$$

CPU 用于 I/O 操作的程序速度为 10^6 条指令/秒×0.05＝0.05×10^6 条指令/秒

I/O 操作每条指令执行时间

$$t_2 = \frac{1}{0.05 \times 10^6} \text{s} = 20 \times 10^{-6} \text{s}$$

I/O 操作传送一个字需 2 条指令，传送一个数据块(m 个字)所需总时间设为 t

$$t = 2 \times t_2 \times m = 2 \times 20 \times 10^{-6} \times m = 40m \times 10^{-6} (\text{s})$$

I/O 数据传输率 $r = \frac{1}{t} = \frac{1}{40m \times 10^{-6}} = \frac{1 \times 10^{-6}}{40m}$(字/s)

(2) I/O 设备采用 DMA 方式。

不考虑 DMA 预置所花时间，只考虑存储器到 I/O 的数据块(m 字)传送。假设采用实发式 DMA(CPU 停止工作)，一旦有 DMA 请求，传送一个数据块(m 字)所需总时间 t 为：

$$t = (\text{存取周期} + \text{总线周期}) \times m = 2Tm = 2 \times \frac{4}{19} \times 10^{-6} \times m\ (\text{s})$$

I/O 数据传输率 $r = \frac{1}{t} = \frac{19}{8m} \times 10^6$(字/s)

10.4 设计题

1. 现使用 1M×8 位芯片，请画出使用这样的芯片构成一个 8M×8 位存储器的连接图。

【解】 使用的芯片数 d=8MB/1MB=8(片)

连接方法：只扩展容量，不扩展字长(8 位)。

每个芯片 1M 地址空间，地址线共 20 条($A_{19}A_{18}\cdots A_0$)，设计的存储器有 8M 地址空间，地址线共 23 条，其中 $A_{19}A_{18}\cdots A_0$ 连接到每个芯片的 20 条地址线，而 $A_{22}A_{21}A_{20}$ 三条地址线连到 3∶8 线译码器，其输出 $\overline{y_0}\,\overline{y_1}\cdots\overline{y_7}$ 进行芯片选择($\overline{CS}$)。存储器组成连接图如图 10.9 所示。

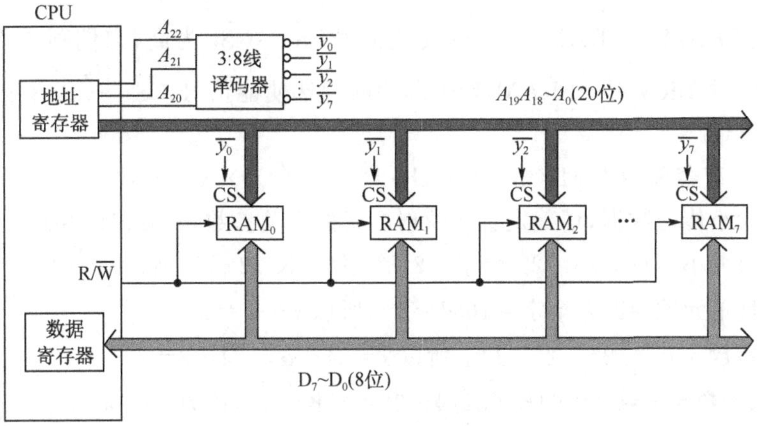

图 10.9 8MB 存储器设计方案

2. 用 128K×8 位的 SRAM 芯片设计一个总容量为 512K×16 位的存储器，既能满足字节存取，又能满足以 16 位字的存取。画出存储器芯片的连接图。

【解】 所需 SRAM 芯片数 $d=512K\times16/128K\times8=8$ 片

$128K=2^{17}$（对应地址线 $A_{16}\sim A_0$），$512K=2^{19}$（对应地址线 $A_{18}\sim A_0$）

要满足 512K×16 位的存储容量，需要位扩展，又需要字扩展。

其满足 16 位字存取又满足字节存取的存储器方案如图 10.10 所示。

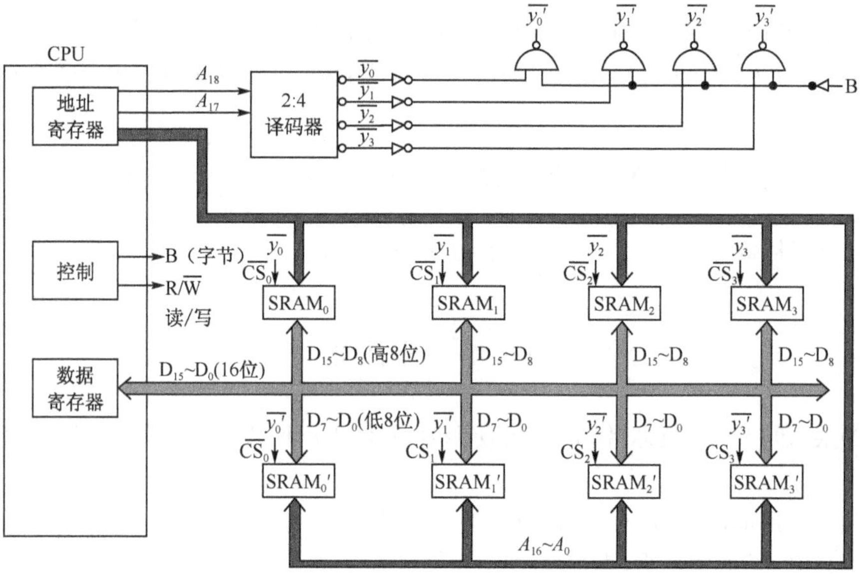

图 10.10 512K×16 位存储器设计方案

2∶4 译码器输出 $\overline{y}_0\sim\overline{y}_3$ 分别接到高位字节 $SRAM_0\sim SRAM_3$ 四个芯片的 $\overline{CS}_0\sim\overline{CS}_3$ 端。无论字存取还是字节存取都要访问 512K 字单元的高位字节。

字节寻址不访问 512K 单元的低位字节，此时字节控制信号 $B=1$，$\overline{y}_0'\sim\overline{y}_3'$ 输出信号为高电平，使 $SRAM_0'\sim SRAM_3'$ 的片选使能信号 $\overline{CS}_0\sim\overline{CS}_3$ 为高，它们不工作。但 B=0（字寻址控制）时，$SRAM_0'\sim SRAM_3'$ 四个芯片的片选使能信号 $\overline{CS}_0\sim\overline{CS}_3$ 有效（低电平），故可以按字寻址。

3. 假设主存容量为 16M×32 位，cache 容量为 64K×32 位，主存与 cache 之间以每块 4×32 位大小传送数据，请确定直接映射方式的有关参数，并画出内存地址格式。

【解】 块大小＝行大小＝2^w 个字＝2^2 个字（字长 32 位），所以 $w=2$

主存寻址单元数＝2^{s+w} 个字＝$16M=2^{24}$，所以 $s+w=24$

主存的块数＝$2^{s+w}/2^w=2^s=2^{22}$，所以 $s=24-w=24-2=22$

cache 的行数＝$m=2^r=64K\times32/4\times32=16K=2^{14}$，所以 $r=14$

标记大小＝$(s-r)$位＝22－14＝8 位

存储器地址长度＝$(s+w)$位＝24 位

内存地址格式如下所示：

标记 $s-r$	行地址 r	块内字地址 w
8 位	14 位	2 位

4. 假设主存容量为 16M×32 位，cache 容量为 64K×32 位，主存与 cache 之间以每块 4×32 位大小传送数据，请确定全相联映射方式的有关参数，并画出全相联映射方式的存储器地址格式。

【解】 块大小=行大小=2^w 个字=2^2 个字，所以 $w=2$

主存寻址单元数=$2^{s+w}=16M=2^{24}$，所以 $s+w=24$

主存的块数=$2^{s+w}/2^w=2^s=2^{22}$，所以 $s=24-w=22$

cache 的行数不由地址格式确定

标记大小=s 位=22 位

主存地址长度=$(s+w)$位=24 位

内存地址格式如下所示：

标记 s	块内字地址 w
22 位	2 位

5. 主存容量为 16M×32 位，cache 容量为 64K×32 位，主存与 cache 之间以每块 4×32 位大小传送数据。假设采用每组 2 行的组相联($v=m/2,k=2$)方式组织 cache，请确定有关参数，并画出主存地址格式。

【解】 块大小=行大小=2^w 个字=2^2 字，所以 $w=2$

主存地址寻址单元数=2^{s+w}个字=$16M=2^{24}$，所以 $s+w=24$

主存的块数=$2^{s+w}/2^w=2^s=2^{22}$，所以 $s=24-w=22$

每组的行数=$k=2$

组数 $v=2^d=m/2=2^{14}/2=2^{13}$，所以 $d=13$

cache 的行数=$m=2^r=64KB/4B=16K=2^{14}$

cache 的行数=$kv=2\times 2^d=2^{14}$

标记大小=$(s-d)$位=22−13=9 位

内存地址格式如下所示：

标记 $s-d$	组地址 d	块内字地址 W
9 位	13 位	2 位

6. 16 位微处理器可发出 24 位地址线。主存储器容量为 4K 个 32 位字，外部 cache 使用 4 路组相联，行的大小为 2 个 16 位字。请设计满足上述条件的 cache 结构。

【解】 块大小=行大小=2^w 个字=2^1 个字(字长 16 位)，所以 $w=1$ 位

cache 每组行数 $k=4$

cache 组数 $v=2^d=\dfrac{4K\times 32}{2\times 16}=2^{12}$，所以 $d=12$ 位

主存地址长度 $s+w=24$ 位，所以 $s=24-w=23$ 位

标记 $s-d=23-12=11$ 位

内存地址格式如下所示：

标记 $s-d$	组 d	字 w
11 位	12 位	1 位

主存寻址单元数理论值 $2^{s+d}=2^{24}=4$M 字(字长 16 位)

实际主存容量 4K×32 位，相当于 8K×16 位＝8K 字(字长 16 位)

由于微处理器字长 16 位，主存储器中数据按双字(32 位)存放，而 cache 中按单字(16 位)存放。

7. 主存可按 32 位地址寻址(字节寻址)，cache 的行大小为 64B。假定 cache 为全相联映射，请给出地址格式并确定下列参数：可寻址单元数，主存的块数，cache 的行数，标记的长度。

【解】 块大小＝行大小＝2^w 个字节＝2^6 个字节＝64B，所以 $w=6$ 位

主存地址长度 $s+w=32$ 位，$s=32-w=26$ 位

可寻址单元数 $2^{s+w}=2^{32}=4$G

主存的块数 $2^s=2^{26}$

标记大小 $s=26$ 位

cache 的长度不由地址格式确定。

主存地址格式如下所示：

标记 s	字地址 w
26 位	6 位

8. 主存可按 32 位地址寻址(字节寻址)，cache 的行大小为 64B。假定 cache 采用 4 路组相联映射方式，地址中标记字段为 9 位。请给出地址格式，并确定下列参数；可寻址单元数，主存的块数组中的行数，cache 的组数，cache 的行数，标记长度。

【解】 块大小＝行大小＝2^w 个字节＝2^6 个字节，$w=6$ 位

主存地址长度 $s+w=32$ 位，$s=32-w=26$ 位

可寻址单元数 $2^{s+w}=2^{32}=4$G

主存的块数 $2^s=2^{26}$

已知标记为 $s-d=9$ 位，所以 $d=s-9=17$ 位

每组中的行数 $k=4$

组数 $v=2^d=2^{17}$

cache 的行数 $kv=4\times2^d=4\times2^{17}=2^{19}$

内存地址格式如下所示：

标记 $s-d$	组号 d	字地址 w
9 位	17 位	6 位

9. 一个 32 位微处理器采用片内 4 路组相联 cache，其存储容量为 16KB，其行大小为

4 个 32 位字。

(1) 请画出此 cache 方块图,并用不同的地址域来确定 cache 是否命中。

(2) 存储单元地址$(ABCDE8F8)_{16}$映射到 cache 什么地方?

【解】 (1) 块大小=行大小=2^w 个字=4 个字=2^2 个字(32 位),所以 $w=2$ 位

cache 每组的行数=$k=4$

cache 组数 $v=2^d=\dfrac{16\text{KB}}{4\times 32}=\dfrac{16\text{KB}}{4\times 4\text{B}}=2^{10}$,所以 $d=10$ 位

主存地址长度 $s+w=s+2=32$ 位,所以 $s=30$ 位

寻址单元数 $z^{s+w}=2^{32}$ 个字

主存的块数$=2^s=2^{30}$

标记 $s-d=30-10=20$ 位

主存地址格式如下所示:

标记 $s-d$	组数 d	字 w
20 位	10 位	2 位

cache 方框图如图 10.11 所示。

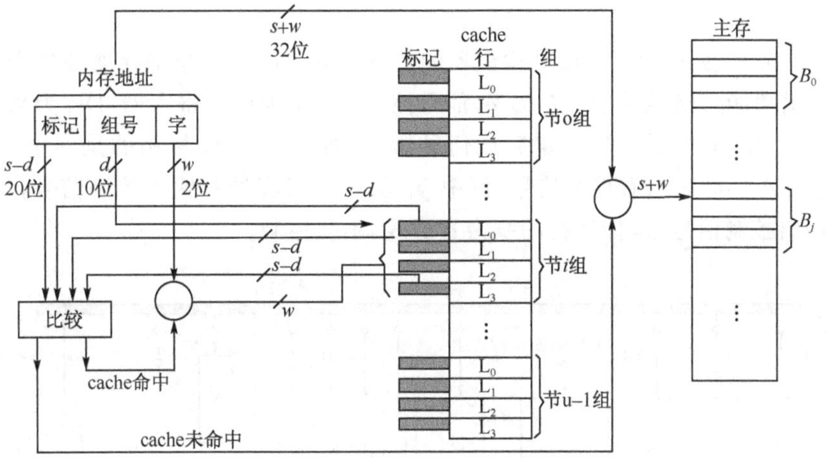

图 10.11 4 路组相联映射的 cache 方框图

(2)存储单元地址$(ABCE8F8)_{16}=(\underline{1010\ 1011\ 1100\ 1101\ 1110}\ 1000\ 1111\ 10\underline{00})_2$ 对应的 cache 标注 $s-d=(ABCDE)_{16}$

cache 的组数 $d=(10\ 0011\ 1110)_2=(2\ 3\ E)_{16}$,$w=(00)_2$,第 L_0 行(共 4 个字)

10. 某机字长 32 位能完成 32 种操作,CPU 有 32 个通用寄存器(32 位),主存容量为 4G 字。

(1) 若实现 RR 型指令,其中 R 为通用寄存器,并能实现立即寻址,画出其指令格式。

(2) 若实现 RS 型指令,其中 R 为通用寄存器,S 为存储器地址(直接寻址或寄存器间址实现),画出其指令格式。

【解】 (1) 主存容量为 4G 字$=2^{32}$字，所以地址线=32 位才能访问主存任何单元。

指令字长为 32 位，操作码字段 OP=5 位($2^5=32$)

通用寄存器 32 个(2^5)，所以源操作数 R_s 字段 5 位，目标操作数 R_d 字段 5 位，指令格式如下：

5位	3位	5位	5位	14位
OP	X	R_s	R_d	D

X 为寻址模式，X=000 立即寻址，操作数 D=14 位

X=001 寄存器寻址，操作数在两个通用寄存器中。

(2)存储器地址 S 可采用直接寻址或由寄存器间接寻址实现，指令格式如下：

5位	3位	5位	5位	14位
OP	X	R	R	M

X=100 直接寻址，一个操作数在通用寄存器地址 R，另一个操作数在存储器地址 M，直接地址 M 是 32 位地址的低 14 位，高 18 位自动置 0。

X=101 寄存器间址，一个操作数在通用寄存器地址 R，另一个操作数在存储器地址(Rm)。

11. 图 10.12 所示为双总线结构机器的数据通路，IR 为指令寄存器，PC 为程序计数器(具有自增功能)，M 为主存(受 $R/\overline{W}$ 信号控制)，AR 为地址寄存器，DR 为数据缓冲寄存器，ALU 由加、减控制信号决定完成何种操作，控制信号 G 控制的是一个门电路，另外，线上标注有小圈表示有控制信号，例中 y_i 表示 y 寄存器的输入控制信号，R_{1o}为寄存器 R_1 的输出控制信号，未标字符的线为直通线，不受控制。

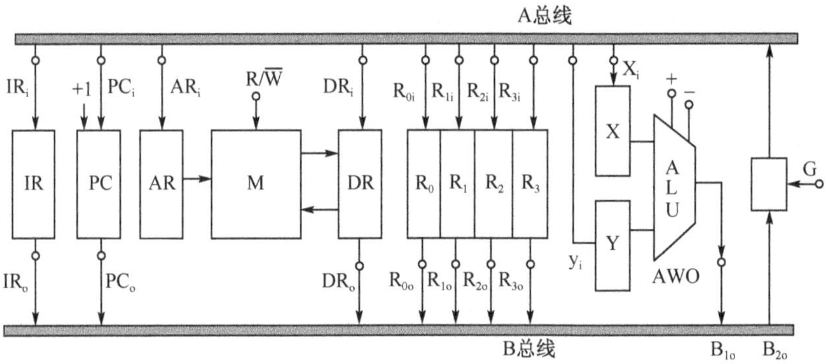

图 10.12 数据通路图

“ADD R2,R0”指令完成$(R_0)+(R_2)\rightarrow R_0$ 的功能操作，画出其指令周期流程图(假设该指令的地址已放入 PC 中)，并在流程图每一个 CPU 周期右边列出相应的微操作控制信号序列。

【解】 指令周期流程图如图 10.13 所示。

12. 已知条件同上题。为缩短指令周期，将存储器 M 分设成指令存储器 M_1 和数据

存储器 M_2。

(1) 请修改图 10.12 所示的数据通路。

(2) 画出指令“ADD R2,R0”的指令周期流程图。

(3) 指令周期速度提高多少？

【解】 (1)修改的数据通路图如图 10.14 所示。

(2)“ADD R2,R0”指令的指令周期流程图，如图 10.15 所示。

(3)原来机器指令周期数为 6 个 CPU 周期，增设 M_1 后指令周期数变为 4 个 CPU 周期，CPU 速度提高 6/4=1.5 倍。

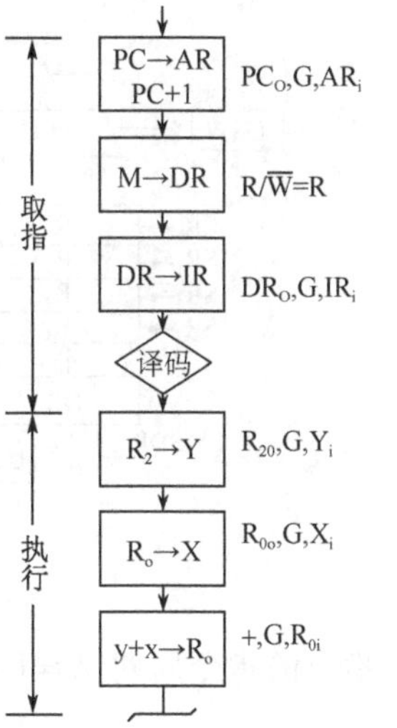

图 10.13 ADD 指令周期流程图

13. CPU 的数据通路如图 10.16 所示。运算器中 R_0～R_3 为通用寄存器，DR 为数据缓冲寄存器，psw 为状态字寄存器，D-cache 为数据存储器，I-cache 为指令寄存器，IR 为指令寄存器，AR 为地址寄存器。单线箭头表示微操作控制信号(电位或脉冲)。如 LR_0 表示读出 R_0 寄存器，SR_0 表示写入 R_0 寄存器。

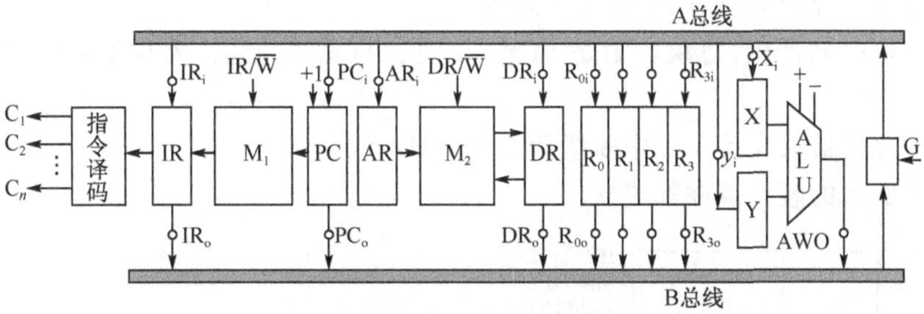

图 10.14 修改的数据通路图

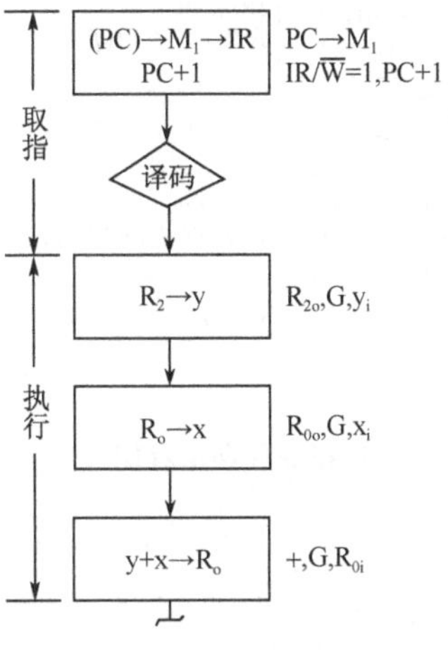

图 10.15 ADD 指令周期流程图

机器指令“LDA (R3),R0”实现的功能是以(R_3)的内容为 D-cache 单元地址，读出数存中该单元中数据到通用寄存器 R_0 中。请画出 LDA 取数指令周期流程图，并在 CPU 周期框外写出所需的微操作控制信号。假设一个 CPU 周期有 T_1～T_4 四个时钟信号，寄存器打入信号注意时钟信号。

【解】 指令周期包括取指周期和执行周期。

“LDA (R3),R0”的指令周期流程图如图 10.17 所示。

14. 已知条件与上题相同。

机器指令“ADD R2,R0”实现的功能是：将 R_2 和 R_1 的数据进行相加，求和结果打入到寄存器 R_0 中，请设计

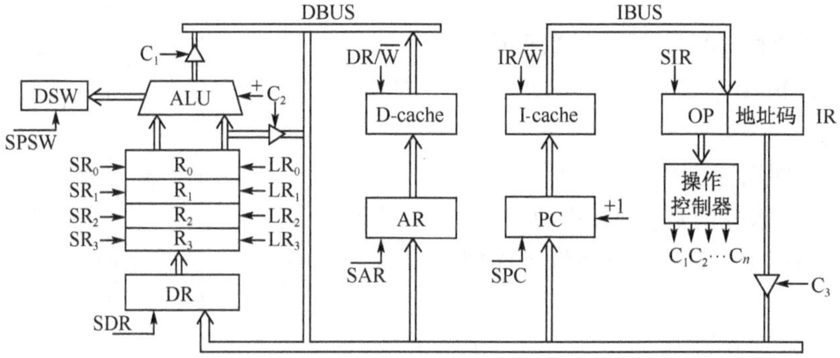

图 10.16　数据通路

ADD 指令的指令周期流程图，并在 CPU 周期外写出所需的微操作控制信号（标明时序 T_i）。

【解】 “ADD　R1，R0”指令周期流程图如图 10.18 所示，由 3 个 CPU 周期组成。

15. 假设有一个 32 位和一个 16 位的微处理器连接到系统总线。给定如下条件：

• 所有的微处理器具有所需的硬件特性，用来支持各种类型的数据传送：查询式 I/O，中断式 I/O，DMA 方式。

• 所有的微处理器具有 26 位地址总线。

• 有两块存储器板，每块容量是 64M×16 位，与总线相连。希望尽可能地使用共享存储器。

• 系统总线最大支持 4 根中断线和 1 根 DMA 线。

• 其他所需的假设条件都成立。

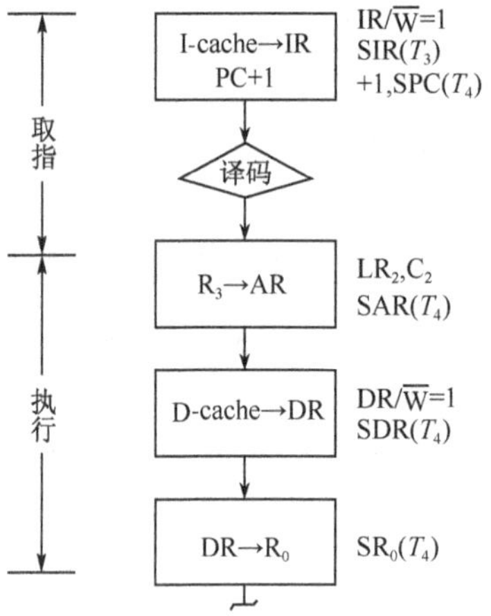

图 10.17　LDA 指令周期流程图

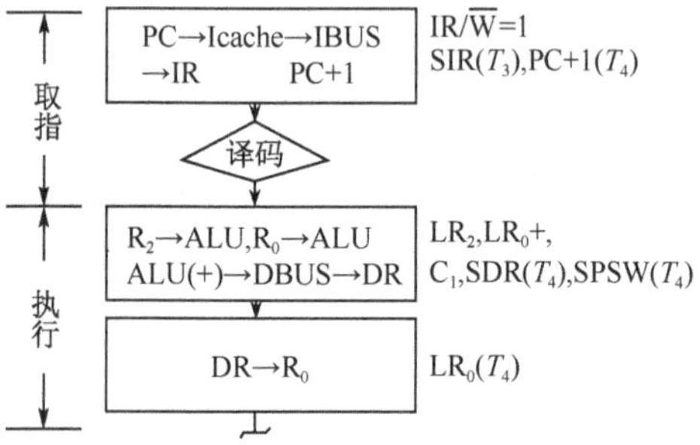

图 10.18　ADD 指令周期流程图

要求：(1) 根据线数和类型给出系统总线规范。

(2) 说明上述设备怎样连到系统总线上。

【解】 (1)系统总线规范。

地址线：26 条，由 CPU 发出，单向传送到存储器和 I/O 设备数据线：16 位，由 CPU 发出，CPU 与主存、DMA 接口、I/O 中断接口之间双向传送。

控制线：存储器读/写命令 R/W 线，4 根中断请求线（对应有 4 根中断批准线），由设备到 CPU。

1 根 DMA 请求线（对应有 1 根 DMA 批准线）由设备到 CPU。

设备状态线（根据 I/O 设备数目决定），由设备到 CPU。

(2)系统总线与 CPU、存储器、I/O 设备的连接，如图 10.19 所示。

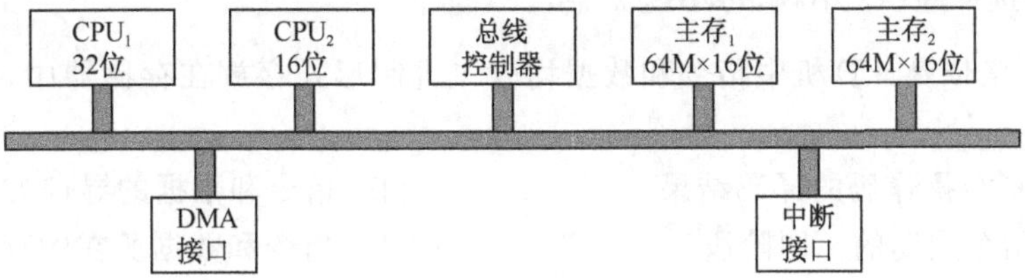

图 10.19　单总线结构的设计方案

第11章　历年硕士研究生入学统一考试试题

11.1　2009年“计算机组成原理”试题

一、单项选择题(12小题,每小题2分)

11. 冯·诺依曼计算机中指令和数据均以二进制形式存放在存储器中,CPU区分它们的依据是______。

A. 指令操作码的译码结果　　B. 指令和数据的寻址方式

C. 指令周期的不同阶段　　D. 指令和数据所在的存储单元

12. 一个C语言程序在一台32位机器上运行。程序中定义了三个变量 x、y 和 z,其中 x 和 z 为int型,y 为short型。当 $x=127$,$y=-9$ 时,执行赋值语句 $z=x+y$ 后,x、y 和 z 的值分别是______。

A. x=0000007FH,y=FFF9H,z=00000076H

B. x=0000007FH,y=FFF9H,z=FFFF0076H

C. x=0000007FH,y=FFF7H,z=FFFF0076H

D. x=0000007FH,y=FFF7H,z=00000076H

13. 浮点数加、减运算过程一般包括对阶、尾数运算、规格化、舍入和判溢出等步骤。设浮点数的阶码和尾数均采用补码表示,且位数分别为5位和7位(均含2位符号位)。若有两个数 $X=2^7\times29/32$,$Y=2^5\times5/8$,则用浮点加法计算 $X+Y$ 的最终结果是______。

A. 00111　1100010　　B. 00111　0100010

C. 01000　0010001　　D. 发生溢出

14. 某计算机的cache共有16块,采用2路组相联映射方式(即每组2块)。每个主存块大小为32字节,按字节编址。主存129号单元所在主存块应装入到的cache组号是______。

A. 0　　B. 2　　C. 4　　D. 6

15. 某计算机主存容量为64KB,其中ROM区为4KB,其余为RAM区,按字节编址。现要用2K×8位的ROM芯片和4K×4位的RAM芯片来设计该存储器,则需要上述规格的ROM芯片数和RAM芯片数分别是______。

A. 1,15　　B. 2,15　　C. 1,30　　D. 2,30

16. 某机器字长16位,主存按字节编址,转移指令采用相对寻址,由两个字节组成,第一字节为操作码字段,第二字节为相对位移量字段。假定取指令时,每取一个字节PC自动加1。若某转移指令所在主存地址为2000H,相对位移量字段的内容为06H,则该转移指令成功转移后的目标地址是______。

A. 2006H　　B. 2007H　　C. 2008H　　D. 2009H

17. 下列关于RISC的叙述中,错误的是______。

A. RISC普遍采用微程序控制器

B. RISC 大多数指令在一个时钟周期内完成

C. RISC 的内部通用寄存器数量相对 CISC 多

D. RISC 的指令数、寻址方式和指令格式种类相对 CISC 少

18. 某计算机的指令流水线由四个功能段组成，指令流经各功能段的时间（忽略各功能段之间的缓存时间）分别为 90ns、80ns、70ns 和 60ns，则该计算机的 CPU 时钟周期至少是______。

A. 90ns　　B. 80ns　　C. 70ns　　D. 60ns

19. 相对于微程序控制器，硬布线控制器的特点是______。

A. 指令执行速度慢，指令功能的修改和扩展容易

B. 指令执行速度慢，指令功能的修改和扩展难

C. 指令执行速度快，指令功能的修改和扩展容易

D. 指令执行速度快，指令功能的修改和扩展难

20. 假设某系统总线在一个总线周期中并行传输 4 字节信息，一个总线周期占用 2 个时钟周期，总线时钟频率为 10MHz，则总线带宽是______。

A. 10MB/s　　B. 20MB/s　　C. 40MB/s　　D. 80MB/s

21. 假设某计算机的存储系统由 cache 和主存组成。某程序执行过程中访存 1000 次，其中访问 cache 缺失（未命中）50 次，则 cache 的命中率是______。

A. 5%　　B. 9.5%　　C. 50%　　D. 95%

22. 下列选项中，能引起外部中断的事件是______。

A. 键盘输入　　B. 除数为 0　　C. 浮点运算下溢　　D. 访存缺页

二、综合应用题（2 大题，共 21 分）

43.（8 分）某计算机的 CPU 主频为 500MHz，CPI 为 5（即执行每条指令平均需 5 个时钟周期）。假定某外设的数据传输率为 0.5MB/s，采用中断方式与主机进行数据传送，以 32 位为传输单位，对应的中断服务程序包含 18 条指令，中断服务的其他开销相当于 2 条指令的执行时间。请回答下列问题，要求给出计算过程。

（1）在中断方式下，CPU 用于该外设 I/O 的时间占整个 CPU 时间的百分比是多少？

（2）当该外设的数据传输率达到 5MB/s 时，改用 DMA 方式传送数据。假定每次 DMA 传送块大小为 5000B，且 DMA 预处理和后处理的总开销为 500 个时钟周期，则 CPU 用于该外设 I/O 的时间占整个 CPU 时间的百分比是多少？（假设 DMA 与 CPU 之间没有访存冲突）

44.（13 分）某计算机字长 16 位，采用 16 位定长指令字结构，部分数据通路结构如题 44 图所示，图中所有控制信号为 1 时表示有效、为 0 时表示无效，例如控制信号 MDRinE 为 1 表示允许数据从 DB 打入 MDR，MDRin 为 1 表示允许数据从内总线打入 MDR。假设 MAR 的输出一直处于使能状态。加法指令“ADD(R1)，R0”的功能为 (R0)+((R1))→(R1)，即将 R0 中的数据与 R1 的内容所指主存单元的数据相加，并将结果送入 R1 的内容所指主存单元中保存。

题 44 表给出了上述指令取指和译码阶段每个节拍（时钟周期）的功能和有效控制信号，请按表中描述方式用表格列出指令执行阶段每个节拍的功能和有效控制信号。

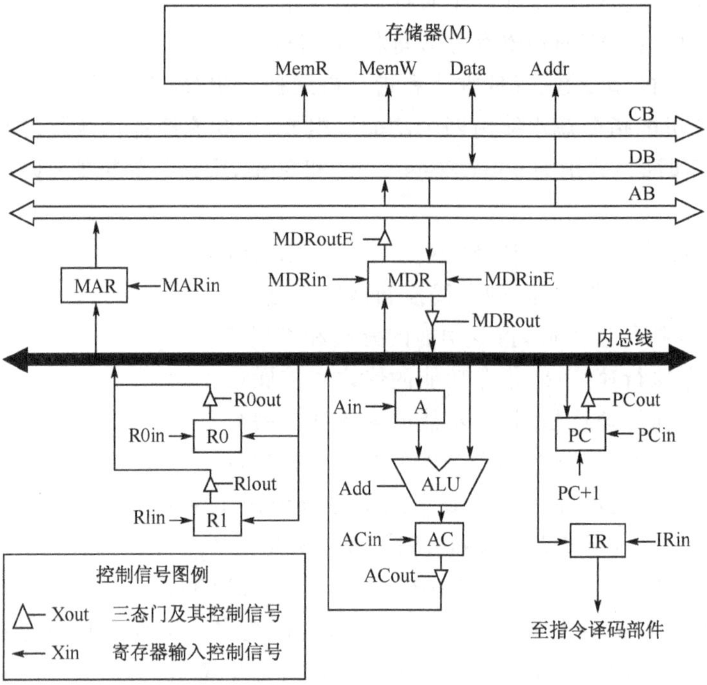

题 44 图

题 44 表

时钟	功能	有效控制信号
C1	MAR←(PC)	PCout,MARin
C2	MDR←M(MAR) PC←(PC)+1	MemR,MDRinE PC+1
C3	IR←(MDR)	MDRout,IRin
C4	指令译码	无

参考答案：

一、单项选择题

11. C **12.** D **13.** D **14.** C **15.** D **16.** C **17.** A **18.** A **19.** D **20.** B **21.** D **22.** A

二、综合应用题

43.【解】

(1) CPU 中断一次时传输 32 位(4B)数据所用时间 t_1 为

$$t_1 = 4B/r_1 = 8\mu s, \qquad r_1 = 0.5MB/s$$

已知 $I_N=(18+2)=20$，$CPI=5$，$f=500MHz$，则求得 t_{CPU} 为

$$t_{CPU} = I_N \times CPI/f = 20 \times 5/500 = 0.2\mu s$$

CPU 用于外设的时间占整个 CPU 时间的百分比 P_1 为

$$P_1 = t_{CPU}/t_1 = 1/40 = 2.5\%$$

(2) 假设采用 CPU 停止访内方式，DMA 传送一个数据块所用时间 t_2 为

$$t_2 = 5000B/r_2 = 1000\mu s, \qquad r_2 = 5MB/s$$

$$t'_{CPU} = N_c/f = 1\mu s, \qquad N_c = 500$$

CPU 用于外设的时间占整个 CPU 时间的百分比 P_2 为

$$P_2 = t'_{CPU}/t_2 = 1/1000 = 0.1\%$$

44.【解】

指令周期流程图由 3 个 CPU 周期组成，一个 CPU 周期含 4 个时钟周期 $C_1 \sim C_4$。

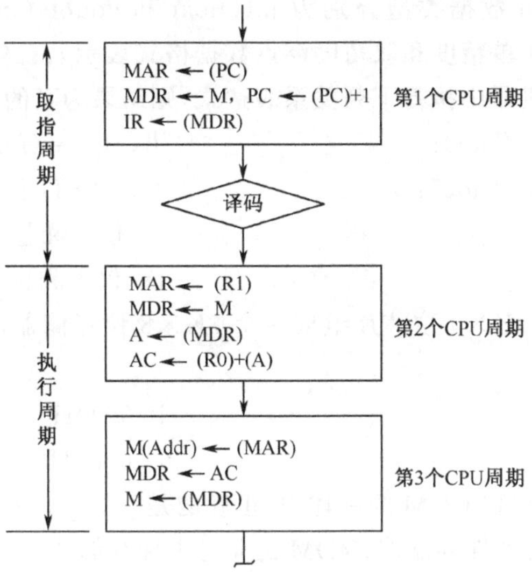

指令周期流程图

指令执行阶段各节拍功能与有效控制信号列表

CPU 周期	时钟周期	功能	有效控制信号
第 2 个	C_1	MAR←(R1)，M(Addr)←(MAR)	$R1_{out}$，MAR_{in}，地址线直通
	C_2	M(Data)←M，MDR←M(Data)	MemR，$MDR_{in}E$
	C_3	A←(MDR)	MDR_{out}，A_{in}
	C_4	AC←(R0)＋(A)	$R0_{out}$，Add，AC_{in}
第 3 个	C_1	M(Addr)←(MAR)	地址线直通
	C_2	MDR←(AC)	AC_{out}，$MDR_{in}E$
	C_3	M(Data)←MDR，M←M(Data)	$MDR_{out}E$，MemW
	C_4	未用	

11.2 2010 年“计算机组成原理”试题

一、单项选择题(11 小题，每小题 2 分)

12. 下列选项中，能缩短程序执行时间的措施是______。

Ⅰ. 提高 CPU 时钟频率　Ⅱ. 优化数据通过结构　Ⅲ. 对程序进行编译优化

A. 仅Ⅰ和Ⅱ　　B. 仅Ⅰ和Ⅲ

C. 仅Ⅱ和Ⅲ　　D. Ⅰ、Ⅱ、Ⅲ

13. 假定有 4 个整数用 8 位补码分别表示 r1＝FEH，r2＝F2H，r3＝90H，r4＝F8H，若将运算结果放在一个 8 位的寄存器中，则下列运算会发生溢出的是______。

A. r1×r2　　B. r2×r3

C. r1×r4　　D. r2×r4

14. 假定变量 i，f，d 数据类型分别为 int，float 和 double（int 用补码表示，float 和 double 分别用 IEEE754 单精度和双精度浮点数据格式表示），已知 i＝785，f＝1.5678e^3，d＝1.5e^{100}，若在 32 位机器中执行下列关系表达式，则结果为真的是______。

Ⅰ. i＝＝(int)(float)i　　Ⅱ. f＝＝(float)(int)f

Ⅲ. f＝＝(float)(double)f　　Ⅳ. (d＋f)－d＝＝f

A. 仅Ⅰ和Ⅱ　　B. 仅Ⅰ和Ⅲ

C. 仅Ⅱ和Ⅲ　　D. 仅Ⅲ和Ⅳ

15. 假定用若干个 2K×4 位芯片组成一个 8K×8 位存储器，则地址 0B1FH 所在芯片的最小地址是______。

A. 0000H　　B. 0600H

C. 0700H　　D. 0800H

16. 下列有关 RAM 和 ROM 的叙述中，正确的是______。

Ⅰ. RAM 是易失性存储器，ROM 是非易失性存储器

Ⅱ. RAM 和 ROM 都是采用随机存取的方式进行信息访问

Ⅲ. RAM 和 ROM 都可用作 cache

Ⅳ. RAM 和 ROM 都需要进行刷新

A. 仅Ⅰ和Ⅱ　　B. 仅Ⅱ和Ⅲ

C. 仅Ⅰ、Ⅱ、Ⅲ　　D. 仅Ⅱ、Ⅲ、Ⅳ

17. 下列命令组合情况中，一次访存过程中，不可能发生的是______。

A. TLB 未命中，cache 未命中，Page 未命中

B. TLB 未命中，cache 命中，Page 命中

C. TLB 命中，cache 未命中，Page 命中

D. TLB 命中，cache 命中，Page 未命中

18. 下列寄存器中，汇编语言程序员可见的是______。

A. 存储器地址寄存器(MAR)　　B. 程序计数器(PC)

C. 存储器数据寄存器(MDR)　　D. 指令寄存器(IR)

19. 下列选项中不会引起指令流水阻塞的是______。

A. 数据旁路　　B. 数据相关

C. 条件转移　　D. 资源冲突

20. 下列选项中的英文缩写均为总线标准的是______。

A. PCI、CRT、USB、EISA　　B. ISA、CPI、VESA、EISA

C. ISA、SCSI、RAM、MIPS　　D. ISA、EISA、PCI、PCI-Express

21. 单级中断系统中，中断服务程序执行顺序是______。

Ⅰ. 保护现场　Ⅱ. 开中断　Ⅲ. 关中断　Ⅳ. 保存断点　Ⅴ. 中断事件处理

Ⅵ. 恢复现场　Ⅶ. 中断返回

A. Ⅰ、Ⅴ、Ⅵ、Ⅱ、Ⅶ　　　B. Ⅲ、Ⅰ、Ⅴ、Ⅶ

C. Ⅲ、Ⅳ、Ⅴ、Ⅵ、Ⅶ　　　D. Ⅳ、Ⅰ、Ⅴ、Ⅵ、Ⅶ

22. 假定一台计算机的显示存储器用DRAM芯片实现，若要求显示分辨率为1600×1200，颜色深度为24位，帧频为85Hz，显示总带宽的50%用来刷新屏幕，则需要的显存总带宽至少约为______。

A. 245Mb/s　　　B. 979Mb/s

C. 1958Mb/s　　　D. 7834Mb/s

二、综合应用题(2大题，共23分)

43. (11分)某计算机字长为16位，主存地址空间大小为128KB，按字编址，采用单字指令格式，指令各字段定义如下：

15　12	11　　6		5　　0	
Op	Ms	Rs	Md	Rd
	源操作数		目的操作数	

转移指令采用相对寻址方式，相对偏移是用补码表示，寻址方式定义如下：

Ms/Md	寻址方式	助记符	含义
000B	寄存器直接	Rn	操作数=(Rn)
001B	寄存器间接	(Rn)	操作数=((Rn))
010B	寄存器间接、自增	(Rn)+	操作数=((Rn)),(Rn)+1→Rn
011B	相对	D(Rn)	转移目标地址=(PC)+(Rn)

注：(X)表示存储器地址X或寄存器X的内容。

请回答下列问题：

(1) 该指令系统最多可有多少条指令？该计算机最多有多少个通用寄存器？存储器地址寄存器(MAR)和存储器数据寄存器(MDR)至少各需多少位？

(2) 转移指令的目标地址范围是多少？

(3) 若操作码0010B表示加法操作(助记符为add)，寄存器R4和R5的编号分别为100B和101B，R4的内容为1 2 3 4 H，R5的内容为5 6 7 8 H，地址1 2 3 4 H中的内容为5 6 7 8 H，地址5678H中的内容为1 2 3 4 H，则汇编语言为add　(R4),(R5)+(逗号前为源操作数，逗号后为目的操作数)对应的机器码是什么(用十六进制表示)？该指令执行后，哪些寄存器和存储单元的内容会改变？改变后的内容是什么？

44. (12分)某计算机的主存地址空间为256MB，按字节编址。指令cache和数据cache分离，均有8个cache行，每个cache行的大小为64B，数据cache采用直接映射方式。现有两个功能相同的程序A和B，其伪代码如下所示：

```
程序 A：
int  a[256][256];
……
int  sum_array1()
{
    int i,j,sum=0;
    for(i=0;i<256;i++)
      for(j=0;j<256;j++)
        sum+=a[i][j];
    return  sum;
}
```

```
程序 B：
int  a[256][256];
……
int  sum._array2()
{
    int i,j,sum=0;
    for(j=0;j<256;j++)
      for(i=0;i<256;i++)
        sum+=a[i][j];
    return  sum;
}
```

假定 int 类型数据用 32 位补码表示，程序编译时 i,j,sum 均分配在寄存器中，数组 a 按行优先方式存放，其地址为 320（十进制数）。请回答下列问题，要求说明理由或给出计算过程。

（1）若不考虑用于 cache 一致性维护和替换算法的控制位，则数据 cache 的总容量是多少？

（2）数组元素 a[0][31]和 a[1][1]各自所在的主存块对应的 cache 行号分别是多少（cache 行号从 0 开始）？

（3）程序 A 和 B 的数据访问命中率各是多少？哪个程序的执行时间更短？

参考答案：

一、单项选择题

12. D **13.** B **14.** B **15.** D **16.** A **17.** D **18.** B **19.** A **20.** D **21.** A **22.** D

二、综合应用题

43.【解】

（1）该指令系统最多可有 $2^4=16$ 条指令。

该计算机最多有 $2^3=8$ 个通用寄存器。

存储器地址寄存器（MAR）和存储器数据寄存器（MDR）位数至少各需：MAR＝16 位，MDR＝16 位。

（2）转移指令的目标地址范围是 64K，即 $0\sim2^{16}-1$。

（3）add (R4),(R5)+（逗号前为源操作数，逗号后为目的操作数），对应的机器码为

$$0010\ 001\ 100\ 010\ 101B=2315H$$

该指令执行后

(R5)＝(5678H)，故[5678H]＝5678H＋1234H＝68ACH

R5＝5679H

44.【解】

二维数组 a 的所有元素在内存中的存放顺序是按行优先方式存放的，即从数组的首地址开始，先顺序存放第一行的 256 个元素，再存放第二行的 256 个元素，依此类推。

数组每个数据 32 位，即 4 个字节，一个 cache 行 64 字节，故可以存放 16 个数据。

(1) 通常所说的 cache 容量均指数据区容量，按此理解，数据 cache 的总容量是 $8\times64=512$B。

也有个别文献将 cache 的控制位也计入 cache 总容量，此时还应加入标记和有效位的空间

标记位数＝主存地址位数－cache 地址位数＝28－9＝19

(2) 数组元素 a[0][31]和 a[1][1]各自所在的主存块对应的 cache 行号分别为

a[0][31]主存起始地址：$320+31\times4=444$，

块号＝444/64＝6，cache 行号 6 mod 8＝6

a[1][1]主存起始地址：$320+(256+1)\times4=1348$，

块号＝1348/64＝21，cache 行号 21 mod 8＝5

(3) 程序 A 和 B 的数据访问命中率计算。

设处理机为 32 位，即每次访存读取 4 个字节。

本题给出的两个程序实现数组求和功能，即计算 256 行、256 列的二维数组 a[256][256]的所有元素之和。

程序 A 逐行访问数组，故数据的访问次序与存放次序相同。程序 B 逐列访问数组，故连续两次访存内存地址的间隔为 256。由于 cache 的容量相对较小，不足以调入数组的所有元素。故在按行访问时，大部分访存可以命中 cache，只有 cache 每行从主存调入的第一次访问不命中；但按列访问量，每个 cache 行在调入后一次也未被访问即被调出。

程序 A：

解法 1：第一次访存不命中，直接访问主存并将当前页调入 cache，此后 15 次访存都访问当前页，故全部命中 cache；第 17 次访存的数据不在当前页，故不命中，直接访问主存并将该页调入 cache，但此后的 15 次访存又都访问当前页，故全部命中 cache；依此类推，命中率是 15/16＝93.75％

解法 2：总访存次数＝数组元素个数＝$256\times256\times4=2^{16}$；每次对加载到 cache 某行中的第一个数据的访问都不命中 cache，故未命中次数＝占用内存块数＝$2^{16}\times4/64=2^{12}$；故命中率＝$(2^{16}-2^{12})/2^{16}=93.75\%$。

程序 B：

数组每行 256 个数据，占用 $256\times4=1024$ 个地址，共需 1024/64＝16 个 cache 页，cache 共 8 页。程序的访问次序是 a[0,0]、a[1,0]、a[2,0]、a[3,0]……，cache 的 8 行被依次加载的数据为：a[0,0]～a[0,15]、a[1,0]～a[1,15]、a[2,0]～a[7,0]～a[7,15]，当访问 a[8,0]时，a[0,0]～a[0,15]被换出，以此类推，每次访存均不命中，故命中率是 0。

比较后可知，程序 A 的执行时间更短。

11.3 2011年“计算机组成原理”试题

一、单项选择题(每小题2分,共22分。下列每小题给出的四个选项中,只有一项符合题目要求)

12. 下列选项中,描述浮点数操作速度指标的是______。

A. MIPS　　B. CPI　　C. IPC　　D. MFLOPS

13. float型数据通常用IEEE 754单精度浮点数格式表示。若编译器将float型变量x分配在一个32位浮点寄存器FR1中,且x=-8.25,则FR1的内容是______。

A. C104 0000H　　B. C242 0000H　　C. C184 0000H　　D. C1C2 0000H

14. 下列各类存储器中,不采用随机存取方式的是______。

A. EPROM　　B. CDROM　　C. DRAM　　D. SRAM

15. 某计算机存储器按字节编址,主存地址空间大小为64MB,现用4M×8位的RAM芯片组成32MB的主存储器,则存储器地址寄存器MAR的位数至少是______。

A. 22位　　B. 23位　　C. 25位　　D. 26位

16. 偏移寻址通过将某个寄存器内容与一个形式地址相加而生成有效地址。下列寻址方式中,不属于偏移寻址方式的是______。

A. 间接寻址　　B. 基址寻址　　C. 相对寻址　　D. 变址寻址

17. 某机器有一个标志寄存器,其中有进位/借位标志CF、零标志ZF、符号标志SF和溢出标志OF,条件转移指令bgt(无符号整数比较大于时转移)的转移条件是______。

A. CF+OF=1　　B. /SF+ ZF=1　　C. /(CF+ZF)=1　　D. /(CF+SF)=1

18. 下列给出的指令系统特点中,有利于实现指令流水线的是______。

Ⅰ. 指令格式规整且长度一致　　Ⅱ. 指令和数据按边界对齐存放

Ⅲ. 只有Load/Store指令才能对操作数进行存储访问

A. 仅Ⅰ、Ⅱ　　B. 仅Ⅱ、Ⅲ　　C. 仅Ⅰ、Ⅲ　　D. Ⅰ、Ⅱ、Ⅲ

19. 假定不采用cache和指令预取技术,且机器处于“开中断”状态,则在下列有关指令执行的叙述中,错误的是______。

A. 每个指令周期中CPU都至少访问内存一次

B. 每个指令周期一定大于或等于一个CPU时钟周期

C. 空操作指令的指令周期中任何寄存器的内容都不会被改变

D. 当前程序在每条指令执行结束时都可能被外部中断打断

20. 在系统总线的数据线上,不可能传输的是______。

A. 指令　　B. 操作数

C. 握手(应答)信号　　D. 中断类型号

21. 某计算机有五级中断L4~L0,中断屏蔽字为M4M3M2M1M0,Mi=1(0≤i≤4)表示对Li级中断进行屏蔽。若中断响应优先级从高到低的顺序是L4→L0→L2→L1→L3,则L1的中断处理程序中设置的中断屏蔽字是______。

A. 11110　　B. 01101　　C. 00011　　D. 01010

22. 某计算机处理器主频为50MHz,采用定时查询方式控制设备A的I/O,查询程序运行一次所用的时钟周期数至少为 500。在设备 A 工作期间，为保证数据不丢失，每秒需对其查询至少 200 次，则 CPU 用于设备 A 的 I/O 的时间占整个 CPU 时间的百分比至少是______。

A. 0.02%　　B. 0.05%　　C. 0.20%　　D. 0.50%

二、综合应用题(2 大题，共 23 分)

43. (11 分)假定在一个 8 位字长的计算机中运行如下 C 程序段：

```
unsigned int x = 134;
unsigned int y = 246;
int m = x;
int n = y;
unsigned int z1 = x-y;
unsigned int z2 = x+y;
int k1 = m-n;
int k2 = m+n;
```

若编译器编译时将 8 个 8 位寄存器 R1 ～R8 分别分配给变量 x、y、m、n、z1 、z2 、k1 和 k2 。请回答下列问题：(提示：带符号整数用补码表示)

(1) 执行上述程序段后，寄存器 R1、R5 和 R6 的内容分别是什么(用十六进制表示)？

(2) 执行上述程序段后，变量 m 和 k1 的值分别是多少(用十进制表示)？

(3) 上述程序段涉及带符号整数加/减、无符号整数加/减运算，这四种能否利用同一个加法器及辅助电路实现？简述理由。

(4) 计算机内部如何判断带符号整数加/减运算的结果是否发生溢出？上述程序段中，哪些带符号整数运算语句的执行结果会发生溢出？

44. (12 分)某计算机存储器按字节编址，虚拟(逻辑)地址空间大小为 16MB，主存(物理)地址空间大小为 1MB，页面大小为 4KB；cache 采用直接映射方式，共 8 行；主存与 cache 之间交换的块大小为 32B。系统运行到某一时刻时，页表的部分内容和 cache 的部分内容分别如题 44-a 图、题 44-b 图所示，图中页框号及标记字段的内容为十六进形式。

虚页号	有效位	页框号	……
0	1	06	……
1	1	04	……
2	1	15	……
3	1	02	……
4	0	—	……
5	1	2B	……
6	0	—	……
7	1	32	……

题 44-a 图　页表的部分内容

行号	有效位	标记	……
0	1	020	……
1	0	—	……
2	1	01D	……
3	1	105	……
4	1	064	……
5	1	14D	……
6	0	—	……
7	1	27A	……

题 44-b 图　cache 的部分内容

请回答下列问题：

(1) 虚拟地址共有几位，哪几位表示页号？物理地址共有几位，哪几位表示页框号(物理页号)？

(2) 使用物理地址访问 cache 时，物理地址应划分成哪几个字段？要求说明每个字段的位数及在物理地址中的位置。

(3) 虚拟地址 001C60H 所在的页面是否在主存中？若在主存中，则该虚拟地址对应的物理地址是什么？访问该地址时是否 cache 命中？要求说明理由。

(4) 假定为该机配置一个 4 路组相联的 TLB，该 TLB 共可存放 8 个页表项，若其当前内容(十六进制)如题 44-c 图所示，则此时虚拟地址 024BACH 所在的页面是否在主存中？要求说明理由。

组号	有效位	标记	页框号	有效位	标记	页框号	有效位	标记	页框号	有效位	标记	页框号
0	0	—	—	1	001	15	0	—	—	1	012	1F
1	1	013	2D	0	—	—	1	008	7E	0	—	—

题 44-c 图　TLB 的部分内容

参考答案：

一、单项选择题

12. D　**13.** A　**14.** B　**15.** D　**16.** A　**17.** C　**18.** D　**19.** C　**20.** C　**21.** D　**22.** C

二、综合应用题

43.【解】

本题考查无符号数、带符号数和溢出的概念，以及 C 语言中强制类型转换操作对数据的处理方式。注意：

① 无符号数没有溢出的概念，超出最大值的进位将被丢弃。

② C 语言规定在无符号整数和带符号整数之间进行强制类型转换时，机器码并不改变，改变的是对机器码的解释方式。

(1) 执行上述程序段后，各寄存器和变量的对应关系如下表所示。

寄存器	R1	R2	R3	R4	R5	R6	R7	R8
变量	x	y	m	n	z1	z2	k1	k2
性质	无符号	无符号	带符号补码	带符号补码	无符号	无符号	带符号补码	带符号补码

R1＝x＝134＝10000110b＝86h

Y＝246＝11110110b

R5＝z1＝x－y＝134－246＝10000110b－11110110b

＝10000110b＋00001010b＝10010000b＝90h

$R6=z2=x+y=134+246=10000110b+11110110b=(1)01111100b=7ch$

(2) 执行上述程序段后，变量 m 和 k1 的值分别为

$m_{补}=x=10000110b$

$m=-1111010b=-7ah=-122$

$n_{补}=y=11110110b$

$n=-0001010b=-10$

$k1_{补}=m_{补}-n_{补}=10000110b-11110110b=10000110b+00001010b=10010000b$

$k1=-1110000b=-70h=-112$

(3) 无符号数和带符号数在机器中都是以二进制数的形式存储的，不同之处在于带符号数是将二进制值看作补码形式，将其转换为真值时最高位看作符号位。补码运算时，符号位可以和数值位等同看待，故无符号数加减运算与带符号数加减运算完全可以用同一套电路实现。

因为 $x_{补}$减 $y_{补}$可以转化为 $x_{补}$加$(-y)_{补}$的运算，故补码形式的运算中，加减法可以用同一套电路实现，只需增加从 $y_{补}$求$(-y)_{补}$的电路即可。

无符号数可以看作正数参加运算，也可以用同一套电路实现。只是不进行溢出判断。

故四种运算可以利用同一个加法器及辅助电路实现。

(4) 带符号整数加/减运算的溢出判断方法有三种：

① 原理判断法：加法器的两输入端(加数)同号，但与输出端(和)不同号，则溢出；

② 单符号位法：如果最高位的进位和符号位的进位不同，则溢出；

③ 双符号位法：在补码的单符号位之外再增加一个符号位，从而将数据的可表示范围扩大一倍，当运算结果的高符号位与低符号位不相同时，说明最高位的进位修改了低符号位，可判断为溢出。

因 $k2=m+n=10000110b+11110110b=(1)01111100$(溢出)，故语句"int k2=m+n"的执行结果溢出。

44.【解】

(1) 页面大小为 $4KB=2^{12}B$，故页内地址 12 位。

虚拟地址空间大小为 $16MB=2^{24}B$，故虚地址共 24 位，低 12 位为页内地址，高 $24-12=12$ 位为虚页号。

主存地址空间大小为 $1MB=2^{20}B$，故实地址共 20 位，低 12 位为页内地址，高 $20-12=8$ 位为页框号(物理页号)。

(2) 主存与 cache 之间交换的块大小为 $32B=2^5B$，故 cache 行(块)内地址 5 位。

cache 共 8 行$=2^3$行，故 cache 大小为 $32\times8=256B=2^8B$。cache 地址=3 位 cache 行号+5 位行内地址。

主存物理地址区数$=1MB/256B=2^{20}/2^8=2^{12}=4096$。

故物理地址分三个字段：高 12 位为标记 Tag，中间 3 位为 cache 行号，最低 5 位为行内地址。

(3) 虚拟地址 001C60H 的低 12 位 C60H 为页内地址，高 12 位 001H 为虚页号。

查页表可知，虚页 001H 对应的有效位为 1，故该页已调入主存，主存页号为 04H，故主存地址为 04C60H。

主存地址 04C60H＝000001001100 011 00000b 的低 5 位 00000b 为行内地址，中间 3 位 011b 为 cache 行号，查 cache 标记可知，第 3 行的有效位为 1，但标记为 105H，故该地址 cache 不命中。

(4) 4 路组相联的 TLB，共可存放 8 个页表项，故 TLB 共 2 组，每组可存放 4 个页表项。

虚存地址高 12 位为虚页号，故慢表的表项数为 $2^{12}=4096$，慢表地址 12 位。

TLB 共 2 组，故慢表 12 位地址中的最低 1 位选择 TLB 的组，也即慢表的 4096 个表项中，偶地址的表项可以映射到 TLB 的第 0 组中的四个表项中的任意一个，奇地址的表项可以映射到 TLB 的第 1 组中的四个表项中的任意一个。

慢表 12 位地址中的高 11 位为访问 TLB 的标记。

虚拟地址 024BACH 的高 12 位 024H＝000000100100b 为虚页号，其中最低 1 位 0 选择 TLB 第 0 组，高 11 位 00000010010b＝012H。查 TLB 表可知，第 0 组最后一项标记为 012H，其有效位为 1，说明该虚页已调入主存，其页框号为 1FH，故其实地址为 1FBACH。

11.4 2012 年“计算机组成原理”试题

一、单项选择题(每小题 2 分，共 22 分。下列每小题给出的四个选项中，只有一项符合题目要求)

12. 假定基准程序 A 在某计算机上的运行时间为 100s，其中 90s 为 CPU 时间，其余为 I/O 时间。若 CPU 速度提高 50%，I/O 速度不变，则运行基准程序 A 所耗费的时间是______。

A. 55s　　B. 60s　　C. 65s　　D. 70s

13. 假定编译器规定 int 和 short 类型长度分别为 32 位和 16 位，执行下列 C 语言语句：

```
unsigned short x=65530;
unsigned int y=x;
```

得到 y 的机器数为______。

A. 0000 7FFA　B. 0000 FFFAH　C. FFFF 7FFAH　D. FFFF FFFAH

14. float 类型(即 IEEE754 单精度浮点数格式)能表示的最大正整数是______。

A. $2^{126}-2^{103}$　　B. $2^{127}-2^{104}$　　C. $2^{127}-2^{103}$　　D. $2^{128}-2^{104}$

15. 某计算机存储器按字节编址，采用小端方式存放数据，假定编译器规定 int 型和 short 型长度分别为 32 位和 16 位，并且数据按边界对齐存储。某 C 语言程序段如下：

```
struct{
        int    a;
        char   b;
        short  c;
} record;
record.a=273;
```

若 record 变量的首地址为 0xC008，则地址 0xC008 中内容及 record.c 的地址分别为______。

A. 0x00、0xC00D　　B. 0x00、0xC00E

C. 0x11、0xC00D　　D. 0x11、0xC00E

16. 下列关于闪存(Flash Memory)的叙述中，错误的是______。

A. 信息可读可写，并且读、写速度一样快

B. 存储元由 MOS 管组成，是一种半导体存储器

C. 掉电后信息不丢失，是一种非易失性存储器

D. 采用随机访问方式，可替代计算机外部存储器

17. 假设某计算机按字编址，cache 有 4 个行，cache 和主存之间交换的块大小为 1 个字。若 cache 的内容初始为空，采用 2 路组相联映射方式和 LRU 替换算法，当访问的主存地址依次为 0，4，8，2，0，6，8，6，4，8 时，命中 cache 的次数是______。

A. 1　　B. 2　　C. 3　　D. 4

18. 某计算机的控制器采用微程序控制方式，微指令中的操作控制字段采用字段直接编码法，共有 33 个微命令，构成 5 个互斥类，分别包含 7、3、12、5 和 6 个微命令，则操作控制字段至少有______。

A. 5 位　　B. 6 位　　C. 15 位　　D. 33 位

19. 某同步总线的时钟频率为 100MHz，宽度为 32 位，地址/数据线复用，每传输一个地址或数据占用一个时钟周期。若该总线支持突发(猝发)传输方式，则一次"主存写"总线事务传输 128 位数据所需要的时间至少是______。

A. 20ns　　B. 40ns　　C. 50ns　　D. 80ns

20. 下列关于 USB 总线特性的描述中，错误的是______。

A. 可实现外设的即插即用和热拔插

B. 可通过级联方式连接多台外设

C. 是一种通信总线，可以连接不同外设

D. 同时可传输 2 位数据，数据传输率高

21. 下列选项中，在 I/O 总线的数据线上传输的信息包括______。

Ⅰ. I/O 接口中的命令字　　Ⅱ. I/O 接口中的状态字　　Ⅲ. 中断类型号

A. 仅Ⅰ、Ⅱ　　B. 仅Ⅰ、Ⅲ　　C. 仅Ⅱ、Ⅲ　　D. Ⅰ、Ⅱ、Ⅲ

22. 响应外部中断的过程中，中断隐指令完成的操作，除保护断点外，还包括______。

Ⅰ. 关中断　　Ⅱ. 保存通用寄存器的内容

Ⅲ. 形成中断服务程序入口地址并送 PC

A. 仅Ⅰ、Ⅱ　　B. 仅Ⅰ、Ⅲ　　C. 仅Ⅱ、Ⅲ　　D. Ⅰ、Ⅱ、Ⅲ

二、综合应用题(2 大题，共 23 分)

43. (11 分)假定某计算机的 CPU 主频为 80MHz，CPI 为 4，并且平均每条指令访存 1.5 次，主存与 cache 之间交换的块大小为 16B，cache 的命中率为 99%，存储器总线宽度为 32 位。请回答下列问题：

(1) 该计算机的 MIPS 数是多小？平均每秒 cache 缺失的次数是多少？在不考虑 DMA 传送的情况下，主存带宽至少达到多少才能满足 CPU 的访存要求？

(2) 假定在 cache 缺失的情况下访问主存时，存在 0.0005%的缺页率，则 CPU 平均每秒产生多少次缺页异常？若页面大小为 4KB，每次缺页都需要访问磁盘，访问磁盘时 DMA 传送采用周期挪用方式，磁盘 I/O 接口的数据缓冲寄存器为 32 位，则磁盘 I/O 接口平均每秒发出的 DMA 请求次数至少是多少？

(3) CPU 和 DMA 控制器同时要求使用存储器总线时，哪个优先级更高？为什么？

(4) 为了提高性能，主存采用 4 体交叉存储模式，工作时每 1/4 周期启动一个体。若每个体的存储周期为 50ns，则该主存能提供的最大带宽是多少？

44. (12 分)某 16 位计算机中，带符号整数用补码表示，数据 cache 和指令 cache 分离。题 44 表给出了指令系统中部分指令格式，其中 Rs 和 Rd 表示寄存器，mem 表示存储单元地址，(x)表示寄存器 x 或存储单元 x 的内容。

题 44 表　指令系统中部分指令格式

名称	指令的汇编格式	指令含义
加法指令	ADD　Rs, Rd	(Rs)+(Rd)→Rd
算术/逻辑左移	SHL　Rd	2＊(Rd)→Rd
算术右移	SHR　Rd	(Rd)/2→Rd
取数指令	LOAD　Rd, mem	(mem)→Rd
存数指令	STORE　Rs, mem	Rs→(mem)

该计算机采用 5 段流水方式执行指令，各流水段分别是取指(IF)、译码/读寄存器(ID)、执行/计算有效地址(EX)、访问存储器(M)和结果写回寄存器(WB)，流水线采用"按序发射，按序完成"方式，没有采用转发技术处理数据相关，并且同一寄存器的读和写操作不能在同一时钟周期内进行。请回答下列问题。

(1) 若 int 型变量 x 的值为−513，存放在寄存器 R1 中，则执行指令"SHR　R1"后，R1 中的内容是多少(用十六进制表示)？

(2) 若某个时间段中，有连续的 4 条指令进入流水线，在其执行过程中没有发生任何阻塞，则执行这 4 条指令所需的时钟周期数为多少？

(3) 若高级语言程序中某赋值语句为 x=a+b，x、a 和 b 均为 int 型变量，它们的存储单元地址分别表示为[x]、[a]和[b]。该语句对应的指令序列及其在指令流水线中的执行过程如题 44 图所示。

I1　LOAD　R1,[a]
I2　LOAD　R2,[b]
I3　ADD　R1,R2
I4　STORE　R2,[x]

	时间单元													
指令	1	2	3	4	5	6	7	8	9	10	11	12	13	14
I1	IF	ID	EX	M	WB									
I2		IF	ID	EX	M	WB								
I3			IF				ID	EX	M	WB				
I4							IF				ID	EX	M	WB

题 44 图　指令序列及其执行过程示意图

则这 4 条指令执行过程中，I3 的 ID 段和 I4 的 IF 段被阻塞的原因各是什么？

(4) 若高级语言程序中某赋值语句为 x＝2 * x＋a，x 和 a 均为 unsigned int 类型变量，它们的存储单元地址分别表示为[x]、[a]，则执行这条语句至少需要多少个时钟周期？要求模仿题 44 图画出这条语句对应的指令序列及其在流水线中的执行过程示意图。

参考答案：

一、单项选择题

12. D　**13.** B　**14.** D　**15.** D　**16.** A　**17.** A 或 C【注】　**18.** C　**19.** C　**20.** D　**21.** D　**22.** B

【注】组相联的映射方式有两种，不妨根据对主存地址所划分的字段数分别称为三段地址方式和四段地址方式。三段地址解法命中 1 次，答案为 A；四段地址解法命中 3 次，答案为 C。

二、综合应用题

43.【解】

(1) 每条指令的执行时间＝$4/(80\times10^6)$(s)

故单位时间执行的指令条数为 $80\times10^6/4=20\times10^6$，换算为 MIPS 数为 $20\times10^6/10^6$＝20MIPS。

平均每秒 cache 缺失的次数＝$1.5\times1\%/[4/(80\times10^6)]=3\times10^5$

主存带宽＝$16\times3\times10^5=1.2\times10^6$B/s＝4.8MB/s

(2) CPU 平均每秒产生缺页异常的次数＝$3\times10^5\times0.0005\%=1.5$。每页数据从磁盘传输至主存的 DMA 次数＝4KB/4＝1K 次。

磁盘 I/O 接口平均每秒发出的 DMA 请求次数＝1k×1.5＝1.5×1024＝1536。

(3) CPU 和 DMA 控制器同时要求使用存储器总线时，DMA 控制器优先级更高，因磁盘在高速运转过程中，如果不及时响应 DMA 请求，有可能造成数据丢失。而 CPU 延迟仅仅会降低 CPU 运行速度，不会造成灾难性后果。

(4) 在连续不断地访问交叉存储体的情况下，该主存能达到最大带宽。

故连续读出 4 个字的信息总量：q＝4 字节×4＝16 字节

连续读出 4 个字所需时间为 50ns，故带宽＝$16/(50\times10^{-9})=3.2\times10^8$＝320MB/s

44.【解】

(1) x＝－513＝－(512＋1)＝$(-00000010\ 00000001)_2$，

$x_补=(11111101\ 11111111)_2=(\text{fdff})_{16}$

右移后，(R1)＝ $(11111110\ 11111111)_2=(\text{feff})_{16}$

(2) 执行这 4 条指令所需的时钟周期数＝5＋(4－1)＝8。

(3) I3 的 ID 段被阻塞的原因是：指令 I3 与指令 I1 和 I2 之间都存在“先写后读”的数据相关，ID 段负责指令译码并读源寄存器，需等指令 I1 和 I2 完成结果写回操作后才能继续执行 I3 指令。

I4 的 IF 段被阻塞的原因是：I4 与 I3 存在结构相关，I3 占用了 IF 部件，需等 I3 进入 ID 部件后 I4 才能进入 IF 部件。

(4) 该语句对应的指令序列：

I1 LOAD R1,[x]
I2 LOAD R2,[a]
I3 SHL R1
I4 ADD R1,R2
I5 STORE R2,[x]

该语句在指令流水线中的执行过程如下图所示：

	时间单元																
指令	1	2	3	4	5	6	7	8	9	10	11	12	13	14	15	16	17
I1	IF	ID	EX	M	WB												
I2		IF	ID	EX	M	WB											
I3			IF			ID	EX	M	WB								
I4						IF				ID	EX	M	WB				
I5										IF				ID	EX	M	WB

指令序列及其执行过程示意图

这 5 条指令执行过程中，各段被阻塞的原因各是：

- I3 读寄存器(ID)需要等待 I1 的结果写回(WB)；
- I4 取指令(IF)需要等待 I3 离开 IF 段；
- I4 读寄存器(ID)需要等待 I3 的结果写回(WB)；
- I5 取指令(IF)需要等待 I4 离开 IF 段；
- I5 读寄存器(ID)需要等待 I4 的结果写回(WB)。

故执行这条语句至少需要 17 个时钟周期。

11.5 2013 年“计算机组成原理”试题

一、单项选择题(每小题 2 分，下列每题给出的四个选项中，只有一个选项符合试题要求)

12. 某计算机主频为 1.2GHz，其指令分为 4 类，它们在基准程序中所占比例及 CPI 如下表所示。

指令类型	所占比例	CPI
A	50%	2
B	20%	3
C	10%	4
D	20%	5

该机的 MIPS 数是______。

A. 100　　B. 200　　C. 400　　D. 600

13. 某数采用 IEEE 754 单精度浮点数格式表示为 C640 0000H，则该数的值是______。

A. -1.5×2^{13}　B. -1.5×2^{12}　C. -0.5×2^{13}　D. -0.5×2^{12}

14. 某字长为 8 位的计算机中，已知整型变量 x、y 的机器数分别为 $[x]_{补}=$ 1 1110100，$[y]_{补}=$1 0110000。若整型变量 $z=2\times x+y/2$，则 z 的机器数为______。

A. 1 1000000　B. 0 0100100　C. 1 0101010　D. 溢出

15. 用海明码对长度为 8 位的数据进行检/纠错时，若能纠正一位错，则校验位数至少为______。

A. 2　B. 3　C. 4　D. 5

16. 某计算机主存地址空间大小为 256MB，按字节编址。虚拟地址空间大小为 4GB，采用页式存储管理，页面大小为 4KB，TLB(快表)采用全相联映射，有 4 个页表项，内容如下表所示：

有效位	标记	页框号	…
0	FF180H	0002H	…
1	3FFF1H	0035H	…
0	02FF3H	0351H	…
1	03FFFH	0153H	…

则对虚拟地址 03FF F180H 进行虚实地址变换的结果是______。

A. 015 3180H　B. 003 5180H

C. TLB 缺失　D. 缺页

17. 假设变址寄存器 R 的内容为 1000H，指令中的形式地址为 2000H；地址 1000H 中的内容为 2000H，地址 2000H 中的内容为 3000H，地址 3000H 中的内容为 4000H，则变址寻址方式下访问到的操作数是______。

A. 1000H　B. 2000H

C. 3000H　D. 4000H

18. 某 CPU 主频为 1.03GHz，采用 4 级指令流水线，每个流水段的执行需要 1 个时钟周期。假定 CPU 执行了 100 条指令，在其执行过程中，没有发生任何流水线阻塞，此时流水线的吞吐率为______。

A. 0.25×10^{9} 条指令/秒　B. 0.97×10^{9} 条指令/秒

C. 1.0×10^{9} 条指令/秒　D. 1.03×10^{9} 条指令/秒

19. 下列选项中，用于设备和设备控制器(I/O 接口)之间互连的接口标准是______。

A. PCI　B. USB　C. AGP　D. PCI-Express

20. 下列选项中，用于提高 RAID 可靠性的措施有______。

Ⅰ. 磁盘镜像　Ⅱ. 条带化　Ⅲ. 奇偶校验　Ⅳ. 增加 cache 机制

A. 仅Ⅰ、Ⅱ　B. 仅Ⅰ、Ⅲ

C. 仅Ⅰ、Ⅲ和Ⅳ　D. 仅Ⅰ、Ⅲ和Ⅳ

21. 某磁盘的转速为 10 000 转/分，平均寻道时间是 6 ms，磁盘传输效率是20 MB/s，磁盘控制器延迟为 0.2 ms，读取一个 4 KB 的扇区所需的平均时间约为______。

A. 9 ms　　B. 9.4 ms　　C. 12 ms　　D. 12.4 ms

22. 下列关于中断 I/O 方式和 DMA 方式比较的叙述中，错误的是______。

A. 中断 I/O 方式请求的是 CPU 处理时间，DMA 方式请求的是总线使用权

B. 中断响应发生在一条指令执行结束后，DMA 响应发生在一个总线事务完成后

C. 中断 I/O 方式下数据传送通过软件完成，DMA 方式下数据传送由硬件完成

D. 中断 I/O 方式适用于所有外部设备，DMA 方式仅适用于快速外部设备

二、综合应用题（2 大题，共 23 分）

43.（9 分）某 32 位计算机，CPU 主频为 800MHz，cache 命中时的 CPI 为 4，cache 块大小为 32 字节；主存采用 8 体交叉存储方式，每个体的存储字长为 32 位、存储周期为 40 ns；存储器总线宽度为 32 位，总线时钟频率为 200 MHz，支持突发传送总线事务。每次读突发传送总线事务的过程包括：送首地址和命令、存储器准备数据、传送数据。每次突发传送 32 字节，传送地址或 32 位数据均需要一个总线时钟周期。请回答下列问题，要求给出理由或计算过程。

（1）CPU 和总线的时钟周期各为多少？总线的带宽（即最大数据传输率）为多少？

（2）cache 缺失时，需要用几个读突发传送总线事务来完成一个主存块的读取？

（3）存储器总线完成一次读突发传送总线事务所需的时间是多少？

（4）若程序 BP 执行过程中，共执行了 100 条指令，平均每条指令需要进行 1.2 次访存，cache 缺失率为 5%，不考虑替换等开销，则 BP 的 CPU 执行时间是多少？

44.（14 分）某计算机采用 16 位定长指令字格式，其 CPU 中有一个标志寄存器，其中包含进位/借位标志 CF、零标志 ZF 和符号标志 NF。假定为该机设计了条件转移指令，其格式如下：

15　　11	10	9	8	7　　0
00000	C	Z	N	OFFSET

其中，00000 为操作码 OP；C、Z 和 N 分别为 CF、ZF 和 NF 的对应检测位，某检测位为 1 时表示需检测对应标志，需检测的标志位中只要有一个为 1 就转移，否则不转移，例如，若 C=1，Z=0，N=1，则需检测 CF 和 NF 的值，当 CF=1 或 NF=1 时发生转移；OFFSET 是相对偏移量，用补码表示。转移执行时，转移目标地址为(PC)+2+2×OFFSET；顺序执行时，下条指令地址为(PC)+2。请回答下列问题。

（1）该计算机存储器按字节编址还是按字编址？该条件转移指令向后（反向）最多可跳转多少条指令？

（2）某条件转移指令的地址为 200CH，指令内容如题 44-a 图所示，若该指令执行时 CF=0，ZF=0，NF=1，则该指令执行后 PC 的值是多少？若该指令执行时 CF=1，ZF=0，NF=0，则该指令执行后 PC 的值又是多少？请给出计算过程。

15　　11	10	9	8	7　　0
00000	0	1	1	11100011

题 44-a 图

(3) 实现“无符号数比较小于等于时转移”功能的指令中，C、Z 和 N 应各是什么？

(4) 题 44-b 图是该指令对应的数据通路示意图，要求给出图中部件①～③的名称或功能说明。

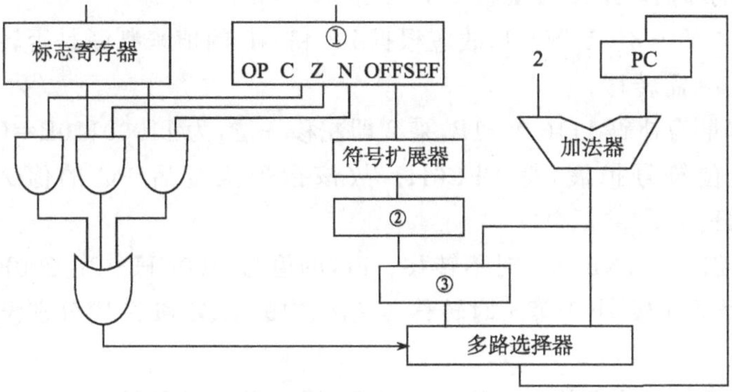

题 44-b 图

参考答案：

一、单项选择题

12. C **13.** A **14.** A **15.** C **16.** A **17.** D **18.** C **19.** B **20.** B **21.** B **22.** D

二、综合应用题

43.【解】

(1)CPU 的时钟周期为：1/800 MHz = 1.25 ns

总线的时钟周期为：1/200 MHz = 5 ns

总线带宽为：4B/(1/200 M)= 800 MB/s

(2) cache 块大小是 32 字节，每次突发传送 32 字节，故 cache 缺失时需要一个读突发传送总线事务读取一个主存块。

(3) 一次读突发传送总线事务包括一次地址传送和 32 字节数据传送。每次读突发中，用 1 个总线时钟周期传输地址和命令，并采用 8 体交叉方式访问主存（每个存储体访问 1 次）。

第一个存储体内部数据准备时间为 40ns，其余 7 个存储体的内部数据准备时间与第一个存储体重叠；再用 8 个总线时钟周期传输数据。

故一次读突发传送总线事务所需的时间是：5ns＋40ns＋8×5ns＝85ns

(4)BP 的 CPU 执行时间包括 cache 缺失时等待访问主存的额外开销及 CPU 从 cache 中读取数据并执行指令的时间。

cache 缺失时等待访问主存的额外开销：1.2×100×5％×85ns＝510ns

不论 cache 命中与否，CPU 最终都会从 cache 中读取数据，因为 cache 命中时的 CPI 为 4，故指令执行时间＝100×4×1.25 ns＝ 500ns

BP 的 CPU 执行时间＝500ns＋510ns＝ 1010ns

44.【解】

(1) 指令长度为 16 位，下条指令地址为(PC)＋2，故每条指令占用两个地址，因此编址单位是字节。

指令中给出的偏移量为8位补码，范围为−128～127，转移执行时，转移目标地址为(PC)+2+2×OFFSET故相对于当前执行的条件转移指令，向后(高地址)最多可跳转2×127个地址，也即向后最多可跳转127条指令。

(2) 指令中C=0,Z=1,N=1,故应根据ZF和NF的值来判断是否转移。当CF=0，ZF=0,NF =1时，需转移。

指令中偏移量为补码1110 0011B，乘2即左移一位，为11000110B=C6H，为与16位PC相加，做16位符号扩展，得FFC6H。故该指令执行后PC的值为200CH+2+FFC6H=1FD4H

当CF =1,ZF =0,NF =0时不转移。PC的值为:200CH+2=200EH。

(3)"无符号数比较 小于等于时转移"，指令中的C、Z和N应分别设置为C=1,Z=1,N=0。

(4) 部件①用于存放当前正在执行的指令，故为指令寄存器；

部件②用于对指令中的偏移量进行左移一位操作，故为移位寄存器；

部件③实现转移成功时的地址相加操作，故为专用地址加法器。

11.6 2014年"计算机组成原理"试题

一、单项选择题(每小题2分，下列每题给出的四个选项中，只有一个选项符合试题要求)

12. 程序P在机器M上的执行时间是20秒，编译优化后，P执行的指令数减少到原来的70%，而CPI增加到原来的1.2倍，则P在M上的执行时间是______。

A. 8.4秒　　B. 11.7秒　　C. 14秒　　D. 16.8秒

13. 若x=103, y=−25,则下列表达式采用8位定点补码运算实现时，会发生溢出的是______。

A. x+y　　B. −x+y　　C. x−y　　D. −x−y

14. float型数据通常用IEEE 754单精度浮点格式表示，假定两个float型变量x和y分别存放在32位寄存器f1和f2中，若(f1)=CC90 0000H,(f2)=B0C0 0000H，则x和y之间的关系为______。

A. x<y且符号相同　　B. x<y且符号不同

C. x>y且符号相同　　D. x>y且符号不同

15. 某容量为256MB的存储器由若干4M×8位的DRAM芯片构成，该DRAM芯片的地址引脚和数据引脚总数是______。

A. 19　　B. 22　　C. 30　　D. 36

16. 采用指令cache与数据cache分离的主要目的是______。

A. 降低cache的缺失损失　　B. 提高cache的命中率

C. 降低CPU平均访存时间　　D. 减少指令流水线资源冲突

17. 某计算机有16个通用寄存器，采用32位定长指令字，操作码字段(含寻址方式位)为8位，Store指令的源操作数和目的操作数分别采用寄存器直接寻址和基址寻址方式。若基址寄存器可使用任一通用寄存器，且偏移量用补码表示，则 Store 指令中偏移量的取值范围是______。

A. －32768～＋32767　　B. －32767～＋32768

C. －65536～＋65535　　D. －65535～＋65536

18. 某计算机采用微程序控制器，共有 32 条指令，公共的取指令微程序包含 2 条微指令，各指令对应的微程序平均由 4 条微指令组成，采用断定法(下址字段法)确定下条微指令地址，则微指令中下址字段的位数至少是______。

A. 5　　B. 6　　C. 8　　D. 9

19. 某同步总线采用数据线和地址线复用方式，其中地址/数据线有 32 根，总线时钟频率为 66MHz，每个时钟周期传送两次数据(上升沿和下降沿各传送一次数据)，该总线的最大数据传输率(总线带宽)是______。

A. 132 MB/s　　B. 264 MB/s　　C. 528 MB/s　　D. 1056 MB/s

20. 一次总线事务中，主设备只需给出一个首地址，从设备就能从首地址开始的若干连续单元读出或写入多个数据，这种总线事务方式称为______。

A. 并行传输　　B. 串行传输　　C. 突发传输　　D. 同步传输

21. 下列有关 I/O 接口的叙述中，错误的是______。

A. 状态端口和控制端口可以合用同一个寄存器

B. I/O 接口中 CPU 可访问的寄存器称为 I/O 端口

C. 采用独立编址方式时，I/O 端口地址和主存地址可能相同

D. 采用统一编址方式时，CPU 不能用访存指令访问 I/O 端口

22. 若某设备中断请求的响应和处理时间为 100ns，每 400ns 发出一次中断请求，中断响应所允许的最长延迟时间为 50ns，则在该设备持续工作过程中，CPU 用于该设备的 I/O 时间占整个 CPU 时间的百分比至少是______。

A. 12.5%　　B. 25%　　C. 37.5%　　D. 50%

二、综合应用题(2 大题，共 23 分)

44. (12 分)某程序中有如下循环代码段："for (i＝0; i＜N; i＋＋) sum＋＝A[i];"，假设编译时变量 sum 和 i 分别分配在寄存器 R1 和 R2 中，常量 N 在寄存器 R6 中，数组 A 的首地址在寄存器 R3 中，程序段 P 起始地址为 0804 8100H，对应的汇编代码和机器代码如题 44 表所示。

题 44 表

编号	地址	机器代码	汇编代码	注释
1	08048100H	00022080H	loop: sll　R4, R2, 2	(R2)≪2→ R4
2	08048104H	00832020H	add　R4, R2, R3	(R4)＋(R3)→ R4
3	08048108H	8C850000H	load　R5, 0(R4)	((R4)＋0) → R5
4	0804810CH	00250820H	add　R1, R1, R5	(R1)＋(R5)→ R1
5	08048110H	20420001H	addi　R2, R2, 1	(R2)＋1→ R2
6	08048114H	1446FFFAH	bne　R2, R6, loop	If (R2)! ＝(R6) goto loop

执行上述代码的计算机 M 采用 32 位定长指令字，其中分支指令 bne 采用如下格式。

31　26	25　21	20　16	15　　　　　　　　　　0
OP	Rs	Rd	OFFSET

OP 为操作码，Rs 和 Rd 为寄存器编号；OFFSET 为偏移量，用补码表示。请回答下列问题，并说明理由。

(1) M 的存储器编址单位是什么？

(2) 已知 sll 指令实现左移功能，数组 A 中每个元素占多少位？

(3) 题 44 表中 bne 指令的 OFFSET 字段的值是多少？已知 bne 指令采用相对寻址方式，当前 PC 内容为 bne 指令地址，通过分析题 44 表中指令地址和 bne 指令内容，推断出 bne 指令的转移目标地址计算公式。

(4) 若 M 采用如下"按序发射、按序完成"的 5 级指令流水线：IF(取指)、ID(译码及取数)、EXE(执行)、MEM(访存)、WB(写回寄存器)，且硬件不采取任何转发措施，分支指令的执行均引起 3 个时钟周期的阻塞，则 P 中哪些指令的执行会由于数据相关而发生流水线阻塞？哪条指令的执行会发生控制冒险？为什么指令 1 的执行不会因为与指令 5 的数据相关而发生阻塞？

45. (11 分)假设对于题 44 中的计算机 M 和程序段 P 的机器代码，M 采用页式虚拟存储管理；P 开始执行时，(R1)＝(R2)＝0，(R6)＝1000，其机器代码已调入主存但不在 cache 中；数组 A 未调入主存，且所有数组元素在同一页，并存储在磁盘同一个扇区。请回答下列问题，并说明理由。

(1) P 执行结束时，R2 的内容是多少？

(2) M 的指令 cache 和数据 cache 分离。若指令 cache 共有 16 行，cache 和主存交换的块大小为 32 字节，则其数据区的容量是多少？若仅考虑程序段 P 的执行，则指令 cache 的命中率为多少？

(3) P 在执行过程中，哪条指令的执行可能发生溢出异常？哪条指令的执行可能产生缺页异常？对于数组 A 的访问，需要读磁盘和 TLB 至少各多少次？

参考答案：

一、单项选择题

12. D　**13.** C　**14.** A　**15.** A　**16.** D　**17.** A　**18.** C　**19.** C　**20.** C　**21.** D　**22.** B

二、综合应用题

44.【解】

(1) 因每条指令长度为 32 位，占 4 个单元，故存储器编址单位是字节。

(2) 数组 A 中每个元素的地址通过下标左移 2 位(即乘以 4)再加数组首地址得到，故每个数组元素占 4 个字节，即 32 位。

(3) OFFSET＝FFFAH，值为－6 。

指令 bne 所在地址为 0804 8114H，转移目标地址为 0804 8100H。由 0804 8100H＝0804 8114H＋4＋(－6)×4，可以推断出指令 bne 的转移目标地址计算公式为：(PC)＋4＋OFFSET×4。

(4) 因第 2、3、4、6 条指令都与其前一条指令发生数据相关，故由于数据相关而发生的阻塞的指令为第 2、3、4、6 条。

第 6 条指令会发生控制冒险。

当前循环的第 5 条指令与下次循环的第 1 条指令虽有数据相关，但由于第 6 条指令后面有 3 个时钟周期的阻塞，因而指令 1 的执行不会因为与指令 5 的数据相关而发生阻塞。

45.【解】

(1) 由(R6)＝1000 可得(R2)＝1000。

(2) 指令 cache 数据区的容量：16×32B＝512B。

P 共有 6 条指令，占 24 字节，小于主存块大小 32B，其起始地址为 0804 8100H，因而所有指令都在同一主存块中。读取第一条指令时，发生 cache 缺失，故将 P 所在主存块调入 cache 某一行，以后每次读取指令时，都能在指令 cache 中命中。因此，P 在 1000 次循环执行过程中，共发生 1 次指令访问缺失，故指令 cache 的命中率为：(1000×6－1)/(1000×6)＝99.98％ 。

(3) P 执行过程中，指令 4(add R1，R1,R5)的执行可能发生溢出异常。

因 load 指令需要读取数组 A 的内容，当数组 A 不在主存时，发生缺页异常。故指令 3(load 指令)的执行可能会产生缺页异常。

第一次执行 load 指令时，因为数组 A 未调入主存，故访问 TLB 缺失，并发生缺页，需要从磁盘上读取数组 A，因为数组 A 所在页在同一个磁盘扇区中，所以在不考虑页面置换的情况下，只需读取磁盘 1 次。缺页异常处理结束后，重新执行 load 指令；load 指令的随后 1000 次执行中，每次都能在 TLB 中命中，因而无须访问内存页表项和磁盘，所以，P 在 1000 次循环执行过程中，对于数组 A，需要读取 TLB 共 1001 次。

11.7　2015 年“计算机组成原理”试题

一、单项选择题(每小题 2 分，下列每题给出的四个选项中，只有一个选项符合试题要求)

12. 计算机硬件能够直接执行的是______。

Ⅰ. 机器语言程序　　Ⅱ. 汇编语言程序　　Ⅲ. 硬件描述语言程序

A. 仅Ⅰ　　B. 仅Ⅰ、Ⅱ　　C. 仅Ⅰ、Ⅲ　　D. Ⅰ、Ⅱ、Ⅲ

13. 由 3 个“1”和 5 个“0”组成的 8 位二进制补码，能表示的最小整数是______。

A. －126　　B. －125　　C. －32　　D. －3

14. 下列有关浮点数加减运算的叙述中，正确的是______。

Ⅰ. 对阶操作不会引起阶码上溢或下溢

Ⅱ. 右规和尾数舍入都可能引起阶码上溢

Ⅲ. 左规时可能引起阶码下溢

Ⅳ. 尾数溢出时结果不一定溢出

A. 仅Ⅱ、Ⅲ　　B. 仅Ⅰ、Ⅱ、Ⅳ　　C. 仅Ⅰ、Ⅲ、Ⅳ　　D. Ⅰ、Ⅱ、Ⅲ、Ⅳ

15. 假定主存地址为 32 位，按字节编址，主存和 cache 之间采用直接映射方式，主存块大小为4个字，每字32位，采用回写(write back)方式，则能存放4K字数据的cache的总容量的位数至少是______。

A. 146K　　B. 147K　　C. 148K　　D. 158K

16. 假定编译器将赋值语句“x＝x＋3;”转换为指令“add xaddt，3”，其中xaddt是x对应的存储单元地址，若执行该指令的计算机采用页式虚拟存储管理方式，并配有相应的TLB，且cache使用直写(write through)方式，则完成该指令功能需要访问主存的次数至少是______。

A. 0　　B. 1　　C. 2　　D. 3

17. 下列存储器中，在工作期间需要周期性刷新的是______。

A. SRAM　　B. SDRAM　　C. ROM　　D. FLASH

18. 某计算机使用4体交叉编址存储器，假定在存储器总线上出现的主存地址(十进制)序列为8005，8006，8007，8008，8001，8002，8003，8004，8000，则可能发生访存冲突的地址对是______。

A. 8004和8008　　B. 8002和8007

C. 8001和8008　　D. 8000和8004

19. 下列有关总线定时的叙述中，错误的是______。

A. 异步通信方式中，全互锁协议的速度最慢

B. 异步通信方式中，非互锁协议的可靠性最差

C. 同步通信方式中，同步时钟信号可由各设备提供

D. 半同步通信方式中，握手信号的采样由同步时钟控制

20. 若磁盘转速为7200转/分，平均寻道时间为8ms，每个磁道包含1000个扇区，则访问一个扇区的平均存取时间大约是______。

A. 8.1ms　　B. 12.2ms　　C. 16.3ms　　D. 20.5ms

21. 在采用中断I/O方式控制打印输出的情况下，CPU和打印控制接口中的I/O端口之间交换的信息不可能是______。

A. 打印字符　　B. 主存地址　　C. 设备状态　　D. 控制命令

22. 内部异常(内中断)可分为故障(fault)、陷阱(trap)和终止(abort)三类，下列有关内部异常的叙述中，错误的是______。

A. 内部异常的产生与当前执行指令相关

B. 内部异常的检测由CPU内部逻辑实现

C. 内部异常的响应发生在指令执行过程中

D. 内部异常处理后返回到发生异常的指令继续执行

二、综合应用题(2大题，共23分)

43. (13分)某16位计算机的主存按字节编址，存取单位为16位；采用16位定长指令字格式；CPU采用单总线结构，主要部分如题43图所示。图中R0～R3为通用寄存器；T为暂存器；SR为移位寄存器，可实现直送(mov)、左移一位(left)和右移一位(right)3种操作，控制信号为SRop，SR的输出由信号SRout控制；ALU可实现直送A(mova)、A加B(add)、A减B(sub)、A与B(and)、A或B(or)、非A(not)、A加1(inc)这7种操作，控制信号为ALUop。

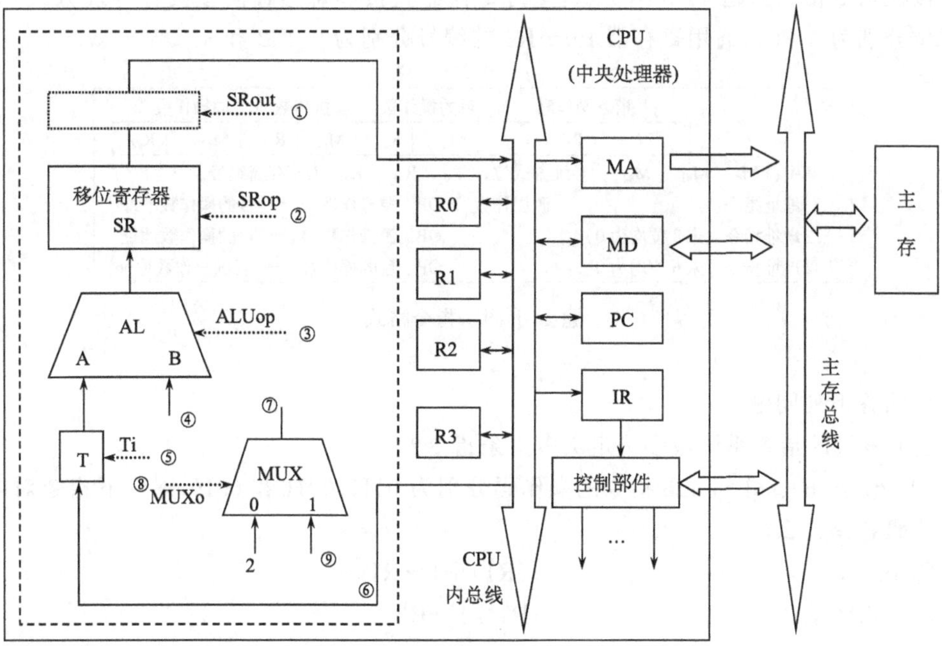

题 43 图

请回答下列问题。

(1) 图中哪些寄存器是程序员可见的？为何要设置暂存器 T？

(2) 控制信号 ALUop 和 SRop 的位数至少各是多少？

(3) 控制信号 SRout 所控制部件的名称或作用是什么？

(4) 端点①～⑨中，哪些端点须连接到控制部件的输出端？

(5) 为完善单总线数据通路，需要在端点①～⑨中相应的端点之间添加必要的连线。写出连线的起点和终点，以正确表示数据的流动方向。

(6) 为什么二路选择器 MUX 的一个输入端是 2？

44. (10 分)题 43 中描述的计算机，其部分指令执行过程的控制信号如题 44-a 图所示。

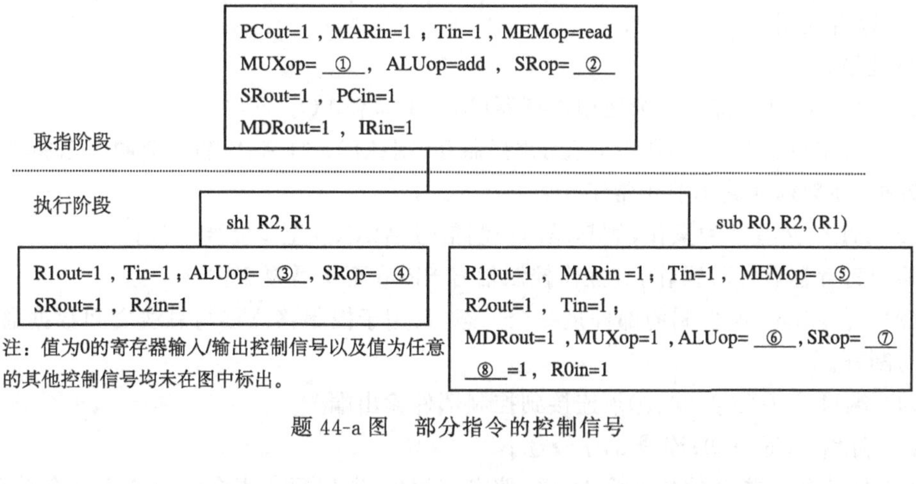

题 44-a 图　部分指令的控制信号

该机指令格式如题 44-b 图所示，支持寄存器直接和寄存器间接两种寻址方式，寻址方式位分别为 0 和 1，通用寄存器 R0～R3 的编号分别为 0、1、2 和 3。

指令操作码	目的操作数		源操作数 1		源操作数 2	
OP	M_d	R_d	M_{s1}	R_{s1}	M_{s2}	R_{s2}

其中：M_d、M_{s1}、M_{s2} 为寻址方式位，R_d、R_{s1}、R_{s2} 为寄存器编号。

三地址指令：源操作数 1 OP 源操作数 2 → 目的操作数地址

二地址指令（末 3 位均为 0）：OP 源操作数 1 → 目的操作数地址

单地址指令（末 6 位均为 0）：OP 目的操作数 → 目的操作数地址

题 44-b 图　指令格式

请回答下列问题。

（1）该机的指令系统最多可定义多少条指令？

（2）假定 inc、shl 和 sub 指令的操作码分别为 01H、02H 和 03H，则以下指令对应的机器代码各是什么？

① inc R1　　　　　　　　;(R1)＋1→R1

② shl R2，R1　　　　　　;R1≪1→R2

③ sub R3，(R1)，R2　　　;((R1))－(R2)→R3

（3）假设寄存器 X 的输入和输出控制信号分别记为 Xin 和 Xout，其值为 1 表示有效，为 0 表示无效（例如，PCout＝1 表示 PC 内容送总线）；存储器控制信号为 MEMop，用于控制存储器的读（read）和写（write）操作。写出题 44-a 图中标号①～⑧处的控制信号或控制信号取值。

（4）指令“sub R1，R3，(R2)”和“inc R1”的执行阶段至少各需要多少个时钟周期？

参考答案：

一、单项选择题

12. A　**13.** B　**14.** D　**15.** C　**16.** C　**17.** B　**18.** D　**19.** C　**20.** B　**21.** B

22. D

二、综合应用题

44.【解】

（1）程序员可见寄存器为通用寄存器（R0～R3）和 PC。

因为采用单总线结构，因此，若无暂存器 T，则 ALU 的 A、B 端口会同时获得两个相同的数据，使数据通路不能正常工作。

（2）ALU 共有 7 种操作，故其操作控制信号 ALUop 至少需要 3 位；

移位寄存器有 3 种操作，其操作控制信号 SRop 至少需要 2 位。

（3）信号 Sout 所控制的部件是一个三态门，用于控制移位器与总线之间数据通路的连接与断开。

（4）端口①、②、③、⑤、⑧须连接到控制部件输出端。

（5）连线 1，⑥→⑨；连线 2，⑦→④；

（6）因为每条指令的长度为 16 位，按字节编址，所以每条指令占用 2 个内存单元，顺序执行时，下条指令地址为(PC)+2。MUX 的一个输入端为 2，便于执行(PC)+2 操作。

45.【解】

(1) 指令操作码有 7 位，因此最多可定义 $2^7=128$ 条指令。

(2) 各条指令的机器代码：

① “inc R1”机器码：0000 0010 0100 0000，即 0240H

② “shl R2，R1”机器码：0000 0100 1000 1000，即 0488H

③ “sub R3，(R1)，R2”机器码：0000 0110 1110 1010，即 06EAH

(3) 各标号处的控制信号或控制信号取值：

①0；②mov；③mova；④left；⑤read；⑥sub；⑦mov；⑧SRout。

(4) 指令“sub R1，R3，(R2)”的执行阶段至少包含 4 个时钟周期。

指令“inc R1”的执行阶段至少包含 2 个时钟周期。

11.8 2016 年“计算机组成原理”试题

一、单项选择题(每小题 2 分，下列每题给出的四个选项中，只有一个选项符合试题要求)

12. 将高级语言源程序转换为机器级目标代码文件的程序是______。

A. 汇编程序　　B. 链接程序　　C. 编译程序　　D. 解释程序

13. 有如下 C 语言程序段：

```
short si=-32767;
unsigned short usi=si;
```

执行上述两条语句后，usi 的值为______。

A. -32767　　B. 32767　　C. 32768　　D. 32769

14. 某计算机字长为 32 位，按字节编址，采用小端(Little Endian)方式存放数据。假定有一个 double 型变量，其机器数表示为 1122 3344 5566 7788H，存放在 0000 8040H 开始的连续存储单元中，则存储单元 0000 8046H 中存放的是______。

A. 22H　　B. 33H　　C. 66H　　D. 77H

15. 有如下 C 语言程序段：

```
for(k=0;k<1000;k++)
a[k]=a[k]+32;
```

若数组 a 及变量 k 均为 int 型，int 型数据占 4B，数据 cache 采用直接映射方式、数据区大小为 1KB. 块大小为 16B，该程序段执行前 cache 为空，则该程序段执行过程中访问数组 a 的 cache 缺失率约为______。

A. 1.25%　　B. 2.5%　　C. 12.5%　　D. 25%

16. 某存储器容量为 64KB，按字节编址，地址 4000H～5FFFH 为 ROM 区，其余为 RAM 区。若采用 8K×4 位的 SRAM 芯片进行设计，则需要该芯片的数量是______。

A. 7　　B. 8　　C. 14　　D. 16

17. 某指令格式如下所示。

OP	M	I	D

其中 M 为寻址方式，I 为变址寄存器编号，D 为形式地址。若采用先变址后间址的寻址方式，则操作数的有效地址是______。

A. I＋D　　B. (I)＋D　　C. ((I)＋D)　　D. ((I))＋D

18. 某计算机主存空间为 4GB，字长为 32 位，按字节编址，采用 32 位定长指令字格式。若指令按字边界对齐存放，则程序计数器(PC)和指令寄存器(IR)的位数至少分别是______。

A. 30、30　　B. 30、32　　C. 32、30　　D. 32、32

19. 在无转发机制的五段基本流水线(取指、译码/读寄存器、运算、访存、写回寄存器)中，下列指令序列存在数据冒险的指令对是______。

I1： add R1，R2，R3；(R2)＋(R3)→R1

I2： add R5，R2，R4；(R2)＋(R4)→R5

I3： add R4，R5，R3；(R5)＋(R3)→R4

I4： add R5，R2，R6；(R2)＋(R6)→R5

A. I1 和 I2　　B. I2 和 I3　　C. I2 和 I4　　D. I3 和 I4

20. 单周期处理器中所有指令的指令周期为一个时钟周期。下列关于单周期处理器的叙述中，错误的是______。

A. 可以采用单总线结构数据通路

B. 处理器时钟频率较低

C. 在指令执行过程中控制信号不变

D. 每条指令的 CPI 为 1

21. 下列关于总线设计的叙述中，错误的是______。

A. 并行总线传输比串行总线传输速度快

B. 采用信号线复用技术可减少信号线数量

C. 采用突发传输方式可提高总线数据传输率

D. 采用分离事务通信方式可提高总线利用率

22. 异常是指令执行过程中在处理器内部发生的特殊事件，中断是来自处理器外部的请求事件。下列关于中断或异常情况的叙述中，错误的是______。

A. “访存时缺页”属于中断

B. “整数除以 0”属于异常

C. “DMA 传送结束”属于中断

D. “存储保护错”属于异常

二、综合应用题(2 大题，共 23 分)

44. (9 分)假定 CPU 主频为 50MHz，CPI 为 4。设备 D 采用异步串行通信方式向主机传送 7 位 ASCⅡ字符，通信规程中有 1 位奇校验位和 1 位停止位，从 D 接收启动命令到字符送入 I/O 端口需要 0.5ms。请回答下列问题，要求说明理由。

(1) 每传送一个字符，在异步串行通信线上共需传输多少位？在设备 D 持续工作过程中，每秒钟最多可向 I/O 端口送入多少个字符？

(2) 设备 D 采用中断方式进行输入/输出，示意图如题 44 图所示。

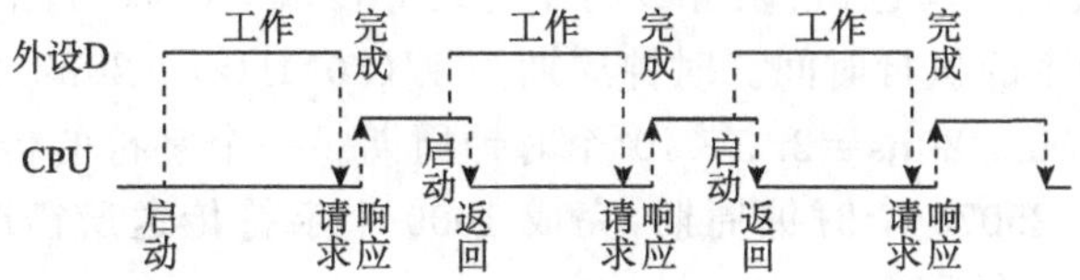

题 44 图

I/O 端口每收到一个字符申请一次中断，中断响应需 10 个时钟周期，中断服务程序共有 20 条指令，其中第 15 条指令启动 D 工作。若 CPU 需从 D 读取 1000 个字符，则完成这一任务所需时间大约是多少个时钟周期？CPU 用于完成这一任务的时间大约是多少个时钟周期？在中断响应阶段 CPU 进行了哪些操作？

45. (14 分)某计算机采用页式虚拟存储管理方式，按字节编址，虚拟地址为 32 位，物理地址为 24 位，页大小为 8KB；TLB 采用全相联映射；cache 数据区大小为 64KB，按 2 路组相联方式组织，主存块大小为 64B。存储访问过程的示意图如题 45 图所示。

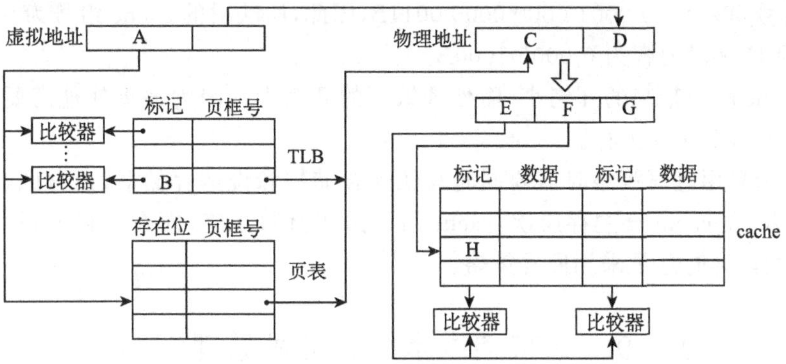

题 45 图

请回答下列问题。

(1) 图中字段 A～G 的位数各多少？TLB 标记字段 B 中存放的是什么信息？

(2) 将块号为 4099 的主存块装入到 cache 中时，所映射的 cache 组号是多少？对应的 H 字段内容是什么？

(3) cache 缺失处理的时间开销大还是缺页处理的时间开销大？为什么？

(4) 为什么 cache 可以采用直写(write through)策略，而修改页面内容时总是采用回写(write back)策略？

参考答案：

一、单项选择题

12. C **13.** D **14.** A **15.** C **16.** C **17.** C **18.** B **19.** B **20.** A **21.** A **22.** A

二、综合应用题

44.【解】

(1) 每传送一个 ASCⅡ 字符，需要传输的位数有 1 位起始位、7 位数据位(ASCⅡ 字符占 7 位)、1 位奇校验位和 1 位停止位，故总位数为 1+7+1+1=10。

I/O 端口每秒钟最多可接收 1000/0.5=2000 个字符。

(2) 一个字符传送时间包括:设备 D 将字符送 I/O 端口的时间、中断响应时间和中断服务程序前 15 条指令的执行时间。时钟周期为 1/(50MHz)=20ns,设备 D 将字符送 I/O 端口的时间为 0.5ms/20ns=2.5×10^4 个时钟周期。一个字符的传送时间大约为 $2.5\times10^4+10+15\times4=25070$ 个时钟周期,完成 1000 个字符传送所需时间大约为 $1000\times25070=25070000$ 个时钟周期。

CPU 用于该任务的时间大约为 $1000\times(10+20\times4)=9\times10^4$ 个时钟周期。

在中断响应阶段,CPU 主要进行以下操作:关中断、保护断点和程序状态、识别中断源。

45.【解】

(1) 页大小为 8KB,页内偏移地址为 13 位,故 A=B=32-13=19;D=13;C=24-13=11;主存块大小为 64B,故 G=6。2 路组相联,每组数据区容量有 64B×2=128B,共有 64KB/128B=512 组,故 F=9;E=24-G-F=24-6-9=9。

因而 A=19,B=19,C=11,D=13,E=9,F=9,G=6。

TLB 中标记字段 B 的内容是虚页号,表示该 TLB 项对应哪个虚页的页表项。

(2) 块号 4099=00 0001 0000 0000 0011B,因此,所映射的 cache 组号为 0 000 0011B=3,对应的 H 字段内容为 0 0000 1000B。

(3) cache 缺失带来的开销小,而处理缺页的开销大。因为缺页处理需要访问磁盘,而 cache 缺失只要访问主存。

(4) 因为采用直写策略时需要同时写快速存储器和慢速存储器,而写磁盘比写主存慢得多,所以,在 cache-主存层次,cache 可以采用直写策略,而在主存-外存(磁盘)层次,修改页面内容时总是采用回写策略。

11.9 2017 年"计算机组成原理"试题

一、单项选择题(每小题 2 分,下列每题给出的四个选项中,只有一个选项符合试题要求)

12. 假定计算机 M1 和 M2 具有相同的指令集体系结构(ISA),主频分别为 1.5GHz 和 1.2GHz。在 M1 和 M2 上运行某基准程序 P,平均 CPI 分别为 2 和 1,则程序 P 在 M1 和 M2 上运行时间的比值是______。

A. 0.4　　B. 0.625　　C. 1.6　　D. 2.5

13. 某计算机主存按字节编址,由 4 个 64M×8 位的 DRAM 芯片采用交叉编址方式构成,并与宽度为 32 位的存储器总线相连,主存每次最多读写 32 位数据。若 double 型变量 x 的主存地址为 804 001AH,则读取 x 需要的存储周期数是______。

A. 1　　B. 2　　C. 3　　D. 4

14. 某 C 语言程序段如下:

```
for(i=0; i<=9;i++)
{     temp=1;
      for(j=0;j<=i;j++) temp *=a[j];
      sum+=temp;
}
```

下列关于数组 a 的访问局部性的描述中，正确的是______。

A. 时间局部性和空间局部性皆有

B. 无时间局部性，有空间局部性

C. 有时间局部性，无空间局部性

D. 时间局部性和空间局部性皆无

15. 下列寻址方式，最适合按下标顺序访问一维数组元素的是______。

A. 相对寻址　B. 寄存器寻址　C. 直接寻址　D. 变址寻址

16. 某计算机按字节编址，指令字长固定且只有两种指令格式，其中三地址指令 29 条，二地址指令 107 条，每个地址字段为 6 位，则指令字长至少应该是______。

A. 24 位　　B. 26 位　　C. 28 位　　D. 32 位

17. 下列关于超标量流水线特性的叙述中，正确的是______。

Ⅰ. 能缩短流水线功能段的处理时间

Ⅱ. 能在一个时钟周期内同时发射多条指令

Ⅲ. 能结合动态调度技术提高指令执行并行性

A. 仅Ⅱ　　B. 仅Ⅰ、Ⅱ　　C. 仅Ⅱ、Ⅲ　　D. Ⅰ、Ⅱ和Ⅲ

18. 下列关于主存储器(MM)和控制存储器(CS)的叙述中，错误的是______。

A. MM 在 CPU 外，CS 在 CPU 内

B. MM 按地址访问，CS 按内容访问

C. MM 存储指令和数据，CS 存储微指令

D. MM 用 RAM 和 ROM 实现，CS 用 ROM 实现

19. 下列关于指令流水线数据通路的叙述中，错误的是______。

A. 包含生成控制信号的控制部件

B. 包含算术逻辑运算部件(ALU)

C. 包含通用寄存器组和取指部件

D. 由组合逻辑电路和时序逻辑电路组合而成

20. 下列关于多总线结构的叙述中，错误的是______。

A. 靠近 CPU 的总线速度较快

B. 存储器总线可支持突发传送方式

C. 总线之间须通过桥接器相连

D. PCI－Express×16 采用并行传输方式

21. I/O 指令实现的数据传送通常发生在______。

A. I/O 设备和 I/O 端口之间

B. 通用寄存器和 I/O 设备之间

C. I/O 端口和 I/O 端口之间

D. 通用寄存器和 I/O 端口之间

22. 下列关于多重中断系统的叙述中，错误的是______。

A. 在一条指令执行结束时响应中断

B. 中断处理期间 CPU 处于关中断状态

C. 中断请求的产生与当前指令的执行无关

D. CPU 通过采样中断请求信号检测中断请求

二、综合应用题(3 大题,共 30 分)

43. (13 分)已知 $f(n)=\sum_{i=0}^{n}2^i=2^{n+1}-1=\overbrace{11\cdots1}^{n+1\text{位}}B$,计算 $f(n)$的 C 语言函数 f1 如下:

```
int f1(unsigned n)
{     int sum=1, power=1;
      for(unsigned i=0; i<=n-1; i++)
      {     power *=2;
            sum+=power;
      }
      return sum;
}
```

将 f1 中的 int 都改为 float,可得到计算 $f(n)$的另一个函数 f2。假设 unsigned 和 int 型数据都占 32 位,float 采用 IEEE 754 单精度标准。请回答下列问题。

(1) 当 n=0 时,f1 会出现死循环,为什么?若将 f1 中的变量 i 和 n 都定义为 int 型,则 f1 是否还会出现死循环?为什么?

(2) f1(23)和 f2(23)的返回值是否相等?机器数各是什么(用十六进制表示)?

(3) f1(24)和 f2(24)的返回值分别为 33 554 431 和 33 554 432.0,为什么不相等?

(4) $f(31)=2^{32}-1$,而 f1(31)的返回值却为-1,为什么?若使 f1(n)的返回值与f(n)相等,则最大的 n 是多少?

(5) f2(127)的机器数为 7F80 0000H,对应的值是什么?若使 f2(n)的结果不溢出,则最大的 n 是多少?若使 f2(n)的结果精确(无舍入),则最大的 n 是多少?

44. (10 分)在按字节编址的计算机 M 上,题 43 中 f1 的部分源程序与对应的机器级代码(包括指令的虚拟地址)如下:

```
   int f1(unsigned n)
1  00401020     55           push ebp
   ……           ……           ……
        for(unsigned i=0; i<=n-1; i++)
   ……           ……           ……
20 0040105E     39 4D F4     cmp dword ptr [ebp-0Ch],ecx
   ……           ……           ……
        power *=2;
   ……           ……           ……
23 00401066     D1 E2        shl edx,1
   ……           ……           ……
        return sum;
   ……           ……           ……
35 0040107F     C3           ret
```

其中,机器级代码行包括行号、虚拟地址、机器指令和汇编指令。请回答下列问题。

(1) 计算机 M 是 RISC 还是 CISC？为什么？

(2) f1 的机器指令代码共占多少字节？要求给出计算过程。

(3) 第 20 条指令 cmp 通过 i 减 n－1 实现对 i 和 n－1 的比较。执行 f1(0)过程中，当 i＝0 时，cmp 指令执行后，进/借位标志 CF 的内容是什么？要求给出计算过程。

(4) 第 23 条指令 shl 通过左移操作实现了 power * 2 运算，在 f2 中能否也用 shl 指令实现 power * 2？为什么？

45. (7 分)假定题 44 给出的计算机 M 采用二级分页虚拟存储管理方式，虚拟地址格式如下：

页目录号(10 位)	页表索引(10 位)	页内偏移量(12 位)

请针对题 43 的函数 f1 和题 44 中机器指令代码，回答下列问题。

(1) 函数 f1 的机器指令代码占多少页？

(2) 取第 1 条指令(push ebp)时，若在进行地址变换的过程中需要访问内存中的页目录和页表，则会分别访问它们各自的第几个表项(编号从 0 开始)？

(3) M 的 I/O 采用中断控制方式。若进程 P 在调用 f1 之前通过 scanf( )获取 n 的值，则在执行 scanf( )的过程中，进程 P 的状态会如何变化？CPU 是否会进入内核态？

参考答案：

一、单项选择题

12. C **13.** C **14.** A **15.** D **16.** A **17.** C **18.** B **19.** A **20.** D **21.** D **22.** B

二、综合应用题

43.【解】

(1) 由于 i 和 n 是 unsigned 型，故“i＜＝n－1”是无符号数比较，n＝0 时，n－1 的机器数为全 1，值是 $2^{32}-1$，为 unsigned 型可表示的最大数，条件“i＜＝n－1”永真，因此出现死循环。

若 i 和 n 改为 int 类型，则不会出现死循环。

因为“i＜＝n－1”是带符号整数比较，n＝0 时，n－1 的值是－1，当 i＝0 时条件“i＜＝n－1”不成立，此时退出 for 循环。

(2) f1(23)与 f2(23)的返回值相等。

f1(23)的机器数是 00FF FFFFH，

f2(23)的机器数是 4B7F FFFFH。

(3) 当 n＝24 时，f(24)＝1 1111 1111 1111 1111 1111 1111 B，而 float 型数只有 24 位有效位，舍入后数值增大，所以 f2(24)比 f1(24)大 1。

(4) 显然 f(31)已超出了 int 型数据的表示范围，用 f1(31)实现时得到的机器数为 32 个 1，作为 int 型数解释时其值为－1，即 f1(31)的返回值为－1。

因为 int 型最大可表示数是 0 后面加 31 个 1，故使 f1(n)的返回值与 f(n)相等的最大 n 值是 30。

(5) IEEE 754 标准用“阶码全 1、尾数全 0”表示无穷大。f2 返回值为 float 型，机器数 7F80 0000H 对应的值是＋∞。

当 n=126 时,f(126)=$2^{127}-1=1.1\cdots\cdots1\times2^{126}$,对应阶码为 127+126=253,尾数部分舍入后阶码加 1,最终阶码为 254,是 IEEE 754 单精度格式表示的最大阶码。故使 f2 结果不溢出的最大 n 值为 126。

当 n=23 时,f(23)为 24 位 1,float 型数有 24 位有效位,所以不需舍入,结果精确。故使 f2 获得精确结果的最大 n 值为 23。

44.【解】

(1) M 为 CISC。

M 的指令长短不一,不符合 RISC 指令系统特点。

(2) f1 的机器代码占 96B。

因为 f1 的第一条指令“push ebp”所在的虚拟地址为 0040 1020H,最后一条指令“ret”所在的虚拟地址为 0040 107FH,所以,f1 的机器指令代码长度为 0040 107FH−0040 1020H+1=60H=96 个字节。

(3) CF=1。

cmp 指令实现 i 与 n−1 的比较功能,进行的是减法运算。在执行 f1(0)过程中,n=0,当 i=0 时,i=0000 0000H,并且 n−1=FFFF FFFFH。因此,当执行第 20 条指令时,在补码加/减运算器中执行“0 减 FFFF FFFFH”的操作,即 0000 0000H+0000 0000H+1=0000 0001H,此时,进位输出 C=0,减法运算时的借位标志 CF=C⊕1=1。

(4) f2 中不能用 shl 指令实现 power * 2。

因为 shl 指令用来将一个整数的所有有效数位作为一个整体左移;而 f2 中的变量 power 是 float 型,其机器数中不包含最高有效数位,但包含了阶码部分,将其作为一个整体左移时并不能实现“乘 2”的功能,因而 f2 中不能用 shl 指令实现 power * 2。

45.【解】

(1) 函数 f1 的代码段中所有指令的虚拟地址的高 20 位相同,因此 f1 的机器指令代码在同一页中,仅占用 1 页。

(2) push ebp 指令的虚拟地址的最高 10 位(页目录号)为 00 0000 0001,中间 10 位(页表索引)为 00 000 0001,所以,取该指令时访问了页目录的第 1 个表项,在对应的页表中访问了第 1 个表项。

(3) 在执行 scanf( )的过程中,进程 P 因等待输入而从执行态变为阻塞态。输入结束时,P 被中断处理程序唤醒,变为就绪态。P 被调度程序调度,变为运行态。CPU 状态会从用户态变为内核态。

11.10 2018 年“计算机组成原理”试题

一、单项选择题(每小题 2 分,下列每题给出的四个选项中,只有一个选项符合试题要求)

12. 冯·诺依曼结构计算机中数据采用二进制编码表示,其主要原因是______。

Ⅰ. 二进制的运算规则简单

Ⅱ. 制造两个稳态的物理器件较容易

Ⅲ. 便于用逻辑门电路实现算术运算

A. 仅Ⅰ、Ⅱ　　B. 仅Ⅰ、Ⅲ　　C. 仅Ⅱ、Ⅲ　　D. Ⅰ、Ⅱ和Ⅲ

13. 假定带符号整数采用补码表示，若 int 型变量 x 和 y 的机器数分别是 FFFF FFDFH 和 0000 0041H，则 x、y 的值以及 x－y 的机器数分别是______。

A. x＝－65，y＝41，x－y 的机器数溢出

B. x＝－33，y＝65，x－y 的机器数为 FFFF FF9DH

C. x＝－33，y＝65，x－y 的机器数位 FFFF FF9EH

D. x＝－65，y＝41，x－y 的机器数为 FFFF FF96H

14. IEEE 754 单精度浮点格式表示的数中，最小的规格化正数是______。

A. 1.0×2^{-126}　　B. 1.0×2^{-127}　　C. 1.0×2^{-128}　　D. 1.0×2^{-149}

15. 某 32 位计算机按字节编址，采用小端(Little Endian)方式。若语句“int i＝0;”对应指令的机器代码为“C7 45 FC 00 00 00 00”，则语句“int i＝－64;”对应指令的机器代码是______。

A. C7 45 FC C0 FFFF FF　　B. C7 45 FC 0C FF FF FF

C. C7 45 FC FFFF FF C0　　D. C7 45 FC FF FF FF 0C

16. 整数 x 的机器数为 1101 1000，分别对 x 进行逻辑右移 1 位和算术右移 1 位操作，得到的机器数各是______。

A. 1110 1100、1110 1100　　B. 0110 1100、1110 1100

C. 1110 1100、0110 1100　　D. 0110 1100、0110 1100

17. 假定 DRAM 芯片中存储阵列的行数为 r，列数为 c，对于一个 2K×1 位的 DRAM 芯片，位保证其地址引脚数最少，并尽量减少刷新开销，则 r、c 的取值分别是______。

A. 2048、1　　B. 64、32　　C. 32、64　　D. 1、2048

18. 按字节编址的计算机中，某 double 型数组 A 的首地址为 2000H，使用变址寻址和循环结构访问数组 A，保存数组下标的变址寄存器初值为 0，每次循环取一个数组元素，其偏移地址为变址值乘以 sizeof(double)，取完后变址寄存器内容自动加 1。若某次循环所取元素的地址为 2100H，则进入该次循环时变址寄存器的内容是______。

A. 25　　B. 32　　C. 64　　D. 100

19. 减法指令“sub R1,R2,R3”的功能为“(R1)－(R2)→R3”，该指令执行后将生成进位/借位标志 CF 和溢出标志 OF。若(R1)＝FFFF FFFFH，(R2)＝FFFF FFF0H，则该减法指令执行后，CF 与 OF 分别为______。

A. CF＝0，OF＝0　　B. CF＝1，OF＝0

C. CF＝0，OF＝1　　D. CF＝1，OF＝1

20. 若某计算机最复杂指令的执行需要完成 5 个子功能，分别由功能部件 A～E 实现，各功能部件所需时间分别为 80ps、50ps、50ps、70ps 和 50ps，采用流水线方式执行指令，流水段寄存器延时为 20ps，则 CPU 时钟周期至少为______。

A. 60ps　　B. 70ps　　C. 80ps　　D. 100ps

21. 下列选项中，可提高同步总线数据传输率的是______。

Ⅰ. 增加总线宽度　　Ⅱ. 提高总线工作频率

Ⅲ. 支持突发传输　　Ⅳ. 采用地址/数据线复用

A. 仅Ⅰ、Ⅱ　　B. 仅Ⅰ、Ⅱ、Ⅲ　　C. 仅Ⅲ、Ⅳ　　D. Ⅰ、Ⅱ、Ⅲ和Ⅳ

22. 下列关于外部 I/O 中断的叙述中，正确的是______。

A. 中控制器按所接收中断请求的先后次序进行中断优先级排队

B. CPU 响应中断时，通过执行中断隐指令完成通用寄存器的保护

C. CPU 只有在处于中断允许状态时，才能响应外部设备的中断请求

D. 有中断请求时，CPU 立即暂停当前指令执行，转去执行中断服务程序

二、综合应用题(2 大题，共 23 分)

43. (8 分)假定计算机的主频为 500MHz，CPI 为 4。现有设备 A 和 B，其数据传输率分别为 2MB/s 和 40MB/s，对应 I/O 接口中各有一个 32 位数据缓冲寄存器。请回答下列问题，要求给出计算过程。

(1) 若设备 A 采用定时查询 I/O 方式，每次输入/输出都至少执行 10 条指令。设备 A 最多间隔多长时间查询一次才能不丢失数据？CPU 用于设备 A 输入/输出的时间占 CPU 总时间的百分比至少是多少？

(2) 在中断 I/O 方式下，若每次中断响应和中断处理的总时钟周期数至少为 400，则设备 B 能否采用中断 I/O 方式？为什么？

(3) 若设备 B 采用 DMA 方式，每次 DMA 传送的数据块大小 1000B，CPU 用于 DMA 预处理和后处理的总时钟周期数为 500，则 CPU 用于设备 B 输入/输出的时间占 CPU 总时间的百分比最多是多少？

44. (15 分)某计算机采用页式虚拟存储管理方式，按字节编址。CPU 进行存储访问的过程如题 44 图所示。

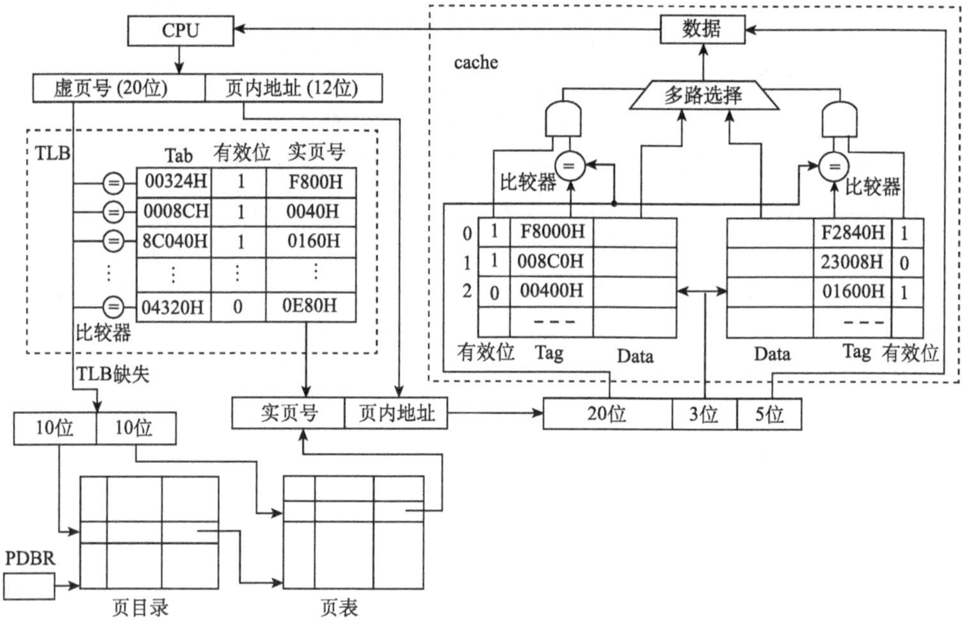

题 44 图

根据题 44 图回答下列问题。

(1) 主存物理地址占多少位？

(2) TLB 采用什么映射方式？TLB 用 SRAM 还是 DRAM 实现？

(3) cache 采用什么映射方式？若 cache 采用 LRU 替换算法和回写(write back)策略，则 cache 每行中除数据(Data)、Tag 和有效位外，还应有哪些附加位？cache 总容量是多少？cache 中有效位的作用是什么？

(4) 若 CPU 给出的虚拟地址为 0008 C040H，则对应的物理地址是多少？是否在 cache 中命中？说明理由，若 CPU 给出的虚拟地址为 0007 C260H，则该地址所在主存块映射到的 cache 组号是多少？

参考答案：

一、单项选择题

12. D　**13.** C　**14.** A　**15.** A　**16.** B　**17.** C　**18.** B　**19.** A　**20.** D　**21.** B　**22.** C

二、综合应用题

43.【解】

(1) 程序定时向缓存端口查询数据，由于缓存端口大小有限，必须在传输完端口大小的数据时访问端口，以防止部分数据没有被及时读取而丢失。设备 A 准备 32 位数据所用的时间为 4B/2MB=2μs，所以最多每隔 2μs 必须查询一次，每秒的查询次数至少是 1s/2μs=5×10^5，每秒 CPU 用于设备 A 输入/输出的时间至少为 $5\times10^5\times10\times4=2\times10^7$ 个时钟周期，占整个 CPU 时间的百分比至少是 2×10^7/500M=4%.

(2) 中断响应和中断处理的时间为 400×(1/500M)=0.8μs，这时只需判断设备 B 准备 32 位数据要多久，如果准备数据的时间小于中断响应和中断处理的时间，那么数据就会被刷新、造成丢失。经过计算，设备 B 准备 32 位数据所用时间为 4B/40MB=0.1μs，因此，设备 B 不适合采用中断 I/O 方式。

(3) 在 DMA 方式中，只有预处理和后处理需要 CPU 处理，数据的传送过程是由 DMA 控制。设备 B 每秒的 DMA 次数最多为 40MB/1000B=40000，CPU 用于设备 B 输入/输出的时间最多为 $40000\times500=2\times10^7$ 个时钟周期，占 CPU 总时间的百分比最多为 2×10^7/500M=4%。

44.【解】

(1) 物理地址由实页号和页内地址拼接，因此其位数为 16+12=28；或直接可得 20+3+5=28。

(2) TLB 采用全相联映射，可以把页表内容调入任一块空 TLB 项中，TLB 中每项都有一个比较器，没有映射规则，只要空闲就行。TLB 采用静态存储器 SRAM，读写速度快，但成本高，多用于容量较小的高速缓冲存储器。

(3) 图中可以看到，cache 中每组有两行，故采用 2 路组相联映射方式。

因为是 2 路组相联并采用 LRU 替换算法，所以每行(或每组)需要 1 位 LRU 位；因为采用回写策略，所以每行有 1 位修改位(脏位)，根据脏位判断数据是否被更新，如果脏位为 1 则需要写回内存。

28 位物理地址中 Tag 字段占 20 位，组索引字段占 3 位，块内偏移地址占 5 位，故 cache 共有 $2^3=8$ 组，每组 2 行，每行有 $2^5=32$B；故 cache 总容量为 8×2×(20+1+1+1+32×8)=4464 位=558 字节。

cache 中的有效位用来指出所在 cache 行中的信息是否有效。

(4) 虚拟地址分为两部分：虚页号、页内地址；物理地址分为两部分：实页号、页内地址。利用虚拟地址的虚页号部分去查找 TLB 表(缺失时从页表调入)，将实页号取出后和虚拟地址的页内地址拼接，就形成了物理地址。虚页号 008CH 恰好在 TLB 表中对应实页号 0040H(有效位为 1，说明存在)，虚拟地址的后 3 位为页内地址 040H，则对应的物理地址是 0040040H。

物理地址为 0040040H，其中高 20 位 00400H 为标志字段，低 5 位 00000B 为块内偏移量，中间 3 位 010B 为组号 2，因此将 00400H 与 cache 中的第 2 组两行中的标志字段同时比较，可以看出，虽然有一个 cache 行中的标志字段与 00400H 相等，但对应的有效位为 0，而另一 cache 行的标志字段与 00400H 不相等，故访问 cache 不命中。

因为物理地址的低 12 位与虚拟地址低 12 位相同，即为 0010 0110 000B。根据物理地址的结构，物理地址的后八位 01100000B 的前三位 011B 是组号，因此该地址所在的主存映射到 cache 组号为 3.

11.11 2019 年“计算机组成原理”试题

一、单项选择题(每小题 2 分，下列每题给出的四个选项中，只有一个选项符合试题要求)

12. 下列关于冯 · 诺依曼结构计算机基本思想的叙述中，错误的是______。

A. 程序的功能都通过中央处理器执行指令实现

B. 指令和数据都用二进制表示，形式上无差别

C. 指令按地址访问，数据都在指令中直接给出

D. 程序执行前，指令和数据需预先存放在存储器中

13. 考虑以下 C 语言代码：

unsigned short usi＝65535；

short si＝usi；

执行上述程序段后，si 的值是______。

A. －1　　B. －32767　　C. －32768　　D. －65535

14. 下列关于缺页处理的叙述中，错误的是______。

A. 缺页是在地址转换时 CPU 检测到的一种异常

B. 缺页处理由操作系统提供的缺页处理程序来完成

C. 缺页处理程序根据页故障地址从外存读入所缺失的页

D. 缺页处理完成后回到发生缺页的指令的下一条指令执行

15. 某计算机采用大端方式，按字节编址。某指令中操作数的机器数为 1234 FF00H，该操作数采用基址寻址方式，形式地址(用补码表示)为 FF12H，基址寄存器内容为 F000 0000H，则该操作数的 LSB(最低有效字节)所在的地址是______。

A. F000 FF12H　　B. F000 FF15H　　C. EFFF FF12H　　D. EFFF FF15H

16. 下列有关处理器时钟脉冲信号的叙述中，错误的是______。

A. 时钟脉冲信号由机器脉冲源发出的脉冲信号经整形和分频后形成

B. 时钟脉冲信号的宽度称为时钟周期,时钟周期的倒数为机器主频

C. 时钟周期以相邻状态单元间组合逻辑电路的最大延迟为基准确定

D. 处理器总是在每来一个时钟脉冲信号时就开始执行一条新的指令

17. 某指令功能为 R[r2]←R[r1]+M[R[r0]],其两个源操作数分别采用寄存器、寄存器间接寻址方式。对于下列给定部件,该指令在取数及执行过程中需要用到的是______。

Ⅰ. 通用寄存器组(GPRs)　　Ⅱ. 算术逻辑单元(ALU)

Ⅲ. 存储器(Memory)　　Ⅳ. 指令译码器(ID)

A. 仅Ⅰ、Ⅱ　　B. 仅Ⅰ、Ⅱ、Ⅲ　　C. 仅Ⅱ、Ⅲ、Ⅳ　　D. 仅Ⅰ、Ⅲ、Ⅳ

18. 在采用"取指、译码/取数、执行、访存、写回"5 段流水线的处理器中,执行如下指令序列,其中 s0、s1、s2、s3 和 t2 表示寄存器编号。

下列指令对中,不存在数据冒险的是______。

```
I1:add s2,s1,s0          //R[s2]←R[s1]+R[s0]
I2:load s3,0(t2)         //R[s3]←M[R[t2]+0]
I3:add s2,s2,s3          //R[s2]←R[s2]+R[s3]
I4:store s2,0(t2)        //M[R[t2]+0]←R[s2]
```

A. I1 和 I3　　B. I2 和 I3　　C. I2 和 I4　　D. I3 和 I4

19. 假定一台计算机采用 3 通道存储器总线,配套的内存条型号为 DDR3－1333,即内存条所接插的存储器总线的工作频率为 1333 MHz、总线宽度为 64 位,则存储器总线的总带宽大约是______。

A. 10.66 GB/s　　B. 32 GB/s　　C. 64 GB/s　　D. 96 GB/s

20. 下列关于磁盘存储器的叙述中,错误的是______。

A. 磁盘的格式化容量比非格式化容量小

B. 扇区中包含数据、地址和校验等信息

C. 磁盘存储器的最小读写单位为一个字节

D. 磁盘存储器由磁盘控制器、磁盘驱动器和盘片组成

21. 某设备以中断方式与 CPU 进行数据交换,CPU 主频为 1 GHz,设备接口中的数据缓冲寄存器为 32 位,设备的数据传输率为 50KB/s。若每次中断开销(包括中断响应和中断处理)为 1000 个时钟周期,则 CPU 用于该设备输入/输出的时间占整个 CPU 时间的百分比最多是______。

A. 1.25%　　B. 2.5%　　C. 5%　　D. 12.5%

22. 下列关于 DMA 方式的叙述中,正确的是______。

Ⅰ. DMA 传送前由设备驱动程序设置传送参数

Ⅱ. 数据传送前由 DMA 控制器请求总线使用权

Ⅲ. 数据传送由 DMA 控制器直接控制总线完成

Ⅲ. DMA 传送结束后的处理由中断服务程序完成

A. 仅Ⅰ、Ⅱ　　B. 仅Ⅰ、Ⅲ、Ⅳ　　C. 仅Ⅱ、Ⅲ、Ⅳ　　D. Ⅰ、Ⅱ、Ⅲ、Ⅳ

二、综合应用题(3 大题,共 30 分)

44. (7 分)某计算机系统中的磁盘有 300 个柱面,每个柱面有 10 个磁道,每个磁道有

200 个扇区，扇区大小为 512B。文件系统的每个簇包含 2 个扇区。请回答下列问题：

(1) 磁盘的容量是多少？

(2) 假设磁头在 85 号柱面上，此时有 4 个磁盘访问请求，簇号分别为：100260、60005、101660 和 110560。若采用最短寻道时间优先(SSTF)调度算法，则系统访问簇的先后次序是什么？

(3) 第 100530 簇在磁盘上的物理地址是什么？将簇号转换成磁盘物理地址的过程是由 I/O 系统的什么程序完成的？

45. (16 分)已知 $f(n)=n!=n\times(n-l)\times(n-2)\times\cdots\times 2\times 1$，计算 $f(n)$ 的 C 语言函数 f1 的源程序及其在 32 位计算机 M 上的部分机器级代码如下：

```
int  f1(int n){
1    00401000     55                push   ebp


     if(n>1)
11   00401018     83 7D 08 01       cmp   dword ptr[ebp+8],1
12   0040101C     7E 17             jle   f1+35h(00401035)
        return  n * f1(n-1);
13   0040101E     8B 45 08          mov   eax,dword ptr[ebp+8]
14   00401021     83 E8 01          sub   eax,1
15   00401024     50                push   eax
16   00401025     E8 D6 FF FF FF    call f1 (00401000)


19   00401030     0F AF C1          imul   eax,ecx
20   00401033     EB 05             jmp   f1+3Ah(0040103a)
     else return 1;
21   00401035     B8 01 00 00 00    mov   eax,1


26   00401040     3B EC             cmp   ebp,esp


30   0040104A     C3                ret
```

其中，机器级代码行包括行号、虚拟地址、机器指令和汇编指令，计算机 M 按字节编址，int 型数据占 32 位。请回答下列问题：

(1) 计算 f(10)需要调用函数 f1 多少次？执行哪条指令会递归调用 f1？

(2) 上述代码中，哪条指令是条件转移指令？哪几条指令一定会使程序跳转执行？

(3) 根据第 16 行 call 指令，第 17 行指令的虚拟地址应是多少？已知第 16 行 call 指令采用相对寻址方式，该指令中的偏移量应是多少(给出计算过程)？已知第 16 行 call 指令的后 4 字节为偏移量，M 采用大端还是小端方式？

(4) f(13)=6 227 020 800，但 f1(13)的返回值为 1 932 053 504，为什么两者不相等？要使 f1(13)能返回正确的结果，应如何修改 f1 源程序？

(5) 第 19 行 imul eax,ecx 表示有符号数乘法，乘数为 R[eax]和 R[ecx]，当乘法器输出的高、低 32 位乘积之间满足什么条件时，溢出标志 OF＝1？要使 CPU 在发生溢出时转异常处理，编译器应在 imul 指令后加一条什么指令？

46. (7 分)对于题 45，若计算机 M 的主存地址为 32 位，采用分页存储管理方式，页大小为 4KB，则第 1 行 push 指令和第 30 行 ret 指令是否在同一页中(说明理由)？若指令 cache 有 64 行，采用 4 路组相联映射方式，主存块大小为 64B，则 32 位主存地址中，哪几位表示块内地址？哪几位表示 cache 组号？哪几位表示标记(tag)信息？读取第 16 行 call 指令时，只可能在指令 cache 的哪一组中命中(说明理由)？

参考答案：

一、单项选择题

12. C **13.** A **14.** D **15.** D **16.** D **17.** B **18.** C **19.** B **20.** C **21.** A **22.** D

二、综合应用题

44.【解】

(1) 磁盘容量＝(300×10×200×512/1024)KB＝3×105 KB

(2) 依次访问的簇是 100260、101660、110560、60005。

(3) 第 100530 簇在磁盘上的物理地址由其所在的柱面号、磁头号、扇区号构成。

其所在的柱面号为⌊100530/(10×200/2)⌋＝100。

100530％(10×200/2)＝530，磁头号为⌊530/(200/2)⌋＝5。

扇区号为(530×2)％200＝60。

将簇号转换成磁盘物理地址的过程由磁盘驱动程序完成。

45.【解】

(1) 计算 f(10)需要调用函数 f1 共 10 次执行第 16 行 call 指令会递归调用 f1。

(2) 第 12 行 jle 指令是条件转移指令。第 16 行 call 指令、第 20 行 jmp 指令、第 30 行 ret 指令一定会使程序跳转执行。

(3) 第 16 行 call 指令的下一条指令的地址为 0040 1025H＋5＝0040 102AH，故第 17 行指令的虚拟地址是 0040 102AH。call 指令采用相对寻址方式，即目标地址＝(PC)＋偏移量，call 指令的目标地址为 0040 1000H，所以偏移量＝目标地址－(PC)＝00401000H－0040 102AH＝FFFF FFD6H。根据第 16 行 call 指令的偏移量字段为 D6 FF FF FF，可确定 M 采用小端方式。

(4) 因为 f(13)＝6 227 020 800，大于 32 位 int 型数据可表示的最大值，因而 f1(13)的返回值是一个发生了溢出的结果。

为使 f1(13)能返回正确结果，可将函数 f1 的返回值类型改为 double(或 long long 或 long double 或 float)。

(5) 若乘积的高 33 位为非全 0 或非全 1，则 OF＝1。

编译器应该在 imul 指令后加一条“溢出自陷指令”，使得 CPU 自动查询溢出标志 OF，当 OF＝1 时调用“溢出异常处理程序”。

46.【解】

第 1 行指令和第 30 行指令的代码在同一页。

因为页大小为 4KB，所以虚拟地址的高 20 位为虚拟页号。第 1 行指令和第 30 行指令的虚拟地址高 20 位都是 00401H，因此两条指令在同一页中。

cache 组数为 64/4＝16，因此，主存地址划分中，低 6 位为块内地址、中间 4 位为组号（组索引）、高 22 位为标记。

读取第 16 行 call 指令时，只可能在指令 cache 第 0 组中命中。

因为页大小为 4KB，所以虚拟地址和物理地址的最低 12 位完全相同，因而 call 指令虚拟地址 0040 1025H 中的 025H＝0000 0010 0101B＝00 0000 100101B 为物理地址的低 12 位，故对应 cache 组号为 0。

11.12　2020 年“计算机组成原理”试题

一、单项选择题（每小题 2 分，下列每题给出的四个选项中，只有一个选项符合试题要求）

12. 下列给出的部件中其位数（宽度）一定与机器字长相同的是______。

Ⅰ. ALU；　Ⅱ. 指令寄存器；　Ⅲ. 通用寄存器；　Ⅳ. 浮点寄存器

A. Ⅰ、Ⅱ　　B. Ⅰ、Ⅲ　　C. Ⅱ、Ⅲ　　D. Ⅱ、Ⅲ、Ⅳ

13. 已知带符号整数用补码表示，float 型数据用 IEEE 754 标准表示，假定变量 x 的类型只能是 int 或 float。当 x 的机器数为 C800 0000H 时，x 的值可能是______。

A. -7×2^{27}　　B. -2^{16}　　C. 2^{17}　　D. 25×2^{27}

14. 在按字节编址，采用小端方式的 32 位计算机中，按边界对齐方式为以下 C 语言结构型变量 a 分配存储空间。

```
struct record{
    short  x1;
    int  x2;
}a;
```

若 a 的首地址为 2020 FE00H，a 的成员变量 x2 的机器数为 1234 0000H，则其中 34H 所在储存单元的地址是______。

A. 2020 FE03H　B. 2020 FE04H　C. 2020 FE05H　　D. 2020 FE06H

15. 下列关于 TLB 和 cache 的叙述中错误的是______。

A. 命中率与程序局部性有关　B. 缺失后都需要去访问主存

C. 缺失处理都可以由硬件实现　D. 都由 DRAM 存储器组成

16. 某计算机采用 16 位定长指令字格式，操作码位数和寻址方式位数固定，指令系统有 48 条指令，支持直接、间接、立即、相对 4 种寻址方式，单地址指令中直接寻址方式可寻址范围是______。

A. 0～225　　B. 0～1023　　C. －128～127　　D. －512～511

17. 下列给出的处理器类型中理想情况下 CPI 为 1 的是______。

Ⅰ. 单周期 CPU；　Ⅱ. 多周期 CPU；　Ⅲ. 基本流水线 CPU；

Ⅳ. 超标量流水线 CPU

A. Ⅰ、Ⅱ　　B. Ⅰ、Ⅲ　　C. Ⅱ、Ⅳ　　D. Ⅲ、Ⅳ

18. 下列关于“自陷”（Trap，也称陷阱）的叙述中错误的是______。

A. 自陷是通过陷阱指令预先设定的一类外部中断事件

B. 自陷可用于实现程序调试时的断点设置和单步跟踪

C. 自陷发生后 CPU 将转去执行操作系统内核相应程序

D. 自陷处理完成后返回到陷阱指令的下一条指令执行

19. QPI 总线是一种点对点全工双周同步串行总线,总线上的设备可同时接收和发送信息,每个方向可同时传输 20 位信息(16 位数据+4 位检验位),每个 QPI 数据包有 80 位信息,分 2 个时钟周期传送,每个时钟周期传递 2 次,因此 QPI 总线带宽为每秒传送次数 * 2B * 2。若 QPI 时钟频率为 2.4GHz,则总线带宽为______(单位 GB/s)。

A. 4.8　　B. 9.6　　C. 19.2　　D. 38.4

20. 下列事件中属于外部中断事件的是______。

Ⅰ.访问时缺失;　Ⅱ.定时器延时(不确定);　Ⅲ.网络数据包到达

A. Ⅰ、Ⅱ　　B. Ⅱ、Ⅲ　　C. Ⅰ、Ⅲ　　D. Ⅰ、Ⅱ、Ⅲ

21. 外部中断包括不可屏蔽中断(NMI)和可屏蔽中断,下列关于外部中断的叙述中错误的是______。

A. CPU 处于关中断状态时也能响应 NMI 请求

B. 一旦可屏蔽中断请求信号有效,CPU 将立即响应

C. 不可屏蔽中断的优先级比可屏蔽中断的优先级高

D. 可通过中断屏蔽字改变可屏蔽中断的处理优先级

22. 若设备采用周期挪用 DMA 方式进行输入输出,每次 DMA 传送的数据块大小为 512 字节。响应的 I/O 接口中有一个 32 位数数据缓冲寄存器,对于数据输入过程,下列叙述中错误的是______。

A. 每准备好 32 位数据,DMA 控制器就发出一次总线请求

B. 相对于 CPU,DMA 控制器的总线使用权的优先级更高

C. 在整个数据块的传送过程中,CPU 不可以访问主存储器

D. 数据块传送结束时,会产生“DMA 传送结束”的中断请求

二、综合应用题(2 大题,共 23 分)

43. 有实现 x * y 的两个 C 语言函数如下:

```
unsigned umul (unsigned x, unsigned y)
    {return x * y;}

int imul (int x, int y)
    {return x * y;}
```

假定某计算机 M 中 ALU 只能进行加减运算和逻辑运算。请回答:

(1) 若 M 的指令系统中没有乘法指令,但有加法、减法和位移等指令,则在 M 上也能实现上述两个函数中的乘法运算,为什么?

(2) 若 M 的指令系统中有乘法指令,则基于 ALU、位移器、寄存器以及相应控制逻辑实现乘法指令时,控制逻辑的作用是什么?

(3) 针对以下 3 种情况:(a)没有乘法指令;(b)有使用 ALU 和位移器实现的乘法指令;(c)有使用阵列乘法器实现的乘法指令,函数 umul()在哪种情况下执行时间最长?哪

种情况下执行的时间最短？说明理由。

(4) n 位整数乘法指令可保存 2n 位乘积，当仅取低 n 位作为乘积时，其结果可能会发生溢出。当 n=32，$x=2^{31}-1$，y=2 时，带符号整数乘法指令和无符号整数乘法指令得到的 x * y 的 2n 位乘积分别是什么(用十六进制表示)？此时函数 umul()和 imul()的返回结果是否溢出？对于无符号整数乘法运算，当仅取乘积的低 n 位作为乘法结果时，如何用 2n 位乘积进行溢出判断？

44. 假定主存地址为 32 位，按字节编址，指令 cache 和数据 cache 与主存之间均采用 8 路组相联映射方式，直写(Write Through)策略和 LRU 替换算法，主存块大小为 64B，数据区容量各为 32KB。开始时 cache 均为空，请回答下列问题：

(1) cache 每一行中标记(Tag)、LRU 位各占几位？是否有修改位？

(2) 有如下 C 语言程序段：

```
for(k=0;k<1024;k++)
  S[k]=2*S[k];
```

若数组 S 及其变量 k 均为 int 型，int 型数据占 4B，变量 k 分配在寄存器中，数组 S 在主存中的起始地址为 0080 00C0H，则该程序段执行过程中，访问数组 S 的数组 cache 缺失次数为多少？

(3) 若 CPU 最先开始的访问操作是读取主存单元 0001 0003H 中的指令，简要说明从 cache 中访问该指令的过程，包括 cache 缺失处理过程。

参考答案：

一、单项选择题

12. B　**13.** A　**14.** D　**15.** D　**16.** A　**17.** B　**18.** A　**19.** C　**20.** B　**21.** B　**22.** C

二、综合应用题

43.【解】

(1) 对于 umul 函数来说，其实现的无符号乘法可以直接通过若干条加法指令来实现，也就是让 x 自累增 y 次即可；对于 imul 函数中的有符号乘法来说，可以先作为无符号乘法来计算绝对值结果，再根据 x 以及 y 的符号来确定结果的正负性，若符号相反则做一次取补运算即可。乘法运算也可以用加法器和移位寄存器通过移位运算和加法运算实现。

(2) 控制逻辑的作用是实现“移位-加”算法，即用硬件通过移位操作和加法操作完成乘法运算。

(3) 在没有乘法指令的情况下，执行的时间最长，因为这时候需要使用若干个加法指令来完成，需要经过数个完整的指令周期才能够得出结果。使用阵列乘法器实现的乘法指令，所需要的执行时间最短，因为通过移位加法实现的乘法在全加器实现的同时，每一步操作还需要移位以及控制逻辑进行判断，造成一定的延时，而阵列乘法器还可以通过流水的方式加快运算的速度，因此阵列乘法器实现的乘法指令所需要的执行时间最短。

(4) $2^{31}-1$ = 7FFFFFFF，若 y 为 2，对于无符号整数乘法指令得到的 2n 位乘积为：00000000FFFFFFFE；有符号整数乘法指令得到的 2n 位乘积为：0000 0000

FFFFFFFEH。无符号整数乘法指令没有溢出，但有符号指令发生溢出，因为符号位改变，正数变为负数了。故此时函数 umul()返回的结果没有溢出，但 imul()返回的结果溢出了。无符号乘法仅取 n 位的结果时，若高 n 位全 0 则未产生溢出，否则产生溢出。

44.【解】

(1) 主存地址为 32 位，块内地址 6 位，组数(区内块数)4KB/64＝64，组号 6 位，故 tag 位数＝32－6－6＝20 位。LRU 位占 3 位，Write Through 策略不需要修改位。

(2) cache 开始时均为空，由于 int 大小为 4B，一个主存块大小为 64B，因此一个主存块可以存放 16 个 int 数据。因为数组一共需要访问 1024 个 int 数据，因此需要 64 个主存块。因为数据缓存大小为 32KB，即 512 个主存块，则整个数组都可以放入 cache 当中，则此时，每次读取一个数据块的第一个 int 数时会发生 cache 缺失，次数为 64 次。

(3) 首先根据地址 Tag 位寻找 cache 中对应的组是否有包含该地址的数据的主存块，如果 cache 命中则直接返回该地址的数据，若 cache 缺失，则需要从内存中读取该地址数据的主存块写入到 cache 对应的组当中，如果对应组已满，则需要根据各个数据块的 LRU 位淘汰最近最少使用的块写入，同时将从主存中读取的数据返回到 CPU 当中。

参 考 文 献

白中英,2010. 计算机系统结构(网络版). 3 版. 北京:科学出版社.

白中英,2011. 计算机组成与系统结构(立体化教材). 5 版. 北京:科学出版社.

白中英,戴志涛,2013. 计算机组成原理试题解析. 5 版. 北京:科学出版社.

白中英,戴志涛,2019. 计算机组成原理(立体化教材). 6 版. 北京:科学出版社.

尼克罗斯·法拉菲,2017. 数字逻辑设计与计算机组成. 戴志涛,张通,黄梦凡,等译. 北京:机械工业出版社.

王玉良,戴志涛,杨紫珊,2000. 微机原理与接口技术. 北京:北京邮电大学出版社.

COMER D,2017. Essentials of Computer Architecture. 2nd ed. Boca Raton:CRC Press.

FLOYD T L,2006. Digital Fundamentals. 9th ed. Upper Saddle River:Pearson Prentice Hall.

PATTERSON D A,HENNESSY J L,2010. Computer Organization and Design: The Hardware/Software Interface. 4th ed. Singapore:Elsevier(Singapore)Pte Ltd.

STALLINGS W,2016. Computer Organization and Architecture, Designing for Performance. 10th ed. Upper Saddle River:Pearson Education Limited.

TANENBAUM A S,2006. Structured Computer Organization. 5th ed. Upper Saddle River:Pearson Prentice Hall.

附录A 计算机组成原理研究生入学统考大纲

Ⅰ 考查目标

计算机学科专业基础综合考试涵盖数据结构、计算机组成原理、操作系统和计算机网络等学科专业基础课程。要求考生系统地掌握上述专业基础课程的基本概念、基本原理和基本方法,能够综合运用所学的基本原理和基本方法分析、判断和解决有关理论问题和实际问题。

Ⅱ 考试形式和试卷结构

一、试卷满分及考试时间 本试卷满分为150分,考试时间为180分钟

二、答题方式 答题方式为闭卷、笔试

三、试卷内容结构

数据结构45分 计算机组成原理45分 操作系统35分 计算机网络25分

四、试卷题型结构

单项选择题80分(40小题,每小题2分) 综合应用题70分

Ⅲ 计算机组成原理考查目标和范围

1. 理解单处理器计算机系统中各部件的内部工作原理、组成结构以及相互连接方式,具有完整的计算机系统的整机概念。

2. 理解计算机系统层次化结构概念,熟悉硬件与软件之间的界面,掌握指令集体系结构的基本知识和基本实现方法。

3. 能够综合运用计算机组成的基本原理和基本方法,对有关计算机硬件系统中的理论和实际问题进行计算、分析,对一些基本部件进行简单设计;并能对高级程序设计语言(如C语言)中的相关问题进行分析。

一、计算机系统概述

(一)计算机发展历程

(二)计算机系统层次结构

1. 计算机系统的基本组成

2. 计算机硬件的基本组成

3. 计算机软件和硬件的关系

4. 计算机系统的工作过程

(三)计算机性能指标

吞吐量、响应时间,CPU时钟周期、主频、CPI、CPU执行时间,MIPS、MFLOPS、GFLOPS、TFLOPS、PFLOPS

二、数据的表示和运算

(一)数制与编码

1. 进位计数制及其相互转换

2. 真值和机器数

3. BCD码

4. 字符与字符串

5. 校验码

(二)定点数的表示和运算

1. 定点数的表示

无符号数的表示;带符号整数的表示

2. 定点数的运算

定点数的移位运算,原码定点数的加/减运算,补码定点数的加/减运算,定点数的乘/除运算,溢出概念和判别方法

(三)浮点数的表示和运算

1. 浮点数的表示

IEEE754 标准

2. 浮点数的加/减运算

(四)算术逻辑单元 ALU

1. 串行加法器和并行加法器

2. 算术逻辑单元 ALU 的功能和机构

三、存储器层次结构

(一)存储器的分类

(二)存储器的层次化结构

(三)半导体随机存取存储器

1. SRAM 存储器

2. DRAM 存储器

3. 只读存储器

4. Flash 存储器

(四)主存储器与 CPU 的连接

(五)双口 RAM 和多模块存储器

(六)高速缓冲存储器(cache)

1. cache 的基本工作原理

2. cache 和主存之间的映射方式

3. cache 中主存块的替换算法

4. cache 写策略

(七)虚拟存储器

1. 虚拟存储器的基本概念

2. 页式虚拟存储器

3. 段式虚拟存储器

4. 段页式虚拟存储器

5. TLB(快表)

四、指令系统

(一)指令格式

1. 指令的基本格式

2. 定长操作码指令格式

3. 扩展操作码指令格式

(二)指令的寻址方式

1. 有效地址的概念

2. 数据寻址和指令寻址

3. 常见寻址方式

(三)CISC 和 RISC 的基本概念

五、中央处理器(CPU)

(一)CPU 的功能和基本结构

(二)指令执行过程

(三)数据通路的功能和基本结构

(四)控制器的功能和工作原理

1. 硬布线控制器

2. 微程序控制器

微程序、微指令和微命令,微指令格式,微命令的编码方式,微地址的形成方式

(五)指令流水线

1. 指令流水线的基本概念

2. 指令流水线的基本实现

3. 超标量和动态流水线的基本概念

六、总线

(一)总线概述

1. 总线的基本概念

2. 总线的分类

3. 总线的组成及性能指标

(二)总线仲裁

1. 集中仲裁方式

2. 分布仲裁方式

(三)总线操作和定时

1. 同步定时方式

2. 异步定时方式

(四)总线标准

七、输入/输出(I/O)系统

(一)I/O 系统基本概念

(二)外部设备

1. 输入设备:键盘、鼠标

2. 输出设备:显示器、打印机

3. 外存储器:硬盘存储器、磁盘阵列、光盘存储器

(三)I/O 接口(I/O 控制器)

1. I/O 接口的功能和基本结构

2. I/O 端口及其编址

(四)I/O 方式

1. 程序查询方式

2. 程序中断方式

中断的基本概念,中断响应过程,中断处理过程,多重中断和中断屏蔽的概念

3. DMA 方式

DMA 控制器的组成,DMA 传送过程

附录B 《计算机组成原理》(第六版·立体化教材)配套教学资源

一、文字教材购书电话:(010)64031535,64010637。

(1)《计算机组成原理》(第六版·立体化教材),文字教材,白中英、戴志涛主编,科学出版社,2019年出版。

(2)《计算机组成原理试题解析》(第六版),与主教材配套的文字辅教材,白中英、戴志涛主编,科学出版社,2019年出版。

二、教学资源库

(1)《计算机组成原理(第六版)CAI动画视频》,配合主教材各章重点和难点内容开发的多媒体CAI演示动画视频。读者可扫描书中的二维码浏览。

(2)《计算机组成原理演示文稿》,以文字教材和CAI课件为蓝本开发的教师授课用电子演示文稿(PPT版)。使用本教材授课的教师可以向出版社索取。

(3)《计算机组成原理习题答案库》,提供文字教材各章中习题参考答案。

(4)《计算机组成原理自测试题库》,配合文字教材开发的试题库软件,内容包含本科生期末试卷、大专生期末试卷各10套。

(5)《计算机组成原理课程设计范例》,学生姓名聂璜辉,指导教师杨秦。

三、配套实验设备联系电话:(010)62782245。

(1)"TEC-8计算机硬件综合实验系统",与文字教材配套的教学实验仪器(发明专利),清华大学科教仪器厂研制。本仪器采用双端口存储器、指令总线与数据总线分设体系和流水技术。

本仪器开设以下6个基本教学实验:

①运算器实验; ②双端口存储器实验;

③数据通路实验; ④微程序控制器实验;

⑤ CPU组成与指令周期实验; ⑥中断原理实验。

TEC8实验系统支持3个课程综合设计,供"计算机组成原理""计算机组成与系统结构""计算机系统结构"三门课程选做:

①一台模型计算机的设计与调试(硬联线控制器常规CPU方案);

②一台模型计算机的设计与调试(微程序控制器流水CPU方案);

③一台模型计算机的设计与调试(硬联线控制器流水CPU方案)。

(2)"TEC-5数字逻辑与计算机组成实验系统",清华大学科教仪器厂研发的发明专利产品。本仪器可进行"数字逻辑""计算机组成原理""计算机组成与系统结构"三门课程的基本教学实验及课程综合设计。

郑 重 声 明